高 等 学 校 教 材

运动控制系统
原理及应用

赵晶 黄韬 主编

化学工业出版社

·北京·

内容提要

本书首先介绍了运动控制系统基本概念，让读者对运动控制系统的组成和应用背景有较为基本的认识；进而结合相关产品及项目实例分别介绍几种常见的运动控制策略、数字化部件、脉宽调制技术、智能控制技术及人机通信技术等，让读者对运动控制系统各部分原理和组成进行更加系统性的学习；最后以生产实例引导读者进行系统设计、集成的思考。

本书适用于高等学校自动化、机电等专业学习执行机构、半导体器件、传感器原理、功率电路等先修课程之后的"运动控制系统"专业课程教学，也可供机器人、自动化等专业技术人员参考。

图书在版编目（CIP）数据

运动控制系统原理及应用/赵晶，黄韬主编. —北京：化学工业出版社，2020.5（2023.10重印）
ISBN 978-7-122-36430-2

Ⅰ.①运… Ⅱ.①赵…②黄… Ⅲ.①自动控制系统
Ⅳ.①TP273

中国版本图书馆 CIP 数据核字（2020）第 039782 号

责任编辑：李玉晖　陆雄鹰　　　　　　　装帧设计：韩　飞
责任校对：宋　夏

出版发行：化学工业出版社（北京市东城区青年湖南街 13 号　邮政编码 100011）
印　　装：北京盛通数码印刷有限公司
787mm×1092mm　1/16　印张 14½　字数 365 千字　2023 年 10 月北京第 1 版第 3 次印刷

购书咨询：010-64518888　　　　　　　售后服务：010-64518899
网　　址：http://www.cip.com.cn
凡购买本书，如有缺损质量问题，本社销售中心负责调换。

定　　价：58.00 元

作为控制科学与工程学科的一个重要研究内容，运动控制以各类电动机为控制对象，综合机械、电子、计算机、通信和自动化等相关技术，采用合适的控制策略，通过以 DSP、单片机等微控制芯片为核心的驱动器、控制器，利用电力电子驱动装置、信号检测装置等组成运动控制系统，对不同类型电动机的电压、电流、频率等变量进行控制，在精度、响应速度、动态特性等性能指标的约束下实现工作机械转矩、转速、加速度、位置等机械量的控制。

作为"运动控制系统"课程的载体，本书在第 1 章首先介绍了运动控制系统基本概念，让读者对运动控制系统的组成和应用背景有较为基本的认识。

第 2 章将运动控制系统分为直流调速系统、交流调速系统、位置伺服控制、多轴控制等方面分别展开运动控制策略的介绍。直流调速系统在介绍单闭环和双闭环直流调速的基础上重点介绍了主电路结构确定、电路设计、调节器设计等直流电动机调速系统的工程设计过程；交流调速系统则在综合性地介绍了交流变频调速技术后重点对目前应用最为广泛的矢量控制和直接转矩控制进行介绍。而在激光切割、数控机床的运动控制中更多用到的并非调速控制，为了让读者能够更好地理解运动控制技术在这些场合的应用，本章的最后还增加了对位置伺服和多轴控制的介绍。

数字传感技术是实现数字控制的基础。第 3 章主要介绍了运动控制系统的数字控制技术。本章在重点介绍旋转变压器、光电编码器、直线光栅三种最常用的转速/位置传感器的基础上还介绍了测速发电机、霍尔传感器等工程中时常会见到的转速/位置传感器，随后以光电编码器为例介绍了速度检测与滤波技术的实现过程。本章的最后讲解了量化、编码等运动控制系统数字化的几种通用技术，并以最常用的 PI 调节器为例介绍其数字化过程。

脉宽调制技术是运动控制系统中一项非常重要的技术。第 4 章首先介绍直流脉宽调制变换器和可逆的直流调速系统，接着介绍了几种常见的交流脉宽调制技术，其中重点介绍了目前应用最为广泛的电压空间矢量脉宽调制技术（SVPWM）的原理和实现过程。

随着智能控制技术的发展，为了获得更好的性能指标，运动控制系统也引入了众多智能控制技术。第 5 章以模糊控制和人工神经网络为例介绍了智能控制技术在运动控制中的应用。

第 6 章对运动控制系统现场总线通信技术进行了简要介绍，并以 ABB AC500 系列控制器通信系统为例让读者对运动控制系统中的现场通信有更直观的理解。

第 7 章详细介绍了运动控制系统核心部件——驱动器的设计过程，并以 ABB ACS880 驱动器为例让读者对驱动器的基础功能、附加功能有更深层次的理解。

第 8 章介绍了运动控制系统集成和设计的原则、内容、一般步骤和注意事项。

本书为厦门理工学院资助的校企合作教材，由厦门理工学院自动化、电气工程及其自动化专业教学一线的教师编写，赵晶老师统稿。其中赵晶老师编写第 1、5、6、7 章，黄韬老师编写第 2、4 章，黄江茵老师编写第 3 章，王荣校老师编写第 8 章。本书在编写过程中得到了北京 ABB 电气传动系统有限公司的鼎力支持，ABB 为本书的编写提供了产品、实例、试验调试等方面的支持，在此表示深深的感谢。

本书在满足教学需要的同时兼顾工程应用，主要针对应用型本科高校自动化、电气工程及其自动化专业高年级学生。运动控制系统中的执行机构、半导体器件、传感器原理、功率电路等内容已在先修课程中学习，本书仅作简要介绍而不进行深入展开。

由于编者学识有限，加之时间仓促，本书不足之处在所难免，请读者不吝赐教。

编者

2019 年 10 月

目　录

第 **1** 章

运动控制系统基本概念

运动控制是 20 世纪 90 年代兴起的一个多学科交叉研究领域，是自动化学科的一个重要分支；运动控制研究伴随着电力电子技术、信息检测技术、控制理论、微电子技术、电动机制造技术、计算机控制技术的发展而发展。

现代运动控制技术以各类电动机为控制对象，以计算机或其他电子装置为控制手段，以电力电子装置为纽带，以控制理论、信号检测技术为理论基础。以现代运动控制技术为核心发展出的运动控制系统，实质上就是通过运动控制器控制不同类型电动机的电压、电流、频率等输入量，实现工作机械转矩、转速、位置等机械量精确控制的系统。

1.1 运动控制系统及其组成

运动控制系统通常由电动机、驱动/放大器、控制器、信号采集装置等几个部分组成，其结构如图 1-1 所示。

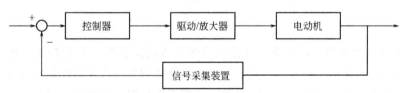

图 1-1 运动控制系统组成结构

电动机是一种将电能转换为机械能的装置，它是运动控制系统的控制对象，也是运动控制系统的执行机构，通常包括直流电动机、交流异步电动机、交流同步电动机、步进电动机、直线电动机，也可以是液压油缸、液压马达、气缸等。

驱动/放大装置主要起到功率放大和变换的作用，是弱电信号与强电信号转换的装置，主要有电机型、电磁型、电力电子型等，现在多用电力电子型，通常由电力电子器件及其控制电路、保护电路组成。电力电子器件是驱动/放大装置的核心，其经历了由半控型向全控型、由低频向高频、由分立式向具有复合功能的功率模块发展的过程，主要包括以晶闸管（SCR）为代表的第一代电力电子器件，以 MOSFET、IGBT、GTO 等为代表的第二代电力电子器件以及第三代具有驱动、保护等复合功能的智能功率模块。

运动控制器向驱动/放大装置发送控制信号，使得电动机等执行机构能够产生期望的输出信号。进入 20 世纪以来，运动控制器大部分采用全数字型的，以计算机运动控制板卡、PLC 或者 DSP、ARM 等微处理器为核心，完成信号处理、实现控制算法、人机沟通界面设计、通信协调、数据存储等功能。

信号采集装置用于采集电动机电压、电流、转速、转子位置等信号，并实现强电与弱电之间的电气隔离。一般情况下，一个运动控制系统的信号采集装置包括电压传感器、电流传感器以及以编码器等为代表的转速/位置传感器。各种传感器采集的信号受外界环境影响包含了一定扰动信号，需要对其进行整形、滤波等处理，该信号处理过程可集成于驱动/放大装置或者运动控制器中，也可根据需要将信号处理模块独立出来。

1.2　运动控制系统的分类

从不同角度出发，运动控制系统有不同的分类方法，常见的分类方法有：

① 由控制原理角度，可将运动控制系统分为半闭环控制系统和全闭环控制系统，如图1-2所示。在半闭环系统中，工作机械/工作台的运动信号处于闭环外，信号反馈取自电动机输出端（即工作机械/工作台的输入端）的编码器等信号采集装置；半闭环系统具有动态性能良好的优势，但其机械传动机构的误差无法得到补偿。全闭环系统的信号反馈取自工作机械/工作台输出端，将机械传动机构纳入闭环系统中，具有较高的调节和控制精度，传动机构的误差在传动机构刚性好、传动间隙小的前提下得到闭环补偿。

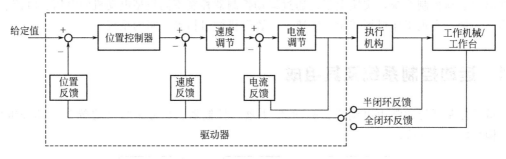

图 1-2　半闭环与全闭环运动控制系统结构图

② 由系统被控制量角度，可将运动控制系统分为转矩控制、位置控制、速度控制、速度/转矩控制和位置/速度控制方式。其中，最常见的控制方式为位置控制和速度控制，位置控制又可分为连续的轨迹控制和点位控制等。在加工机械中，对被加工器件等的准确定位通常采用位置控制方式，插补生成的曲线位置信号通过上位控制器传至驱动装置，由驱动装置完成器件的精确定位。

③ 由信号输入方式角度，可将运动控制系统分为模拟运动控制系统和数字运动控制系统。其中，模拟运动控制系统是发展初期普遍采用的方式，它以模拟电路为基础，通过不同的模拟器件完成不同控制律信号的输出，但由于模拟器件存在易饱和、易受温度影响等诸多劣势，在运动控制系统发展进程中，数字运动控制系统已基本替代模拟运动控制系统。

数字运动控制系统以 DSP 等微处理器作为主控芯片，通过软件算法来实现控制律输出；通过微处理器丰富的 I/O 接口完成系统所需各种信号的采集以及各部件间的通信，系统的柔性和精度得到了很大程度的提升。数字运动控制系统的功能、速度、精度等在近十年得到了飞速发展，已成为运动控制系统普遍采用的控制方式。

1.3　运动控制系统的执行机构

执行机构是运动控制系统的重要部分，可分为电动、气动、液压、电-液等不同类型的执行机构。电动执行机构是现代中小功率运动控制系统中最为常见的，通常包含了驱动/放大器和具体执行元件，具有系统简单、易于与控制器连接、控制精度高等特点。电动执行机构原理及结构在电机学、电机与拖动等课程中已有详细介绍，本节主要对几种典型电动机展开简要介绍。

经过 100 多年的发展，电动机为适应不同应用场景的需求呈现多样化发展。根据电动机转子的运动形式，可分为旋转电动机和直线电动机。根据电动机的电源和工作原理分类，可分为直流电动机和交流电动机，如图 1-3 所示。

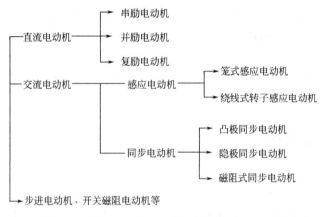

图 1-3　电动机分类

1.3.1　步进电动机

步进电动机（Stepping Motor）是一种将电脉冲信号变换成相应的角位移或者直线位移的机电执行元件，它又称为步级电动机（Step Motor）、脉冲电动机（Pulse Motor）、步级机（Stepper）或步级伺服（Stepper Servo）。当步进电动机输入一个电脉冲时，电动机就会转动一个角度并前进一步，即每输入一个脉冲，电动机就会转动一步，故称之为"步进电动机"。步进电动机输出转速与输入脉冲频率成正比，在对步进电动机进行控制时，需控制输入脉冲数量、频率及电动机各相绕组通电顺序，进而得到所期望的运动特性；从广义上讲，步进电动机是一种无刷直流电动机，广泛应用于数字控制系统中。

1.3.2　直流电动机

因输入电流不同，电动机可分为直流电动机（DC Motor）和交流电动机（AC Motor）。直流电动机结构主要包含以下几个部分。

（1）定子

直流电动机的定子在其内部产生磁场，根据定子磁场产生的不同方式，直流电动机又分为永磁直流电动机和励磁直流电动机。永磁直流电动机内部磁场由定子上的永磁体产生；励磁直流电动机的定子由硅钢片冲压制成，并在外部绕制励磁线圈，直流电经过励磁线圈在其内部产生恒定磁场。

（2）转子

在一般的直流电动机中，转子又称为电枢，包括了线圈及其支架。电枢线圈通入直流电后，电枢便会在定子磁场作用下输出旋转的电磁转矩，其旋转速度及输出转矩与输入的电流成正比例变化。

（3）电刷与换向片

直流电动机中的电刷与换向片是为了让转子的转动方向保持恒定，确保转子沿着固定方向连续旋转。其中，电刷与直流电源相接，换向片与电枢导体相接。

直流电动机的主要优点：①启动和调速性能好，调速范围广并且平滑，过载能力较强，受电磁干扰影响小；②具有良好的启动特性和调速特性；③输出转矩大；④整体维修成本较低。主要缺点：①换向器与电刷之间经常性滑动接触，接触电阻的变化在一定程度上影响直流电动机性能稳定性；②电刷产生火花，使得换向器需经常更换，同时应用场景受到限制（如易爆环境下无法使用）。

如图1-3所示，直流电动机可分为串励直流电动机、并励直流电动机及复励直流电动机等。

1.3.3 交流异步电动机

采用交流电进行励磁的电动机称为交流电动机。按照工作原理的不同，交流电动机又可分为异步电动机和同步电动机两种。

交流异步电动机又称为感应电动机（Introduction Motor）。以三相交流异步电动机为例，定子和转子是异步电动机的最重要组成部分。其中，转子安装在定子空心腔内，由电动机轴承支撑在其两个端盖之间。同时，定子和转子间保留着一定的间隙，这种间隙被称为气隙，气隙保证了转子在定子腔内的自由转动，而气隙的大小、对称性等对电动机的性能影响很大，是电动机的重要参数。三相笼型异步电动机的组成部件如图1-4所示。

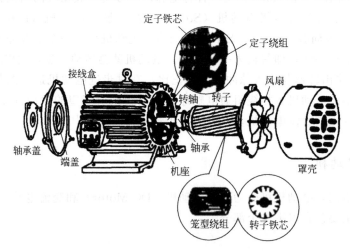

图1-4 三相笼型异步电动机组成部件

三相交流异步电动机定子由定子三相绕组、定子铁芯和机座三大部分组成。

定子三相绕组属于异步电动机电路的一部分，它是将电能转换为电动机转动机械能的关键环节。三相交流电动机中的三相绕组分别定义为A、B、C三相，绕组嵌入定子铁芯内，对称分布，每相绕组都有首尾两端的出线端，三相绕组合计6个出线端子，这6个出线端子可根据应用场景的需求接成星形（Y）或三角形（△）。定子铁芯属于异步电动机磁路的一部分，由于三相绕组通入的三相交变电流产生的电动机内部主磁场以同步转速 n_1 旋转，因此定子铁芯一般由 0.5mm 厚、两面涂有绝缘漆的高磁导硅钢片冲压而成，以减小其损耗。

机座又称机壳，其主要作用有：

① 支撑定子铁芯；

② 承受电动机带载运行时产生的反作用力；

③ 散发电动机运行时因内部损耗而产生的热量。

中小型电动机中，机座一般由铸铁制成；而大型电动机机座由于浇铸困难，一般由钢板焊接而成。

三相交流异步电动机转子由转子铁芯、转子绕组及转轴组成。

与定子铁芯一样，转子铁芯也属于电动机磁路，也是由硅钢片冲压而成的。不同的是，转子铁芯冲片开槽位于冲片的外圆上，冲压完成后的转子铁芯外圆柱面上会形成多个均匀的形状相同的槽，为放置转子绕组使用。

转子绕组属于异步电动机电路的一部分，其作用有：

① 切割定子磁场；

② 产生感应电势和电流；

③ 在磁场作用下受力驱使转子转动。

转子绕组结构有笼型绕组、绕线式绕组两种。其中，笼型转子结构简单、经济耐用、制造方便；而绕线式转子结构相对复杂、造价成本较高，但其转子回路中可加入外加电阻用于改善启动和调速性能。

笼型转子绕组主要包括导条和两端的端环，其中导条嵌入至转子铁芯的开槽内；其结构闭合，无需由外部电源供电，外形像一个笼子，所以一般称为笼型转子。

异步电动机气隙大小一般在 0.2～2mm，其大小决定了电动机的磁阻大小，气隙越大，磁阻就越大，而较大磁阻下产生同等大小的磁场需要一个较大的励磁电流。

在异步电动机三相定子绕组中，通入对称的相位差为 120° 的三相交流电，此交变电流即在定子和转子铁芯内产生一个以同步转速 n_1 旋转的磁场；在该旋转磁场的作用下，静止状态下的转子绕组切割定子旋转磁场产生感应电动势（电动势的方向符合右手定则）。转子绕组两端有短路环短接，感应电动势在转子绕组中产生与其方向一致的感应电流。转子中的载流绕组在定子旋转磁场中受到电磁力的作用（电磁力方向符合左手定则）。该电磁力在转子轴产生电磁转矩，转子在此电磁转矩的作用下开始旋转。

通过上述分析，电动机工作过程简述为：

电动机三相定子绕组通入三相对称交流电→产生旋转磁场→旋转磁场切割转子绕组→转子绕组产生感应电流→载流转子绕组产生电磁力→在电动机转轴上形成电磁转矩→电动机旋转。

异步电动机的优点：①结构简单、制造方便；②使用和维护方便；③运行可靠、质量较小；④成本较低。缺点：异步电动机的转速与其旋转磁场转速有转差，其调速性能受到影响。

1.3.4　交流同步电动机

同步电动机（Synchronous Motor）是由直流供电的励磁磁场（或永磁体磁场）与定子绕组内通入电流产生的旋转磁场相互作用而产生转矩，并以同步转速旋转的交流电动机。

同步电动机的结构主要有两种，一种是旋转磁极式，另一种是旋转电枢式。旋转磁极式同步电动机具有转子重量小、制造工艺相对简单等优点，是最常见的同步电动机结构。而根据转子结构的异同，旋转磁极又可分为凸极和隐极两种，如图1-5所示。凸极式同步电动机转子形状粗、短，气隙不均匀，一般应用于低转速、高负载的场合；隐极式同步电动机转子形状细、长，气隙均匀，主要应用于高转速、负载不太大的场合。

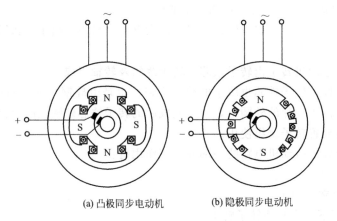

(a) 凸极同步电动机　　(b) 隐极同步电动机

图 1-5　同步电动机结构示意图

与异步电动机类似，交流同步电动机也是由定子和转子两大部分组成的。

旋转磁极式同步电动机定子的主要组成部分包括机座、铁芯和定子绕组。其中，定子铁芯采用薄的硅钢片冲压而成，以减小磁滞和涡流损耗；三相的定子绕组对称地嵌入定子铁芯内表面，以便于在通入交变电流时在电动机内部产生三相对称的旋转磁场。

旋转磁极式同步电动机（励磁式）的转子主要由转轴、滑环、铁芯和励磁绕组构成（永磁同步电动机则由永磁体替代了励磁绕组和滑环）。以励磁同步电动机为例，转子铁芯一般采用高强度合金钢锻制，以兼顾机械强度和导磁性能要求；励磁绕组安装在转子铁芯，它的两个出线端与两个滑环分别相接。非变频控制的励磁同步电动机为便于启动，在凸极式转子磁极的表面安装由黄铜制成的导条，用于构成一个不完全的笼型启动绕组。

同步电动机的优点：功率因数可调、体积较小、运行效率高。缺点：制造成本较高，控制不当则存在启动困难、失步等问题。

1.3.5　无刷直流电动机

为了克服普通直流电动机的缺点，无刷直流电动机（Brushless DC Motor，BLDCM）摒弃了电刷与换向器结构。无刷直流电动机与普通的直流电动机相反，其电枢置于定子上，而转子则换为永磁体。无刷直流电动机通过定子电枢的不断换相通电（电子换向），在转子位置变化的情况下，保持定子磁场与转子磁场之间存在90°左右的空间角，以便于最大转矩的输出。实际上，无刷直流电动机也是一种永磁同步电动机。

无刷直流电动机利用电子换向代替普通直流电动机的机械换向，性能可靠、永无磨损、故障率低，寿命比普通直流电动机提高了约6倍，应用前景广阔；同时，无刷直流电动机还具有空载电流小、效率高、体积小等优点。但其仍存在成本较高、控制相对困难等缺点。

不同类型的电动机具有不同的特性，图1-6给出了几种典型旋转电动机输出功率和转速的关系[1]；工程实际应用中，需要根据应用场景的要求选择合适的执行电动机。电动机输出功率越大，电动机的尺寸，特别是转子的半径就会越大，离心力也就越大。由于转子材料强度有限，因此高功率同步高速电动机的制造难度极大。近年来，随着计算机辅助设计技术和材料制造业的发展，特别是永磁材料的发展，高速大功率电动机已在涡轮压缩机[2]和飞轮储能等特殊应用中出现。

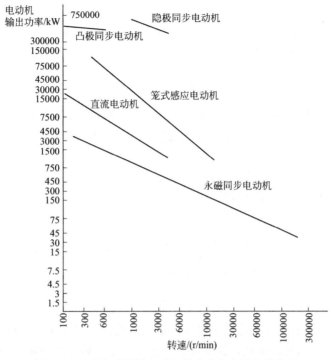

图 1-6　几种典型旋转电动机输出功率和转速的关系

1.4　运动控制系统的性能指标及其执行机构机械特性

1.4.1　运动控制系统的主要性能指标

与一般的自动控制系统类似，运动控制系统性能指标也可以概括为稳态性能和动态性能两大类。运动控制系统中，性能指标的优劣可由响应曲线（转速、位置、转矩等）表示。下面以转速控制系统为例讨论运动控制系统的稳态、动态性能指标及其控制要求。而对于转矩控制系统、位置控制系统等，下面所描述的性能指标及其评价体系仍然适用。

转速控制系统即通常所说的调速系统。系统在对执行机构的转速实施控制时，主要考虑以下三个方面。

① 调速形式：即在给定的转速范围内，转速的调节是有级抑或是无级的。

② 转速的稳定性（即稳速）：转速能够在满足系统精度要求的情况下保持稳定，并且在各种扰动的影响下不能出现过大的波动。

③ 加减速性能：执行机构频繁启、制动或正、反转，频繁改变运动状态要求执行机构速度跟随尽量快，以满足工作机械快速性的要求。

以上三个方面在很大程度上能够反映一个调速系统性能的优劣。其中，①和②为系统稳态运行的性能要求，主要性能指标分别为"调速范围"和"静差率"；而③是系统动态调节过程的性能要求，需要用一系列的动态性能指标来衡量。

1.4.1.1 稳态性能指标

（1）调速范围

根据工作机械的要求，执行电动机在加载额定负载的情况下，能够提供的最高转速和最低转速之比称为调速范围，通常用 D 表示。

$$D = \frac{n_{\max}}{n_{\min}} \tag{1-1}$$

需要指出的是，对于一些实际加载量很少的工作机械，执行电动机的最高转速 $n_{\max}$ 和最低转速 $n_{\min}$ 亦可用工作机械实际加载量的最高和最低转速来表示。

不同调速系统对调速范围的要求不尽相同，一般的调速系统，调速范围一般要求在几百到几千不等；而对于位置伺服系统等要求较高的调速系统，调速范围要求高达几千甚至几万，且在低速运行时具有较高的稳定性能。

（2）静差率

静差率一般用 s 表示，它是指系统在某转速下空载运行，当负载增加到额定值时，系统对应的转速降落 Δn_N 与理想空载转速 n_0 之比，即

$$s = \frac{\Delta n_N}{n_0} \tag{1-2}$$

静差率是衡量负载变化时调速系统转速稳定性的指标。它与执行电动机机械特性的硬度相关，空载转速 n_0 相同时，机械特性越硬，静差率越小，转速的稳定性越高。

对于运动控制系统而言，调速范围和静差率两项稳态性能指标应同时考虑。调速系统中，额定转速降落数值上相等，但转速越低的系统，静差率越大，若系统在低速时的静差率能满足性能要求，则更高速运行时的静差率显然也满足要求。所以，静差率指标应以系统最低速时的数值为准。

1.4.1.2 动态性能指标

动态性能指的是一个系统在动态过程中所表现出的功能、性质、特性等情况，而用于量化这些功能、性质、特性的参数称为动态性能指标。动态过程则是一个系统在运行过程中，输入信号发生变化或者受到扰动开始一直到系统恢复新的稳态运行的整个过程。在调速系统中，动态性能指标主要用来说明动态过程中输出量情况、恢复稳定运行的历时等，具体主要包括以下几个方面。

（1）跟随性能指标

系统给定输入量，而其输出量 $C(t)$ 在输入量作用下的变化情况称为跟随性能。一般情况下，采用经典的阶跃响应来说明系统的跟随性能，其跟随过程如图1-7所示。跟随性能主要指标有上升时间 t_r、超调量 M_p、调节时间 t_s。

① 上升时间 t_r。上升时间是指系统的输出从 0 开始第一次达到稳态值所需的时间，它反映了系统动态响应的快速性。

② 超调量 M_p。超调量是指系统的输出与稳态值之间的最大偏离量与稳态值之比，它反

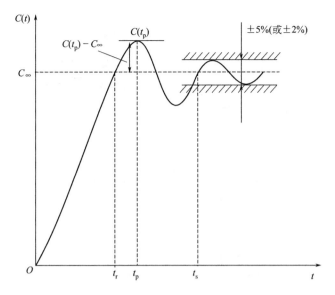

图 1-7　系统阶跃响应及其跟随性能指标

映了系统的相对稳定性；系统的超调量越小，其相对稳定性就越好，但可能会造成系统快速性变差。超调量可以用下列的公式表示

$$M_p = \frac{C(t_p) - C(\infty)}{C(\infty)} \tag{1-3}$$

③ 调节时间 t_s。由零时刻算起（即加输入量的时刻），系统相关输出变量与稳态值之间的偏离在 $\pm\Delta$（Δ 一般取 5% 或 2%）的误差范围，并且在整个运行过程中该输出变量不再超过这个误差范围的时间称为控制系统的调节时间 t_s。调节时间一般用于衡量整个系统调节过程的快慢程度，调节时间越小说明系统的动态调节过程越短。

（2）抗扰性能指标

系统在稳定运行时，扰动量 F 突然加载到系统中，使得输出量降低，随后系统通过调节恢复稳定运行的过程称为扰动过程，描述其扰动过程的指标称为抗扰性能指标。一种典型的扰动过程如图 1-8 所示。

① 动态降落 $\Delta C_{\max}$。系统在稳定运行时，扰动量 F 突然加载到系统中（典型的一般为阶跃型扰动），造成输出量的最大变化值 $\Delta C_{\max}$ 称为动态降落，一般以下列公式表示

$$\Delta C_{\max}\% = \frac{\Delta C_{\max}}{C_{\infty 1}} \times 100\% \tag{1-4}$$

式中，$C_{\infty 1}$ 是系统输出量在经过抗扰动态过程后，恢复到的新稳态值。

② 恢复时间 t_v。阶跃型扰动作用开始直至系统输入量进入新稳态值误差带范围内（且误差不再超出该误差带）所需的时间称为恢复时间 t_v。误差带的一般定义为基准值 $C_{\infty 2}$ 的 $\pm 5\%$（或取 $\pm 2\%$），其中 $C_{\infty 2}$ 为抗扰指标中输出量的基准值。

与一般系统一样，调速系统的静态指标、跟随性能指标、抗扰指标也都不是相互独立的，部分指标存在统一性（如在相同系统中，抗扰恢复时间 t_v 越短，其在跟随过程中的调节时间也会相对较短），但更多的指标则是相互矛盾的（如上升时间 t_r 越小，系统快速性越好，但可能带来系统超调量 M_p 的增大）。所以在不同的工程应用中，应根据性能指标要求对系统进行综合设计，而不能仅仅考虑一个或者某几个指标。

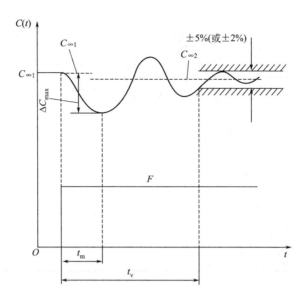

图 1-8　突然加扰动态过程及其性能指标

1.4.2　运动控制系统中影响性能指标的因素

（1）电动机

在运动控制系统中，电动机为其中的执行机构，其性能的优劣在很大程度上决定了系统性能的优劣。由上文可知，电动机有交流与直流之分，交流电动机没有直流电动机换向器、电刷等严重影响其性能的器件，在调速性能表现方面更具优势。同时，电动机的转动惯量、转子绕组阻抗、结构及散热条件等也会影响其性能表现。

（2）信号采集装置

运动控制系统中的信号采集装置主要包括电流传感器、电压传感器、速度传感器（位置传感器）等。调速系统中，信号采集装置为系统的控制提供所需的反馈信号，其采集的信号精度也是影响系统性能的重要因素。以速度/位置传感器——编码器为例，首先，编码器跟随电动机转动一周所产生的脉冲数会直接影响整个系统的控制精度；其次，电动机的最高转速也可能受到编码器所能承受的最高转速的制约；同时，编码器的抗干扰能力也同样制约着整个运动控制系统的抗干扰能力。而在永磁同步电动机的启动和控制过程中，得到电动机转子的准确位置信息是保证永磁同步电动机正确控制的前提，控制器得到的转子位置的准确性是控制永磁同步电动机的关键。

（3）驱动器

运动控制系统的核心就是驱动器。而由于驱动器的驱动对象不同（即不同类型的执行电动机），驱动器可分为晶体管放大驱动装置、直流驱动装置、交流驱动装置等不同种类。随着交流电动机的不断普及，交流驱动装置已成为工业控制领域最为常见的驱动器类型。例如，ABB 公司推出的 MotiFlex e180 驱动器，它是通过 SVPWM 方式来控制电动机的，其控制策略是直接转矩控制。一般情况下，驱动器实现了控制系统的电流环和速度环控制，而位置环控制一般在运动控制器中完成。在驱动器中，电流与速度环的控制周期、带宽以及整个控制回路中的干扰、延迟等均会对系统的控制精度及动态响应特性产生影响。

（4）运动控制器

在驱动器速度环的基础上，运动控制器可增加齿轮同步、位置控制、插补等运动控制功能；运动控制器与驱动器之间的通信方式、通信传输速度以及运动控制器的性能均会对整个运动控制系统性能产生影响。需要注意的是，整个系统的数据通信周期与通信速率、数据量大小有关，而受到这个数据通信周期的限制，运动控制器的插补周期、位置环的采样周期必须为通信周期的整数倍，插补周期和位置环的采样周期恰恰又是衡量整个系统性能的关键。

（5）机械传动

执行电动机通过联轴器、丝杠、传送带、齿轮箱、机械凸轮等机械传动装置与负载相连。在运动控制系统运行过程中，这些机械传动装置的性质（如联轴器的刚性、传送带的松紧程度、齿轮的间隙等）会对系统的控制精度产生一定的影响。

（6）负载

在运动控制系统中，负载一般指工作机械，而作为运动控制系统的最终控制对象，也会对系统性能指标产生一定影响。其主要表现如下。

负载转动惯量对系统动态性能的影响：转动惯量越大，对运动控制系统在启动、加速、停止过程中所要求的输出转矩就会越大，对驱动器的驱动能力及执行电动机的输出功率要求就越高。

负载与执行电动机的转动惯量比值对系统的性能影响：比值大，系统控制难度加大，可能给系统带来谐振；比值小，控制难度减小，但执行电动机的利用率降低。

（7）安装

运动控制系统现场安装工艺的优劣及环境也会对其性能带来影响。例如：编码器的屏蔽线未良好接地，其向控制器反馈的信号带有噪声，这种信号噪声给控制器的控制精度带来很大的影响，甚至导致系统失控；同时，系统 EMC 干扰的处理、系统接地、周围电磁环境等其他安装问题也是提高系统性能需要考虑的方面。

（8）系统的成套性

为了避免连线、配置、通信等方面的匹配性问题，在进行运动控制系统设计过程中，运动控制器、驱动器、执行电动机等建议采用同一厂家产品，以保证系统的成套性。单独购买不同厂家的部件进行系统的组装带来的问题有：

① 部件连接顺序的复杂化。不同厂家执行电动机、驱动器、信号采集装置连接方式多样。

② 可能存在调试软件兼容性差、安装不便等问题。

③ 驱动器的参数设置与执行电动机匹配度不佳，影响运动控制系统控制性能。

1.4.3　运动控制系统中执行机构的机械特性

在运动控制系统中，不同的执行机构具有不同的机械特性；在掌握不同执行机构机械特性的基础上，方可对其控制策略等系统核心内容展开进一步探讨。

1.4.3.1　直流电动机机械特性

直流电动机中，电枢线圈通电后在其内部磁场的作用下转动；而电枢在磁场转动的过程中，也会产生一个感应电动势 E，这个感应电动势 E 的方向与所加电压方向相反，故称为反电动势。在一般的有刷直流电动机中，其电刷之间的反电动势可通过式(1-5) 得出。

$$E = C_e \Phi n \tag{1-5}$$

式中，E 为反电动势，V；Φ 为电动机内部磁极对之间的磁通，Wb；n 为电枢转速，r/min；C_e 为电动机的电势常数，一般与其结构相关。一般情况下，反电动势的大小与电动机转速成正比。

通过电枢绕组的电流 I_a 与电动机内部磁通 Φ 相互作用，产生的电磁转矩为

$$T_e = C_m \Phi I_a \tag{1-6}$$

式中，T_e 为电磁转矩，N·m；C_m 为电动机的转矩常数，一般与电动机结构相关。有刷直流电动机的电磁转矩 T_e 与电枢绕组电流 I_a 成正比。

运动控制系统在动态调节过程中，电动机的电磁输出转矩 $T_e(t)$ 与其加速度、转速以及负载转矩 $T_L(t)$、空载损耗转矩 $T_0(t)$ 相关，具体方程如下。

$$T_e(t) = J\frac{\mathrm{d}\omega(t)}{\mathrm{d}t} + B\omega(t) + T_L(t) + T_0(t) \tag{1-7}$$

式中，J 为电动机转动惯量；B 为电动机转动的阻尼系数，电动机阻尼一般为空气阻尼，可忽略不计。同时，将空载损耗转矩 $T_0(t)$ 视为电动机负载的一部分，则式(1-7) 可进一步简化为

$$T_e(t) = J\frac{\mathrm{d}\omega(t)}{\mathrm{d}t} + T_L(t) \tag{1-8}$$

若有刷直流电动机忽略其电枢绕组电感，则其电枢绕组的电流 I_a 如下

$$I_a = \frac{U - E}{R_a} \tag{1-9}$$

式中，R_a 为电枢电阻的阻值；U 为作用在电枢绕组上的外部电压。

由式(1-5)、式(1-6)、式(1-9) 推出有刷直流电动机机械特性方程如下

$$n = \frac{U}{C_e \Phi} - \frac{R_a T_e}{C_e C_m \Phi^2} = \frac{U - I_a R_a}{C_e \Phi} \tag{1-10}$$

定义：$n_0 = \dfrac{U}{C_e \Phi}$，$\Delta n = \dfrac{R_a T_e}{C_e C_m \Phi^2}$ 或 $\Delta n = \dfrac{I_a R_a}{C_e \Phi}$。

若电枢输入不同电压，则有刷直流电动机机械特性（转速-转矩特性）曲线如图 1-9 所示。由图可知，电枢中输入不同的电压，有刷直流电动机机械特性各曲线彼此平行；n_0 称为"理想空载转速"，而 Δn 称为转速降落。

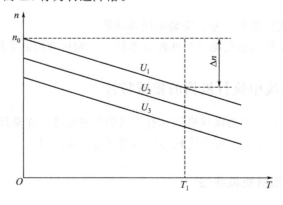

图 1-9　直流电动机的机械特性曲线

由式(1-10) 可知，有刷直流电动机调速可通过改变电枢输入电压、改变电动机内部磁通及改变电枢的串联电阻阻值实现。如图 1-9 所示，改变电枢输入电压完成调速，电动机所显示出的是一组平行的机械特性曲线簇。利用改变输入电压调速的方式，当输入电压达到电动机额定电压，不能进一步增大电压以提高电动机转速时，可通过减小电动机的磁通来提高电动机转速，而在减小磁通的同时，需要加大电枢电流以保证电动机的输出转矩。

以上三种调速方式中，改变电枢电压调速的方式属于恒转矩调速；减小磁通的方式称为弱磁调速，属于恒功率调速；而通过改变电枢串联电阻阻值的方式调速时，电动机的运行效率很低，一般仅用于结构简单的小功率场合。

1.4.3.2　交流异步电动机机械特性

根据交流异步电动机转差率定义，异步电动机转差率

$$s = \frac{n_1 - n}{n_1} \tag{1-11}$$

式中，n_1 为同步转速，有 $n_1 = 60 f_1 / n_p$；f_1 为输入交流电源频率；n_p 为异步电动机磁极对数。

忽略空间及时间谐波、忽略磁饱和、忽略铁损三大假设条件下，根据异步电动机等效电路分析[3,4]，异步电动机电流幅值公式如下

$$I_s = I_r' = \frac{U_s}{\sqrt{\left(R_s + \dfrac{R_r'}{s}\right)^2 + \omega_1^2 (L_{ls} + L_{lr}')^2}} \tag{1-12}$$

式中，I_s 为异步电动机定子相电流幅值；I_r' 为折合到定子侧的转子相电流幅值；R_s 为异步电动机定子每相绕组阻值；R_r' 为折合到定子侧的转子每相绕组阻值；L_{ls} 为异步电动机定子每相绕组漏感；L_{lr}' 为折合到定子侧的转子每相绕组漏感；s 为异步电动机转差率；ω_1 输入交流电源角频率，$\omega_1 = 2\pi f_1$；U_s 为输入到定子绕组的电源电压幅值。

异步电动机的电磁输出功率 $P_m = 3 I_r'^2 R_r' / s$，机械同步角速度 $\omega_{m1} = \omega_1 / n_p$，在此直接给出其输出转矩[4,5]

$$T_e = \frac{P_m}{\omega_{m1}} = \frac{3 n_p I_r'^2 R_r'}{\omega_1 s} = \frac{3 n_p U_s^2 R_r'}{\omega_1 s \left[\left(R_s + \dfrac{R_r'}{s}\right)^2 + \omega_1^2 (L_{ls} + L_{lr}')^2\right]}$$

$$= \frac{3 n_p U_s^2 R_r' s}{\omega_1 \left[(s R_s + R_r')^2 + s^2 \omega_1^2 (L_{ls} + L_{lr}')^2\right]} \tag{1-13}$$

上式即为异步电动机机械特性方程。

为分析输出电磁转矩 T_e 在转差率 s 变化情况下的变化情况，在式(1-13) 中，等式左右两边分别对转差率 s 求导，并且令 $\mathrm{d}T_e/\mathrm{d}s = 0$，可求得输出最大电磁转矩时对应的转差率 s_m，将此转差率称为临界转差率。

$$s_m = \frac{R_r'}{\sqrt{R_s^2 + \omega_1^2 (L_{ls} + L_{lr}')^2}} \tag{1-14}$$

此时，输出的最大电磁转矩

$$T_{em} = \frac{3 n_p U_s^2}{2 \omega_1 \left[R_s + \sqrt{R_s + \sqrt{R_s^2 + \omega_1^2 (L_{ls} + L_{lr}')^2}}\,\right]} \tag{1-15}$$

式(1-13) 中，将分母部分展开

$$T_e = \frac{3n_p U_s^2 R_r' s}{\omega_1 [R_s^2 s^2 + \omega_1^2 (L_{ls} + L_{lr}')^2 s^2 + 2R_s R_r' s + R_r'^2]} \tag{1-16}$$

若转差率 s 值很小，式(1-16) 分母中忽略带有 s 的各项，则得到

$$T_e \approx \frac{3n_p U_s^2 s}{\omega_1 R_r'} \propto s \tag{1-17}$$

故当转差率 s 值很小的时候，异步电动机输出电磁转矩可以看成是与 s 成正比的，此时异步电动机的机械特性曲线 $T_e = f(s)$ 可近似看作一段直线。

当 s 较大的时候，忽略分母中的低次项，保留二次项，得到

$$T_e \approx \frac{3n_p U_s^2 R_r'}{\omega_1 [\omega_1^2 (L_{ls} + L_{lr}')^2 + R_s^2] s} \propto \frac{1}{s} \tag{1-18}$$

故当转差率 s 值较大的时候，异步电动机输出电磁转矩可以看成是与 s 成反比的，此时异步电动机的机械特性曲线 $T_e = f(s)$ 可近似看作一段双曲线，如图 1-10 所示。

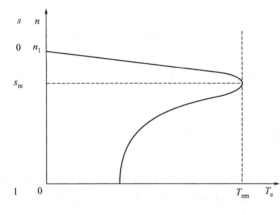

图 1-10　交流异步电动机机械特性曲线

1.4.3.3　同步电动机机械特性

因存在失步问题，所以同步电动机在直接投入电网时启动困难，这个问题曾严重制约着同步电动机的发展和应用。并且由于同步电动机在稳态运行过程中的转速与同步转速相等，因此只能通过变频调速来完成同步电动机的调速。变频技术可以解决同步电动机的起步、失步等问题，近年来，变频调速技术的不断成熟使得同步电动机调速系统得到了更广泛的应用。同步电动机调速系统一般分为自控式和他控式两种。

（1）同步电动机的特点

与异步电动机相比，同步电动机具有以下特点。

① 交流同步电动机内部旋转磁场的同步转速 n_1 与电网输入定子绕组的电源频率 f_1 关系确定，不无转差率的存在

$$n_1 = \frac{60 f_1}{n_p} = \frac{60 \omega_1}{2\pi n_p}$$

交流异步电动机稳态转速 n_r 及交流同步电动机稳态转速 n_s 与同步转速 n_1 的关系如下

$$n_r < n_1$$
$$n_s = n_1$$

这也说明了同步电动机机械特性相对较硬。

② 同步电动机的转子磁动势可通过转子侧的直流励磁、永磁体励磁产生，而异步电动机只能靠与定子侧磁通感应产生。

③ 在定子侧，同步电动机与异步电动机绕组结构类似，一般是由三相交流绕组组成的，用于外接三相交流电源；而在转子侧，同步电动机的极对数和极性明显，在需要时还可添加转子阻尼绕组。

④ 异步电动机具有均匀的气隙，但在同步电动机中，转子结构不同，其气隙可以是均匀的，称为隐极同步电动机；也可以是不均匀的，称为凸极同步电动机。在凸极同步电动机中，直轴的磁阻小，交轴磁阻大，交轴和直轴的电感系数不相等，这增加了数学模型的复杂度，但凸极同步电动机的凸极效应可产生同步转矩，使其输出转矩密度进一步增大。一种单靠凸极效应运行的同步电动机又称为磁阻式同步电动机。

⑤ 在其他同等条件下，同步电动机与异步电动机相比具有更宽的调速范围，这是因为同步电动机的转子磁动势产生方式独立（直流励磁或者直接利用永磁体产生），在电源频率极低的情况下同步电动机亦可运行。

⑥ 异步电动机提高转矩的方式一般是靠增大转差率的方式，而同步电动机则是靠加大转矩角的方式，所以同步电动机的输出转矩与异步电动机相比具有更好的抗扰性能，动态响应表现更优。

（2）同步电动机的分类

按照励磁方式的不同，同步电动机可分为可控励磁同步电动机及永磁同步电动机两种。

转子侧，可控励磁同步电动机设有独立的直流励磁；改变转子的直流励磁电流，可调节输入功率因数；根据应用情况，功率因数可设置为滞后，也可设置为超前，当功率因数 $\cos\varphi = 1.0$ 时，电枢铜损最小。

永磁同步电动机的转子用永磁体，不再增设直流励磁。基于永磁同步电动机下列优势，它已经在调速系统、伺服系统中得到了越来越广泛的应用。

① 稀土金属永磁体具有磁能积高的特点，应用这种永磁体制成的永磁同步电动机具有更高的气隙磁通密度，有利于实现电动机的小型化转变。

② 转子侧不存在铜损、铁损，更没有集电环及电刷的损耗，运行效率更高。

③ 转子转动惯量小，动态性能表现更佳。

④ 具有更紧凑的结构，运行更可靠。

永磁同步电动机可按气隙磁场分布进一步细分。

① 正弦波永磁同步电动机。磁极采用永磁体，外部电源输入电流采用三相正弦波形式，电动机内部气隙磁场呈现正弦分布。我们一般所说的永磁同步电动机就是这种正弦波永磁同步电动机。

② 梯形波永磁同步电动机。磁极仍为永磁体，外部电源输入电流采用方波形式，电动机内部气隙磁场呈现梯形波分布，其性能更接近于直流电动机。无刷直流电动机便是用梯形波永磁同步电动机构成的自控变频同步电动机。

（3）同步电动机的转矩角特性

在忽略定子电阻 R_s 时，图 1-11 便是凸极同步电动机稳定运行且功率因数超前时的相量图，同步电动机从定子侧输入的电磁功率[5,6]为

$$P_M = P_1 = 3U_s I_s \cos\varphi \tag{1-19}$$

由图 1-11 得 $\varphi = \phi - \theta$，于是

$$P_M = P_1 = 3U_s I_s \cos\varphi = 3U_s I_s \cos(\phi - \theta) = 3U_s I_s \cos\phi\cos\theta + 3U_s I_s \sin\phi\sin\theta \tag{1-20}$$

$$\begin{cases} I_{sd} = I_s \sin\phi \\ I_{sq} = I_s \cos\phi \\ x_d I_{sd} = E_s - U_s \cos\theta \\ x_q I_{sq} = U_s \sin\theta \end{cases} \tag{1-21}$$

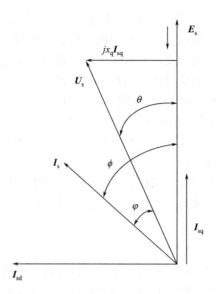

图 1-11　凸极同步电动机稳定运行相量图（功率因数超前时）

将式(1-21)代入式(1-20)，得

$$P_M = 3U_s I_s \cos\phi\cos\theta + 3U_s I_s \sin\phi\sin\theta = 3U_s I_{sq}\cos\theta + 3U_s I_{sd}\sin\theta$$

$$= 3U_s \frac{U_s \sin\theta}{x_q}\cos\theta + 3U_s \frac{E_s - U_s\cos\theta}{x_d}\sin\theta$$

$$= 3U_s \frac{E_s}{x_d}\sin\theta + 3U_s^2\left(\frac{1}{x_q} - \frac{1}{x_d}\right)\cos\theta\sin\theta$$

$$= \frac{3U_s E_s}{x_d}\sin\theta + \frac{3U_s^2(x_d - x_q)}{2x_d x_q}\sin 2\theta \tag{1-22}$$

式中，U_s 为定子相电压有效值；I_s 为定子相电压电流有效值；E_s 为转子磁动势在定子绕组产生的感应电动势；x_d 为定子直轴电抗；x_q 为定子交轴电抗；φ 为功率因数角；ϕ 为 $\dot{I}_s$ 与 $\dot{E}_s$ 间的相位角；θ 为 $\dot{U}_s$ 与 $\dot{E}_s$ 间的相位角，在 U_s 和 E_s 恒定时，同步电动机的电磁功率和电磁转矩由 θ 确定，故称 θ 为功率角或转矩角。

由于同步电动机电磁输出转矩 $T_e = P_M/\omega_m$，式中，ω_m 为同步电动机机械角速度，因此由式(1-22)得

$$T_e = \frac{3U_s E_s}{\omega_m x_d}\sin\theta + \frac{3U_s^2(x_d - x_q)}{2\omega_m x_d x_q}\sin 2\theta \tag{1-23}$$

由上式可知，同步电动机输出电磁转矩由两部分组成，第一部分是同步电动机的输出主转矩，由转子磁动势产生；第二部分是磁阻转矩，是由凸极同步电动机的磁路不对称性（$x_d \neq x_q$）产生的。式(1-22)是凸极同步电动机的功率角特性，而式(1-23)是凸极同步电动机的转矩角特性。由式(1-23)可绘制出凸极同步电动机的转矩角特性曲线，如图 1-12 所示。由于磁阻转矩与 $\sin 2\theta$ 成正比，因此电动机的最大转矩位置提前。

而在隐极同步电动机中，交直轴电抗相等（$x_d = x_q$），参照前述凸极同步电动机，其输出电磁功率为

$$P_M = \frac{3U_s E_s}{x_d}\sin\theta \tag{1-24}$$

输出电磁转矩为

$$T_e = \frac{3U_s E_s}{\omega_m x_d} \sin\theta \tag{1-25}$$

得到隐极同步电动机的转矩角特性曲线，如图 1-13 所示。当 $\theta = \frac{\pi}{2}$ 时，输出电磁转矩 T_{emax} 达到最大。

$$T_{emax} = \frac{3U_s E_s}{\omega_m x_d} \tag{1-26}$$

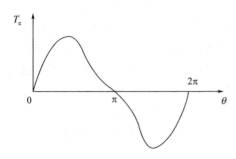

图 1-12　凸极同步电动机的转矩角特性曲线　　　　图 1-13　隐极同步电动机的转矩角特性曲线

（4）同步电动机的稳定运行

该部分以隐极同步电动机为例，对同步电动机恒频、恒压稳定运行过程进行分析。

① $\theta \in (0, \pi/2)$ 时。

设同步电动机稳定运行于 $\theta_1 (\theta_1 \in (0, \pi/2))$，如图 1-14 所示，此时输出电磁转矩 T_{e1} 与电动机的负载转矩 T_{L1} 相平衡，即 $T_{e1} = T_{L1} = 3U_s E_s \sin\theta_1 / (\omega_m x_d)$。负载转矩加大到 T_{L2}，转子转速减缓，θ 角增大，当 θ 角达到 θ_2 $(\theta_2 < \pi/2)$ 时，输出电磁转矩 T_{e2} 与新的负载转矩 T_{L2} 再次达到平衡，即 $T_{e2} = T_{L2} = 3U_s E_s \sin\theta_2 / (\omega_m x_d)$，同步电动机仍以同步转速稳定运行。若负载转矩又恢复为 T_{L1}，则 θ 角恢复为 θ_1，电磁转矩恢复为 T_{e1}。$\theta \in (0, \pi/2)$ 时，同步电动机可稳定运行。

② $\theta \in (\pi/2, \pi)$ 时。

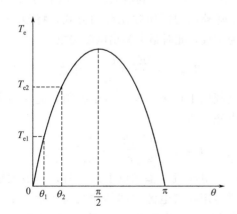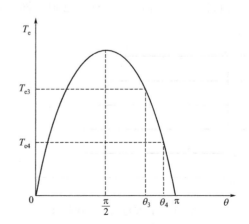

图 1-14　$\theta \in (0, \pi/2)$ 时隐极同步电动机的　　　　图 1-15　$\theta \in (\pi/2, \pi)$ 时隐极同步电动机的
　　　　　　转矩角特性曲线　　　　　　　　　　　　　　　　　　　转矩角特性曲线

同步电动机运行于 $\theta_3 (\theta_3 \in (\pi/2, \pi))$，如图 1-15 所示，输出电磁转矩 $T_{e3} =$

$3U_s E_s \sin\theta_3 / (\omega_m x_d)$，和电动机负载转矩 T_{L3} 相等。当负载转矩增加至 T_{L4} 时，转子转速减缓，使 θ 角增大，但此时 θ 角增大反而使得输出电磁转矩 T_{e4} 更小了。此过程中，输出电磁转矩的减小，进一步导致 θ 角增大，而输出电磁转矩也将持续减小，同步电动机转速偏离同步转速，我们将这种问题称为"失步"。所以，当 $\theta \in (\pi/2, \pi)$ 时，同步电动机无法稳定运行，会产生失步情况。

（5）同步电动机的启动

以隐极同步电动机为例，当电动机静止时，定子绕组直接外加工频电源启动，定子绕组产生的磁动势 F_s 以同步转速 $n_1 = 60 f_N / n_p$ 旋转。转子侧则由于其机械惯性，转速无法快速跟上同步转速；此时，电动机的转矩角 θ 以 2π 为周期变化，电动机输出电磁转矩以正弦规律变化，如图 1-13 所示。在一个周期内，电动机输出电磁转矩均值 $T_{eva} = 0$，无法启动。

在同步电动机的应用中，一般采用以下方法解决启动问题。

① 在同步电动机中，转子设置类似于笼型异步电动机中的启动绕组，让同步电动机先以异步方式启动，然后在电动机的转速接近同步转速时再向转子励磁绕组中通入励磁电流牵入同步运行[5,7]。

② 同步电动机配置变频控制板卡，启动过程中以变频方式让定子绕组的输入电流频率跟随转子转速逐渐加速，这种方式也就是变频调速方式。

（6）同步电动机的调速

早期，由于同步电动机的启动困难、存在失步问题等限制了其应用和推广，但随着变频技术的发展，在实现同步电动机高效调速的同时也解决了其启动和失步问题。

同步电动机中，其转子转速 n 与同步转速 n_1 相等，即

$$n = n_1 = 60 f_1 / n_p \tag{1-27}$$

由式（1-27）可知，由于磁极对数 n_p 无法改变，因此同步电动机的调速可通过改变定子输入电源的频率 f_1（同步频率）来实现，即变频调速。忽略定子漏阻抗压降情况下，定子绕组电压为

$$U_s \approx 4.44 f_1 N_s k_{N_s} \Phi_m \tag{1-28}$$

由式（1-26）可知，当 $\theta = \pi/2$ 时，同步电动机输出电磁转矩达到最大。基频以下可采用带定子压降补偿的恒压频比控制方式，将 U_s / ω_m 控制为常数，此时最大输出电磁转矩

$$T_{emax} = \frac{3E_s}{x_d} \times \frac{U_s}{\omega_m} = 常数$$

基频以上可采用电压恒定控制，此时最大输出电磁转矩

$$T_{emax} = \frac{3U_{sN} E_s}{\omega_m x_d} \propto \frac{1}{\omega_m} \propto \frac{1}{n_1}$$

同步电动机在基频以上运行时，其最大输出电磁转矩随着电源频率的增大而减小。变频调速的同步电动机机械特性曲线如图 1-16 所示。

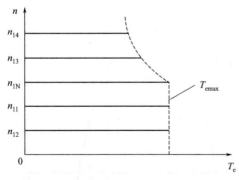

图 1-16 同步电动机变频调速机械特性曲线

在实际工程应用中，一般采用以下两种方法进行同步电动机的变频调速。

① 他控变频调速系统：同步电动机外加独立的变压变频装置向同步电动机定子绕组通

电。采用这种方式的同步电动机调速系统是一种开环控制系统，结构简单，一个变频变压装置可实现多台电动机的拖动。但由于系统是开环控制的，选配变频变压装置设置不合理也仍存在失步或者无法启动的可能。

② 自控变频调速系统：根据电动机的转子位置来控制变压变频装置的电流输出频率。采用这种方式的同步电动机调速系统是一种闭环控制系统，它能够严格保证输入电源频率与电动机转子转速的同步，从根本上解决了起步问题并避免了失步情况。但其结构相对复杂，需要有编码器等转子位置传感器来对电动机的转子位置进行反馈或者利用电动机反电动势推算出转子的位置（无位置传感器控制）。

1.5　运动控制系统的历史和发展

直流电动机可以便捷地对其转矩和转子转速进行控制，因此在运动控制系统发展初期得到了广泛的应用。但近年来，随着电力电子技术及磁场定向控制等交流电动机控制理论的发展，交流电动机作为执行机构越来越多地在运动控制系统得到应用。同时，随着高性能、高可靠性永磁体材料的发展，由于永磁电动机具有在转矩和功率密度等方面的优势，永磁电动机正逐渐替代励磁电动机在运动控制系统中的地位。

20 世纪初，由于电动机及其相关控制系统高昂的造价，一般情况下，一个应用场景仅仅利用一台大型电动机，再通过齿轮、皮带等传动机构将机械功率分配给其他的执行机构。但随着电动机和控制系统成本的降低及通信技术在运动控制系统中的应用，在一个应用场景中的不同运动点，可以根据其运动特性及性能要求配置不同的执行电动机及其驱动控制器来完成这个大系统的协调控制。此时，运动点位所需的机械运动可由执行电动机直接获得，无需对执行电动机进行速度或扭矩转换，这样机械传动过程中的能量损耗（如齿隙、扭转振动和摩擦等）及其非线性效应得以消除，在系统效率得到较大的提高的同时进一步提高了运动控制性能。随着运动控制及其相关技术的不断发展，这种分布式控制的方式还将不断得到完善，并且定制设计的电动机可以广泛应用于系统的不同运动部件。例如，需要高速运行的部件可以使用高速电动机，而无需通过齿轮放大速度；对于直线运动部件，直线电动机可以不使用滚珠丝杠机构；对于大扭矩、低速牵引传动，可以采用直接驱动电动机来减小系统的尺寸和机械传动损耗。

随着电子技术、计算机技术和自动化控制技术等的快速发展，运动控制系统的发展趋势向多轴化、网络化、开放式、智能化、可重构性等方向发展。

① 多轴化运动控制系统。多轴运动控制系统可以实现高精度运动控制功能，多轴化后，运动控制系统也可适应更多更丰富的应用场景。目前，多轴化运动控制系统已广泛地应用于包装、印刷、切割、数控机床、自动化仓库等各种工业控制领域中。

② 网络化运动控制系统。运动控制系统的网络化体现在两个方面，一是运动控制系统通过以太网技术与工控机或其他设备进行网络连接，实现网络互连；二是运动控制系统通过以太网、现场总线协议等网络通信技术与驱动器或现场设备之间进行交互数据和通信。

③ 开放式运动控制系统。开放式运动控制系统是新一代工业控制器，可以应用于更加广泛的应用领域，根据行业特点进行上位机的开发，实现上位机与控制器之间的互连；同时，可以把不同厂家的部件集成在同一个平台上实现无缝集成，从而降低开发成本。

④ 智能化运动控制系统。这种类型的控制器具备自适应控制功能，例如根据载荷变化

自适应调整控制参数、自动选择控制模型、自整定、设备故障自动检测、自动诊断、自动修复等智能化功能。

⑤ 可重构型运动控制系统。这种类型的运动控制系统可根据用户对控制器功能的实际需求分别从硬件和软件方面进行快速重构；硬件方面，根据用户的实际需求对运动控制系统的硬件结构进行动态调整；软件方面，根据用户对运动控制系统功能模块的实际需求，采用模块化方式进行增加、裁剪、修改和重构。

思考题与习题

1-1 试画出一般运动控制系统的结构框图，并描述各个部分的主要功能，举例说明各个部分的典型装置或器件。

1-2 从至少 3 个角度说明运动控制系统的分类。

1-3 运动控制系统中的执行机构有哪些？它们分别有什么特点？

1-4 运动控制系统的主要性能指标有哪些？试描述它们的物理意义和计算公式。

1-5 写出至少 5 种影响运动控制系统性能指标的因素，并作简要说明。

1-6 某调速系统，在额定负载下的最高转速 $n_{0\max}=2500\mathrm{r/min}$，最低转速 $n_{0\min}=200\mathrm{r/min}$，带额定负载时的转速降落 $\Delta n_\mathrm{N}=10\mathrm{r/min}$，假设在不同转速下额定速降 Δn_N 不变，试求系统的静差率和调速范围。

1-7 已知直流电动机额定功率 $P_\mathrm{N}=60\mathrm{kW}$，额定电压 $U_\mathrm{N}=220\mathrm{V}$，额定电流 $I_\mathrm{N}=305\mathrm{A}$，额定转速 $n_\mathrm{N}=1000\mathrm{r/min}$，主电路的总阻值 $R=0.1\Omega$，电势常数 $C_\mathrm{e}=0.2\mathrm{V\cdot min/r}$，试求：开环系统机械特性连续段在额定转速时的静差率 s_N。

1-8 一台三相笼型异步电动机，额定电压 $U_\mathrm{N}=380\mathrm{V}$，额定转速 $n_\mathrm{N}=960\mathrm{r/min}$，额定频率 $f_\mathrm{N}=50\mathrm{Hz}$，定子绕组采用 Y 形接法，测得其定子绕组阻值 $R_\mathrm{s}=0.35\Omega$，定子漏感 $L_{\mathrm{ls}}=0.006\mathrm{H}$，定子绕组产生的气隙主磁通等效电感 $L_\mathrm{m}=0.26\mathrm{H}$，转子电阻 $R_\mathrm{r}'=0.5\Omega$，转子漏感 $L_{\mathrm{lr}}'=0.007\mathrm{H}$，转子参数已折合到定子侧，忽略铁芯损耗。试计算：

① 额定运行时，异步电动机的转差率 s_N、定子的额定电流 I_{1N} 以及额定的电磁输出转矩 T_eN。

② 根据定子电压和频率均为额定时的临界转差率 s_m 和临界转矩 T_em，画出该异步电动机的机械特性曲线。

1-9 三相隐极同步电动机参数如下：额定电压 $U_\mathrm{N}=380\mathrm{V}$，额定电流 $I_\mathrm{N}=23\mathrm{A}$，额定频率 $f_\mathrm{N}=50\mathrm{Hz}$，额定功率因数 $\cos\varphi=0.8$，定子绕组采用 Y 形接法，极对数 $n_\mathrm{p}=2$，同步电抗 $x_\mathrm{c}=10.4\Omega$，忽略定子电阻，试求：

① 该同步电动机额定状态运行时的电磁功率 P_M、电磁输出转矩 T_e、转矩角 θ、转子磁动势在定子绕组产生的感应电动势 E_s、最大转矩 T_emax。

② 当电磁输出转矩为额定时，功率因数变为 $\cos\varphi=1$，试求电磁功率 P_M、电磁输出转矩 T_e、转矩角 θ、转子磁动势在定子绕组产生的感应电动势 E_s、最大转矩 T_emax。

1-10 试列举出 5 种运动控制系统的发展方向。

第 2 章

运动控制系统的控制策略

驱动器是运动控制系统的核心部件，而驱动器内部采用的控制策略是运动控制系统的核心问题。不同的控制策略决定了运动控制系统所能达到的最优性能指标。根据运动控制系统中执行机构的不同，可以将运动控制系统分为直流电动机拖动的运动系统（简称：直流调速系统）和交流电动机拖动的运动系统（简称：交流调速系统）两种。

由于直流调速系统具有控制方法简单、启动及制动性能良好等优点，因此在很多运动控制的场合得到了应用。但同时，这种直流调速也存在一些问题，这主要表现在换向问题上。经过多年的发展，尽管换向的问题在一定程度上得到了解决，但与交流调速系统相比仍然存在一定差距。交流电动机拖动的运动系统随着电力电子技术、电动机控制理论和计算机控制技术的发展，越来越显示出其独特优势。目前，交流调速系统正在蓬勃发展，大有取代直流调速系统的趋势。

2.1 直流调速系统 V-M 控制

在 1.4 节关于直流电动机机械特性的介绍中，可以得出，直流电动机调速方法有三种。

① 降压调速：在额定电压以下，对电枢的供电电压 U 进行调节达到调速目的；

② 弱磁调速：减弱励磁磁通 Φ 进行调速；

③ 电枢回路串电阻调速：改变电枢回路电阻 R_a 进行调速。

以上三种直流电动机调速方法中，降压调速的性能最佳，是直流调速系统的主流方法。由晶闸管组成的整流器（VT）是一种可将交流电源转换成可控的直流电源的装置，经过晶闸管整流器向直流电动机供电组成晶闸管整流器-直流电动机调速系统（简称：V-M 系统），是目前直流电动机降压调速的主流方案。

2.1.1 直流调速系统数学模型

要使运动控制系统具备良好的性能指标，就要利用运动控制系统内部的控制器、驱动器和信号采集装置合理地、充分地发挥执行机构的优势。以直流电动机为执行机构的运动控制系统，为了尽可能地发挥直流电动机的调速性能，第一步是需要了解直流电动机，建立起准确的电动机数学模型。在控制系统中，控制对象的数学模型一般采用状态方程或者传递函数的形式表述，它是在忽略一些次要的影响因子后对控制对象物理模型的一种近似描述。下面将对直流电动机的数学模型建立过程进行介绍。

控制电枢输入电压对直流电动机进行调速，在保持励磁电流恒定的情况下向电枢输入电压为 $u_a(t)$ 的直流电源，在电枢回路中产生电枢电流 $i_a(t)$，该电枢电流 $i_a(t)$ 与励磁磁通

作用产生电磁转矩 $T_e(t)$，电磁转矩驱动电动机转动。图 2-1 给出了直流电动机 V-M 开环调速系统原理图，其中 U_c 为调速系统给定量（即控制量），驱动器由同步移相触发电路 GT和可控整流电路 VT 组成，R_a 为直流电动机电枢绕组的阻值，L_a 为电枢绕组的电感值，E为反电动势。

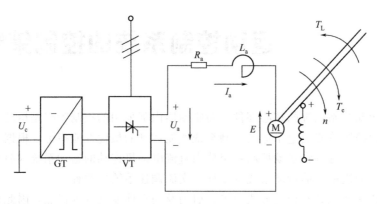

图 2-1　开环 V-M 系统原理图

由图 2-1 不难看出，要建立直流电动机 V-M 调速系统数学模型，绘制出系统的动态及稳态的结构图，就必须分别对驱动器传递函数（即晶闸管触发电路及可控整流电路的传递函数）、直流电动机传递函数进行分析，得到它们的静态和动态方程。

（1）直流电动机 V-M 调速系统驱动器分析

系统中，驱动器包含了晶闸管触发电路 GT 及可控整流电路 VT。从整体来看，驱动器的输入量包括了控制信号 U_c、三相交流电源两部分，输出量是直流电压 U_a。另外，控制角 α 与控制信号 U_c 之间的关系与移相触发电路相关，触发电路与整流电路都是非线性的，为了方便分析，需要对它们进行线性化，这就需要选定电路的近似线性工作范围，在此线性工作范围内利用线性系统理论对驱动器进行分析。这里直接给出直流电动机 V-M 调速系统驱动器近似线性化后的传递函数，它可近似地看成一个一阶惯性环节，其证明过程有兴趣的读者可参阅相关文献。

$$G_s(s) = \frac{U_a(s)}{U_c(s)} \approx \frac{K_s}{T_s s + 1} \tag{2-1}$$

利用脉宽调制控制的驱动器动态数学模型与式（2-1）相同。

另外，还有一种情况需要考虑：当触发电路的触发延迟角由 α_1 变到 α_2 时，若晶闸管已经是导通状态，则其输出电压需要等到下一个自然换相点以后才会发生改变。所以在相控整流器中，其输出电压的改变与触发电路的控制电压相比延迟了一段时间 T_s，这个时间称为失控时间。表 2-1 直接给出了控制频率为 50Hz 时的不同整流电路的失控时间。

表 2-1　控制频率为 50Hz 时的不同整流电路的失控时间

整流电路类型	失控时间 T_s/ms
单相半波	10
单相桥式(全波)	5
三相半波	3.33
三相桥式、六相半波	1.67

（2）直流电动机分析

1.4 节给出了直流电动机的静态数学模型。在这个静态模型中，并未考虑电动机电枢回路中的电感，但在动态过程中则必须考虑其电感；因此参考 1.4 节给出的静态模型，考虑电枢回路电感影响，利用基尔霍夫电压定律，得到直流电动机电压平衡方程为

$$U_a = I_a R_a + L_a \frac{dI_a}{dt} + C_e \Phi n \tag{2-2}$$

式（1-7）为直流电动机转矩平衡方程，若将空载转矩视作负载转矩的一部分，忽略阻尼影响，则该转矩平衡方程可简化为 $T_e = J(d\omega/dt) + T_L$，式中，$J = GD^2/4g$，$g = 9.8 \text{m}/\text{s}^2$，$GD^2$ 为折算到电动机转轴上的飞轮惯量，$\text{N} \cdot \text{m}^2$；$d\omega/dt = (2\pi/60)dn/dt$，则

$$T_e - T_L = \frac{GD^2}{375} \times \frac{dn}{dt} \tag{2-3}$$

将式（1-6）$T_e = C_m \Phi I_a$，式（1-5）$E = C_e \Phi n$ 代入式（2-2）得

$$U_a - E = R_a \left(I_a + \frac{L_a}{R_a} \times \frac{dI_a}{dt} \right)$$

类似地，负载转矩 T_L 与负载电流 I_L 关系为 $T_L = C_m \Phi I_L$，代入式（2-3）得

$$C_m \Phi I_a - C_m \Phi I_L = \frac{1}{C_e \Phi} \times \frac{GD^2}{375} \times \frac{dE}{dt}$$

进一步演算得

$$I_a - I_L = \frac{\dfrac{R_a GD^2}{C_m C_e \Phi^2 \times 375}}{R_a} \times \frac{dE}{dt}$$

若定义 $T_1 = L_a/R_a$ 为电枢回路电磁时间常数，$T_m = GD^2 R_a/(375 C_m C_e \Phi^2)$ 为系统机电时间常数，则得到

$$U_a - E = R_a \left(I_a + T_1 \frac{dI_a}{dt} \right)$$

$$I_a - I_L = \frac{T_m}{R_a} \times \frac{dE}{dt}$$

设所有变量初始值均为 0，将上式两边进行拉式变换，得到电流-电压传递函数

$$\frac{I_a(s)}{U_a(s) - E(s)} = \frac{1/R_a}{T_1 s + 1} \tag{2-4}$$

感应反电动势-电流传递函数

$$\frac{E(s)}{I_a(s) - I_L(s)} = \frac{R_a}{T_m s} \tag{2-5}$$

感应反电动势-转速传递函数

$$\frac{n(s)}{E(s)} = \frac{1}{C_e \Phi} \tag{2-6}$$

根据式（2-4）～式（2-6），绘制出额定励磁作用下的直流电动机动态结构图，如图 2-2 所示。

理想空载（$T_L = 0$）时，额定他励直流电动机的传递函数为

$$G_s(s) = \frac{1/(C_e \Phi)}{T_m T_1 s^2 + T_m s + 1} \tag{2-7}$$

对上述理想空载下的直流电动机数学模型进一步简化，由于通常情况下，电枢的电磁时

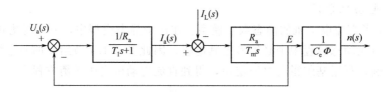

图 2-2　额定励磁下的直流电动机动态结构图

间常数 T_1 极小，可忽略电枢电感 L_a，因此图 2-2 所示的直流电动机电压-转速开环传递函数便可近似为一个惯性环节。

$$G_s(s)=\frac{1/(C_e\Phi)}{T_ms+1} \tag{2-8}$$

若忽略阻尼 B 和电枢电感 L_a，则简化后的电动机框图如图 2-3 所示。其中，U_L 为等效到电枢电压输入端的负载力矩电压，$U_L(s)=R_aI_L(s)$。

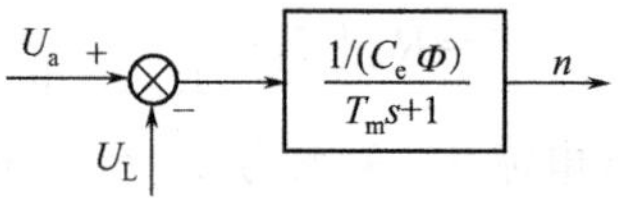

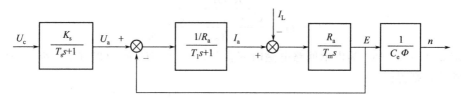

图 2-3　简化后的直流电动机系统框图

结合图 2-2，加上驱动器后，得到直流电动机 V-M 调速系统的动态结构框图，如图 2-4 所示。

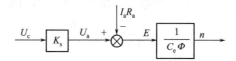

图 2-4　含驱动器额定励磁下的直流电动机动态结构框图

系统的稳态结构框图可由式（1-5）$E=C_e\Phi n$ 和式（1-9）$I_a=(U-E)/R_a$ 得出，如图 2-5 所示。

图 2-5　开环 V-M 系统的稳态结构框图

2.1.2　单闭环直流调速系统

2.1.2.1　转速负反馈有静差调速系统

通常，由于直流调速开环系统转速降落 Δn_N 较大，难以满足应用场景所要求的调速和稳速的性能指标（即调速范围 D 和静差率 s）。因此在开环调速系统的基础上，引入转速负反馈，形成转速单闭环的直流调速系统，再进行合理的电路设计及参数计算，即可满足应用场景所要求的调速和稳速性能指标。转速单闭环直流调速系统原理图如图 2-6 所示。

由图 2-6 可知，TG 为安装在电动机轴上的一台测速发电机，该测速发电机可产生与转速成正比的负反馈电压 U_n；若将 U_n 以负反馈的形式与转速给定电压 U_n^* 比较，则得到偏差电压 ΔU_n；再经放大器 A 及驱动装置 UPE（含触发装置或者 PWM 控制器），则得到电动机电枢所需的控制电压 U_a，直流电动机转速得以控制。

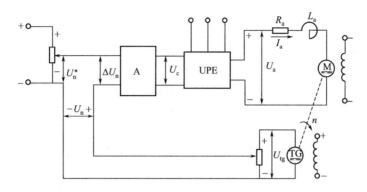

图 2-6　采用转速负反馈的闭环调速系统

直流电动机在某一给定电压 U_n^* 下稳定运行，当负载增加时，为了保持转矩平衡，输出电磁转矩增大，导致电枢电流 I_a 增大，电枢回路压降 $I_a R_a$ 增大，转速 n 减小，TG 测得的反馈电压 U_n 减小，偏差电压 $\Delta U_n = U_n^* - U_n$ 增大，U_c 也随之增大，触发装置/PWM 控制装置产生的脉冲相位前移（即控制角 α 减小），此时晶闸管整流器 VT 的输出电压 U_a 增加，电动机转速上升，直到 $\Delta U_n = 0$。此工作过程简述如下：

$$T_L \uparrow \to I_a \uparrow \to I_a R_a \uparrow \to n \downarrow \to U_n \downarrow \to \Delta U_n \uparrow \to U_c \uparrow \to \alpha \downarrow \to U_a \uparrow \to n \uparrow$$

反之，负载减小亦然。

如图 2-7 所示，曲线 1～4 分别是 4 个不同电枢输入电压 U_a 下的直流电动机的开环机械特性。设负载电流为 I_{a1} 时，直流电动机在 A 点工作，当负载变化为 I_{a2} 时，在开环系统中，由于 U_n^* 不变，U_a 不会变化，因此直流电动机的开环机械特性依旧为 1 号线，对应的电动机会在 B' 点工作，A 点与 B' 点存在着较大的转速降落 Δn；而在闭环系统中，由于负载电流的变化，U_a 也会随着改变，因此使得直流电动机的开环机械特性变为 2 号线，对应的工作点变为 B 点。同理，负载电流变为 I_{a3} 和 I_{a4} 时，工作点对应变化为 C 点和 D 点。显然，

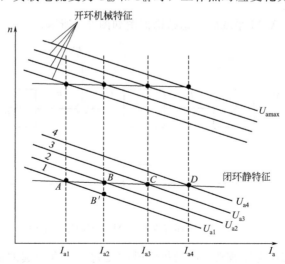

图 2-7　直流电动机闭环系统特性和开环机械特性比较

与开环机械特性相比直流电动机闭环系统特性更硬，且具有更小的转速降落 Δn。

了解了直流电动机 V-M 调速系统的闭环机械特性与开环机械特性的定性比较后，需对闭环调速系统的稳态特性进行分析，定量地确定转速降落。转速单闭环直流调速系统不同环节的稳态关系如下。

比较环节 $\Delta U_n = U_n^* - U_n$

信号放大环节 $U_c = K_p \Delta U_n$

功率驱动环节 $U_a = K_s U_c$

电机稳态特性 $n = \dfrac{U_a - I_a R_a}{C_e \Phi}$

反馈环节 $U_n = \alpha n$

式中，K_p 为放大器的放大系数；K_s 为功率驱动环节放大系数；α 为反馈环节的系数，$V \cdot min/r$。

将上述五个 V-M 系统稳态关系式消去中间变量，整理后，即得系统的静特性方程

$$n = \frac{K_p K_s U_n^* - I_a R_a}{C_e(1 + K_p K_s \alpha / C_e \Phi)} = \frac{K_p K_s U_n^*}{C_e \Phi(1+K)} - \frac{I_a R_a}{C_e \Phi(1+K)} \qquad (2\text{-}9)$$

式中，$K = \dfrac{K_p K_s \alpha}{C_e}$ 为闭环系统的开环放大系数。

比较直流电动机的开、闭环调速静特性，其中开环静特性为

$$n = \frac{U_a - I_a R_a}{C_e \Phi} = \frac{K_p K_s U_n^*}{C_e \Phi} - \frac{I_a R_a}{C_e \Phi} = n_{0OP} - \Delta n_{OP} \qquad (2\text{-}10)$$

闭环静特性为

$$n = \frac{K_p K_s U_n^*}{C_e \Phi(1+K)} - \frac{I_a R_a}{C_e \Phi(1+K)} = n_{0CL} - \Delta n_{CL} \qquad (2\text{-}11)$$

对式(2-10) 和式(2-11) 进行比较，不难得出：

① 当 K 值较大时，闭环速降 Δn_{CL} 比开环速降 Δn_{OP} 小得多，即闭环系统的特性要硬得多。

② 在理想空载转速相等时，闭环系统具有更小的静差率。所以，在静差率相等时，闭环系统具有更大的调速范围。

转速单闭环有静差 V-M 系统的稳态结构框图如图 2-8 所示。

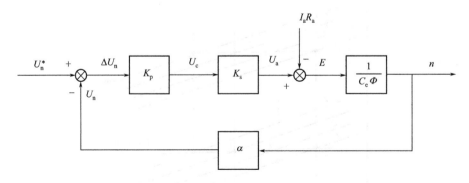

图 2-8　转速单闭环有静差 V-M 系统的稳态结构图

负载变动、输入交流电压波动、电动机励磁的变化、温升引起的主电路电阻阻值变化、放大器放大系数漂移等都会引起电动机转速的改变。而以上输入量或者参数的变化都会反映

到转速的变化中，只要测速准确，反馈环节的调节作用就会抵消这些影响。但如果反馈通道存在扰动，影响了反馈信号的准确性，那么由于这种扰动是无法得到抑制或者抵消的，因此误差就会被放大，导致控制的不准确，甚至是失控。所以在闭环系统中，信号的监测与反馈的准确性至关重要。

结合式(2-7) 和图 2-4 的等效变形可得到直流电动机动态结构图，进而得出如图 2-9 所示的转速单闭环有静差 V-M 系统的动态结构框图。

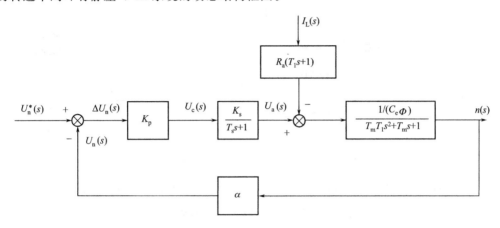

图 2-9　转速单闭环有静差 V-M 系统的动态结构框图

2.1.2.2　电流截止负反馈调速系统

（1）限流保护问题

直流电动机在全电压启动时，若电枢电流无限流措施，则将导致电枢电流过大，影响电动机寿命，甚至烧毁电动机，应禁止这种情况的发生。

电动机电流过大的情况一般还会出现在以下几种情形中。

① 需要频繁启停的工作机械中。工作机械的运动控制系统中如果没有电流的控制措施，而采用的是转速单闭环调速系统，则其给定信号都是以突加方式给出的，但电动机转速的响应无法立即跟随，其反馈电压为 0，偏差电压 $\Delta U_n = U_n^*$；由于驱动器的惯性较小，相当于在电动机电枢两端突加一个最大的 U_a 电压，基本等于上述全电压启动，因此导致电动机电流过大。

② 工作机械在工作中，出现堵转故障或者负载过大。在这种情况下，转速单闭环 V-M 调速系统中电动机电枢电压始终保持全电压或者接近全电压状态，其电流远超额定值。

这种情况下，一种有效的方法就是利用熔断器或者热继电器等对电路进行过载保护，即一过载就切断电路，但这种方式给系统的正常工作带来了极大的不便。为此，须在系统中引入电流环负反馈，在电流较大时让电流保持在额定值或者额定值以下不变。需要指出的是，对电流的控制作用只需在出现大电流时触发，而在正常运行时电流无需抑制。这种反馈即电流截止负反馈。

（2）电流截止负反馈环节

两种常见的电流截止负反馈电路如图 2-10 所示。它们的电流反馈值均取自电动机电枢电流中小电阻 R_s 两端的电压，$U_i = I_a R_s$，即 R_s 保持不变，有 $I_a \propto U_i$。设 I_{acr} 为临界截止电流，当 $I_a > I_{acr}$ 时，U_i 输出至放大器；反之，U_i 无输出。

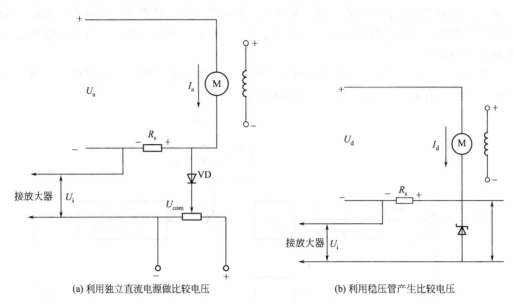

(a) 利用独立直流电源做比较电压　　　　　　　(b) 利用稳压管产生比较电压

图 2-10　电流截止负反馈电路

（3）电流截止负反馈闭环直流调速系统的静特性

图 2-11 是电流截止负反馈闭环直流调速系统的示意图。

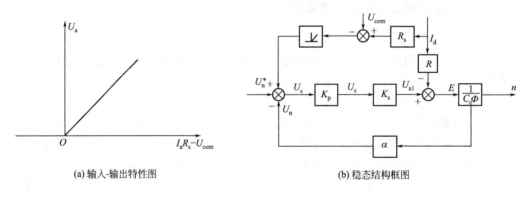

(a) 输入-输出特性图　　　　　　　　　　(b) 稳态结构框图

图 2-11　带电流截止负反馈的闭环直流调速系统

如图 2-11 所示，$I_a \leqslant I_{acr}$ 时，电流负反馈被截止，此时的静特性为只有转速负反馈调速系统的静特性；$I_a > I_{acr}$ 时，电流负反馈起作用，此时静特性方程为

$$n = \frac{K_p K_s U_n^*}{C_e \Phi(1+K)} - \frac{I_a R_a}{C_e \Phi(1+K)}(I_a R_s - U_{com}) - \frac{I_a R_a}{C_e \Phi(1+K)}$$

$$= \frac{K_p K_s(U_n^* + U_{com})}{C_e \Phi(1+K)} - \frac{I_a(R_a + K_p K_s R_s)}{C_e \Phi(1+K)} = n_0' - n_{c1}' \tag{2-12}$$

式中，n_0'、n_{c1}' 为引入电流截止负反馈后的理想空载转速和转速降落。

图 2-12 反映了电流负反馈被截止和电流负反馈起作用两种情况下的静特性。其中 CA 是电流负反馈被截止时的静特性（即转速单闭环调速系统本身的静特性），为了使调速系统性能更佳，CA 段的运行范围应尽量大；AB 段是引入电流负反馈后的静特性，电流负反馈作用下，主电路相当于串联了一个大的电阻，此时的机械特性变得很软。

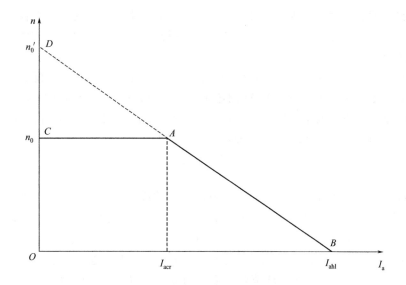

图 2-12　带电流截止负反馈闭环调速系统的静特性

2.1.2.3　转速负反馈无静差调速系统

上述的调速系统均为有差调速系统，这是因为上述调速系统的反馈采用的均是比例调节器，这种调节器在偏差为 0 时，输出也为 0，换句话来说，比例调节器是利用偏差来进行调节的，不可避免地在系统中引入静差。若要实现无静差调节，则要求调节器在偏差为 0 时停止调节，但此时调节器也会有相应输出。积分调节器（I 调节器）和比例积分调节器（PI 调节器）便可实现系统的无静差调节。在直流电动机无静差调速系统中，为了加快系统的响应速度，一般采用 PI 调节器。

闭环调速系统设计过程中，通常会遇到动态性能与稳态性能发生矛盾的情形，为了克服这种矛盾情形，可用合适的动态校正装置改造系统，使它尽可能地同时满足动态性能和稳态性能两方面的要求。对于一个系统来说，动态校正的方法很多，符合要求的校正方案也不唯一。在运动控制系统中，最常用的校正方法有串联校正和反馈校正。串联校正较为简单，易于实现。对于带电力电子变换器的直流闭环调速系统，由于控制对象传递函数的阶次较低，因此可采用串联 PID 调节器校正方案完成动态校正任务。

PID 调节器分为比例积分（PI）、比例微分（PD）和比例积分微分（PID）三种类型。由 PD 调节器构成的是一种超前校正方案，其优点是：①可以提高系统的稳定裕度；②可以获得良好的快速性能，但快速性能提高的同时稳态精度可能会降低。由 PI 调节器构成的是一种滞后校正方案，它可以保证稳态精度，但快速性却得到了限制。PID 调节器构成了一种滞后-超前校正方案，它兼有两者的优点，可更好地提升系统的控制性能；其主要缺点是，PID 调节器的实现与调试的复杂度更高。在实际应用时，可依据具体情况选用不同的调节器。例如，在调速系统中，因为性能的要求主要以动态稳定性和稳态精度为主，对快速性的要求没有很高，所以一般采用的是 PI 调节器；式（2-3）为连续系统中 PI 调节器公式。

$$U_{ex} = K_{pi}U_{in} + \frac{1}{\tau}\int U_{in}\mathrm{d}t \tag{2-13}$$

若在数字控制系统中，则由于所有信号都是离散的，因此可对式（2-13）这个时域方程式进行离散化变成差分方程，采用软件变成的方法实现数字 PI 算法；其效果与连续的时域

PI 调节器一致，具体实现过程见 7.3.2.2 节关于 PI 调节器软件实现部分内容。而在伺服控制系统中，因为其主要功能就是随动，快速性要求提高，所以需用 PD 或 PID 调节器改善系统快速响应性能。

消除误差是积分环节的最大优点，使用了积分环节的系统经过合理的配置，都能达到一个很好的稳态性能。那么在单闭环 V-M 调速系统中，可直接用积分调节器替代比例放大器。积分调节器的输入是转速偏差电压 ΔU_n，输出是驱动器的控制电压 U_c，经过积分调节器后，控制电压 U_c 为转速偏差电压 ΔU_n 的积分，其公式如下：

$$U_c = \frac{1}{\tau} \int_0^t \Delta U_n \mathrm{d}t$$

从上式可以看出，积分斜率的大小与积分时间常数成反比，与积分调节器输入的绝对值成正比，当 $\Delta U_n = 0$ 时，控制量 U_c 的值保持不变，但并不一定等于零，如图 2-13 所示。可以说，积分环节具有记忆作用。其消除静差过程如下：①调速系统出现静差（$U_n^* > U_n$），即 $\Delta U_n \neq 0$ 时；②积分调节器的输出 U_c 增大；③迫使 U_n 和 n 也随之增大；④进一步使得 ΔU_n 减小；⑤只要 $\Delta U_n \neq 0$，积分环节就会继续调节；⑥$\Delta U_n = 0$ 则停止调节。

虽然积分环节在消除系统静差方面表现优异，但积分环节会使得系统响应时间变长，动态响应变慢，所以一般情况下积分环节是不单独使用的。但其与比例环节结合，组成比例积分调节器（即 PI 调节器），就可以发挥比例环节快速性的优点，又具有良好的稳态精度，做到了扬长避短。PI 调节器的输入输出动态过程如图 2-14 所示。在输入的转速偏差电压 ΔU_n 的作用下，图中曲线①为输出控制电压 U_c 的比例部分，它与 ΔU_n 成正比；曲线②为输出控制电压 U_c 的积分部分；而 PI 控制器的输出控制电压 U_c 为这两个部分之和。可见，U_c 具备快速响应性能和无静差两大优点。除此之外，比例积分调节器还可以提高系统的稳定性，是一种性能优良的鲁棒控制器。所以，PI 控制器在调速系统中得到了广泛的应用。

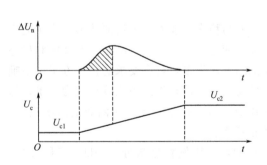

图 2-13 积分调节器无静差调速

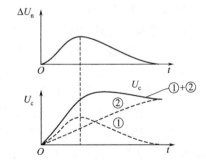

图 2-14 PI 调节器的输入输出动态过程

2.1.3 双闭环直流调速系统

在实际的生产实践中，有部分工作机械由于生产的需要，要求执行电动机需经常处于启动、制动状态。如图 2-15 所示，其转速响应曲线多为三角形或者梯形。此时，电动机会经常处于过载或者堵转状态，可逆轧钢机就是一个比较典型的例子。为了提高生产效率，这类工作机械要求启动和制动过程的时间要尽量地短。理想的情况是：电动机启动（制动）这个过渡过程中始终地保持着电流（或者转矩）为允许的最大值，使工作机械在电动机的拖动下以最大的加速度启动（制动），以充分地利用电动机的过载能力；当转速达到稳态时，电流则立即降下来，使电动机输出电磁转矩立即与负载转矩平衡，进而稳态运行。这种理想情况

下电流及转速曲线如图 2-16 所示。由图 2-16
可知，理想情况下启动电流直接达到最大，
呈现方波形式，而此时转速线性增加，在电
流受限的情况下，这是调速系统所能获得的
最快启动过程，而制动过程亦然。

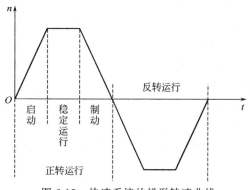

图 2-15　快速系统的梯形转速曲线

在 2.1.2.3 节中，采用 PI 调节器校正的
单闭环 V-M 速度控制系统虽然在动态稳定性
及消除静差方面表现良好，同时在引入了电
流截止负反馈环节后具备了限制冲击电流的
功能，但在要求系统具有启动快、抗扰能力
强的动态性能的时候单闭环系统还无法达到
满意的效果。这是因为单闭环系统无法充分利用电动机的过载能力来获得快速的动态特性，
且对扰动的抑制能力交叉，其应用范围受到了较大的限制。更深层次的原因是单闭环系统中
无法对电流和转矩的动态过程进行控制。带电流截止负反馈的转速单闭环直流调速系统虽然
对电流有一定的控制作用，其启动电流与转速波形如图 2-17 所示，但启动电流大于 I_{acr} 之
后，受电流负反馈的作用，电流不会再提高很多，再达到某一最大值 I_{am} 之后便开始下降，
此时电动机的电磁输出转矩也跟着减小了。与图 2-16 相比，在同等条件下，加速到同一转
速所用的时间必然会更长。

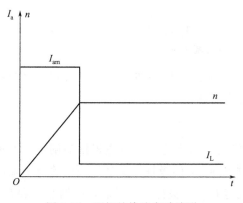

图 2-16　理想的快速启动波形

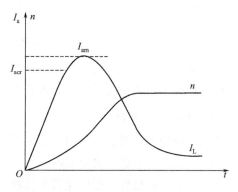

图 2-17　电流截止负反馈单
闭环调速系统启动波形

在实际的应用中，图 2-15 所示的理想情况是不可能发生的。这是因为在执行电动机内
通入电流的定子绕组具有电感特性，而在这种电感特性的作用下，电流是不可能发生突变
的。所以，图 2-15 所示的理想波形只能尽可能地去逼近。图 2-16 中电流达到 I_{am} 时，考虑
是否可以将 I_{am} 的值保持得更长一些呢？这就需要在转速单闭环直流调速系统中再加入一个
转速负反馈及控制环节，这种系统就称之为双闭环直流调速系统。那如何处理好转速控制和
电流控制之间的关系呢？电流反馈环节要置于整个系统的哪个位置？这些问题都是双闭环直
流调速系统需要解决的。

2.1.3.1　双闭环直流调速系统的基本构成

由前文分析可知，双闭环直流调速系统具有以下特点：①具有转速负反馈环，可实现转
子转速的无静差控制；②具有电流负反馈环，使得调速系统能够充分地利用电动机的过载能

力，进而获得最快速的动态响应特性。

为了使转速环和电流环分别达到其控制效果，系统中分别设置了两个调节器——转速调节器（ASR）、电流调节器（ACR），用以调节转速和调节电流。如图 2-18 所示，两个调节器以串联形式连接。由图 2-18 可知，转速调节器 ASR 调节后的输出电压 U_i^* 是电流调节器 ACR 的参考信号，而电流调节器 ACR 的输出电压 U_c 可完成对电力电子变换器（UPE）的控制，从而达到对电动机控制的目的；从该图所示的闭环结构上看，电流环视为内环，而转速环视为外环（注：这里定义的内环和外环是相对的，在伺服系统中，位置控制放在最外环，此时转速环和电流环则均属于内环范畴），形成了双闭环的直流调速系统。

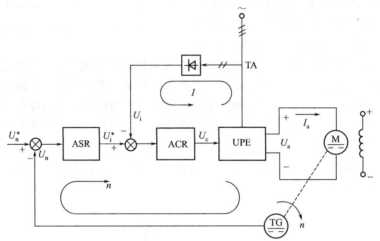

图 2-18 转速、电流双闭环直流调速系统

调速系统中，为了兼顾静、动态性能，转速和电流调节器一般均采用 PI 调节器实现。在模拟的控制双闭环调速系统中，还需考虑以下几个问题。

（1）确定各信号极性

若想正确地确定图 2-18 中不同信号的极性，则要依次考虑：①首先根据晶闸管触发电路移相特性的要求，进而决定电流调节器输出控制电压 U_c 的极性；②然后用电流调节器输入端来确定 U_i^* 的极性，用转速调节器输入端来确定 U_n^* 的极性；③最后，根据 U_i^* 和 U_n^* 分别确定出反馈量 U_i 和 U_n 的极性。因为在模拟系统中，放大器都是负相接入的，所以调节器习惯上都是倒相使用的，因而调节器的输入和输出信号互为反相。图 2-19 为双闭环系统极性确定的关系图，按照负反馈要求就可以确定 U_i 和 U_n 的极性。由于模拟系统中放大器负相接入，调节器的习惯用法都是倒相使用，因而调节器的输入/输出信号互为反极性。可以按图 2-19 所示的关系直接确定双闭环调速系统输入/输出信号的极性，但要注意椭圆圈内极性反向问题。多环反馈系统也可以按此原则确定。

（2）调节器的限幅整定问题

双闭环直流调速系统中，电流调节器（ACR）的给定值 U_i^* 由转速调节器（ASR）给出，其限幅为 U_{im}^*，这个限幅的大小取决于受控电动机的过载能力强弱及系统所处应用场合的负载情况。而电流调节器（ASR）的输出限幅 U_{cm}，与电力电子变换器的功率因数有关，限幅后等同于限制了电力电子变换器的最小功率角 α_{min}，同时也限制了电力电子变换器的最大输出电压 U_{am}。

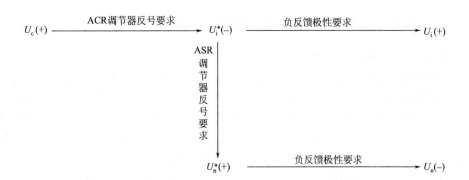

图 2-19　双闭环系统极性确定关系图

（3）调节器锁零

双闭环直流调速系统中，引入两个 PI 调节器主要是为了系统消除静差，同时改善系统的动态性能。但是因为 PI 调节器存在积分环节，当调速系统在停止或者制动过程中，若输入信号中存在干扰信号，则此干扰信号会对输出信号产生较大影响，从而使得电动机往干扰信号所牵引的方向运行。所以，在停车和制动过程中，系统在未给出启动指令前，须将系统的输出"锁"到零位，这个锁零功能可通过如图 2-20 所示的零速锁零电路实现。图中，场效应管可实现对调节器的锁零和锁零解除控制。

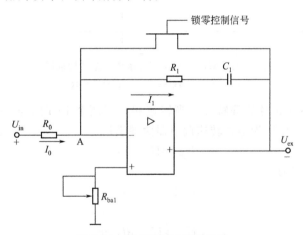

图 2-20　调节器零速锁零电路

双闭环直流调速系统中，锁零电路需具备下列功能：①系统处于停车状态或者制动过程时，调节器必须锁零；②系统接到启动指令或处于正常运行状态时，调节器锁零需立即解除。其功能可总结为表 2-2 所示的关系。

表 2-2　电动机状态与锁零逻辑关系

电动机状态	参数具体值	锁零电路状态
停车时	$U_n^* = U_n = 0$	调节器锁零
启动时	$U_n^* \neq 0, U_n = 0$	调节器锁零解除
稳态运行时	$U_n^* \neq 0, U_n \neq 0$	调节器锁零解除
制动停车时	$U_n^* = 0, U_n \neq 0$	调节器锁零解除

2.1.3.2 双闭环直流调速系统的性能分析

（1）双闭环直流调速系统的静特性分析

双闭环直流调速系统稳态结构框图如图 2-21 所示。稳态运行时，电流调节器不会达到饱和状态，这是因为：①稳态运行时，给定的参考转速与实际转速理论上是相等的（或是非常的接近），一个合理的双闭环直流调速系统在此时输入到电流调节器的给定值 U_i^* 也与电流环反馈值 U_i 非常接近，电流调节器不会饱和输出；②若稳态运行时，电流调节器饱和，则输出的控制电压为 U_{cm}，电力电子变换器的功率角控制为 α_{min}，电力电子变换器输出电压 U_a 达到最大，即在 U_a 最大时系统才能保持稳态，说明电动机所带负载过大，此时电流调节器已处于开环状态，整个系统相当于转速反馈单闭环直流调速系统，应避免这种情况。故对于双闭环直流调速系统静特性，仅对转速调节器饱和与不饱和两种情况进行介绍。

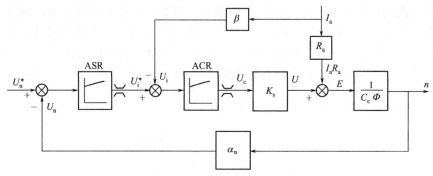

图 2-21　双闭环直流调速系统稳态结构框图

α_n—转速反馈系数；β—电流反馈系数

① 转速调节器不饱和时的静特性。当转速和电流两个 PI 调节器均不饱和、稳态运行时，它们的输入偏差电压皆为零，转速调节器两端满足

$$U_n^* = U_n = \alpha n$$

可得电动机的转速为

$$n = U_n^* / \alpha = n^*$$

电流调节器满足

$$U_n^* = U_i = \beta I_a$$

式中，n^* 是 U_n^* 相对应的给定的参考转速。由上述式子可知，U_n^* 与稳态运行时的 n 是一一对应的，其静特性是一组水平的平行直线，如图 2-22 所示。由于转速调节器不饱和，因此有 $U_n^* < U_{im}^*$，且 $I_a < I_{am}$。静特性从理想空载状态的 $I_a = 0$ 到 $I_a = I_{am}$ 均为水平的平行直线，而 I_{am} 一般取大于电动机额定电流 I_{aN} 的某一个值，这个值由系统的设计者选定，其大小主要取决于电动机所能承受的最大过载电流和整个运动控制系统所允许的最大加速度。

② 转速调节器饱和时的静特性。当转速调节器的输出达到限幅 U_{im}^* 时，转速反馈相当于被处于开环状态，无论电动机转速如何变化对系统都不会产生影响，此时双闭环直流调速系统变为一个恒电流的控制系统，稳态运行时有

$$I_a = U_{im}^* / \beta = I_{am}$$

上式所述的转速调节器饱和时的静特性与图 2-22 中的 AB 段对应，它是一条垂直的竖线，与横轴的交点为 I_{am}。转速调节器饱和时的静特性有两点性质：①这种下垂特性只适合于 $n < n_0$ 时，若 $n > n_0$，则 $U_n > U_n^*$，转速调节器将会退出饱和状态；②在转速调节器饱和

时，根据电动机拖动的有关知识可知，只能带动泵类负载。

③ 图 2-22 中，PA 段为电流调节器饱和时的静特性，AB 段为转速调节器饱和时的静特性；PA 段与 AB 段之间的区域为系统的可调节工作区域，区域内的一组水平的平行直线为转速和电流两个调节器均不饱和时的静特性。

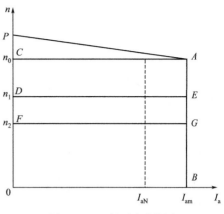

图 2-22　双闭环直流调速
系统的静特性曲线

双闭环调速系统的静特性在负载电流 I_a 小于 I_{am} 时表现为转速无静差调节，此时，转速负反馈的调节起主导作用。当负载电流 I_a 达到 I_{am} 时，对应于转速调节器饱和，输出 U_{im}^*，此时电流负反馈的调节起主导作用，系统表现为电流无静差调节，同时起到了过电流自动保护的作用。

（2）双闭环直流调速系统的动态特性分析

结合双闭环直流调速系统的结构，得到如图 2-23 所示的双闭环直流调速系统的动态结构框图。图中，$W_{ASR}(s)$ 为转速调节器的传递函数；$W_{ACR}(s)$ 为电流调节器的传递函数。该图中，为了显示出电流反馈环节，根据直流电动机的动态结构将电枢电流 I_a 引出。

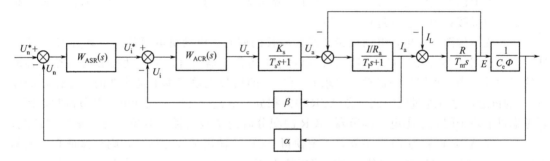

图 2-23　双闭环直流调速系统的动态结构框图

对双闭环直流调速系统，主要集中分析电动机的启动过程、制动过程及电动机的抗扰过程三大动态过程。

① 直流电动机的启动过程。直流电动机的启动过程描述：电动机启动前，调速系统处于停车状态，电枢电压（电力电子变换器输出的整流电压）$U_a=0$，电动机转速 $n=0$，两个调节器均处于锁零状态（保证了 U_i^* 和 U_c 从零值开始变化）。若双闭环直流调速系统给定参考电压 U_n^* 产生阶跃式突变，则两个调节器锁零电路同时解除；系统由静止状态启动时，转速和电流的启动过程波形如图 2-24 所示（转速波形为上图，电流波形为下图）。由图可知，在启动过程中，转速调节器先后经过不饱和、饱和、退饱和三种状态（分别对应图中的Ⅰ、Ⅱ、Ⅲ三个阶段）。

第一阶段（$0\sim t_1$）为强迫电流上升阶段。给定参考电压 U_n^* 产生阶跃式突变，在两个调节器跟随的作用下，电动机电枢电压和电流也随之上升，当电枢电流产生的电磁转矩小于负载转矩时或者电枢电流小于电动机空载电流时，电动机无法转动。电枢电流逐渐增大，电动机逐渐开始转动，而由于转动惯量的作用，在电枢电流还没有足够大时，转速增长较慢；但由于转速调节器输入的偏差电压在此时还比较大，转速调节器随之很快地达到了饱和状

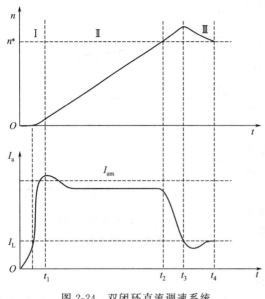

图 2-24 双闭环直流调速系统
启动过程的转速和电流波形

态，其输出电压达到饱和值，电枢电流快速上升；电枢电流达到最大值 I_{am} 时，电流调节器的调节作用很快开始限制电流的继续增长，这时第一阶段结束。在本阶段中，转速调节器能够很快地从不饱和状态进入饱和状态；而由于此阶段中，直流电动机电枢的反电动势 E_a 较小，因此在电枢电流达到最大值 I_{am} 时，电枢两端的电压 U_a 并没有很大，故电流调节器一般不饱和。

第二阶段（$t_1 \sim t_2$）为电流恒定的升速阶段。时间上，从电流上升到最大值开始，直到转速上升到给定参考值为止。在此期间，转速调节器 ASR 始终是饱和的，相当于开环状态。而电流调节器 ACR 在电流偏差信号 ΔU_i 的作用下，ACR 中的积分环节可使得 ACR 的输出电压 U_c 按线性规律增长，此时电枢电流 I_a 基本上保持恒定，系统可看成是恒值电流给定参考值 U_{im}^* 下的电流调节系统。这一阶段也是双闭环直流调速系统启动过程中最接近理想启动过程的阶段。

由系统结构图可看出，电动机转速线性增长的同时，电动机电枢的反电动势 E 也按线性增长（如图 2-23 中 $E = C_e \phi n$ 所示）；而对于电流调节器而言，反电动势 E 是一个线性增加的扰动量。为了克服这一扰动，要求 U_a 和 U_c 的增长也须基本上是线性的，这样才能保持 I_a 的恒定，这可通过电流调节器 ACR 中的积分环节进行补偿。设计电流调节器时，还需要考虑以下两个问题：①电流调节器 ACR 的积分时间常数与被控对象的时间常数要匹配，电流调节器 ACR 设置为 PI 调节器，若要使得 ACR 的输出呈线性增长，则须保证其输入偏差电压 $\Delta U_i = U_{im}^* - U_i$ 为一恒值，而电流恒值 I_a 应略低于 I_{am}；②为了保证电流环具备上述调节作用，电动机启动过程中电流调节器 ACR 不能达到饱和状态。

第三阶段（$t_2 \sim t_4$）为转速调节阶段。转速在第二阶段逐渐上升，当转速上升至给定参考值 $n^* = n_0$ 时标志着第三阶段的开始，这一时刻转速调节器输入偏差电压 $\Delta U_n = 0$，但由于转速调节器内部积分环节的作用，调节器的输出依然维持着限幅 U_{im}^*，电动机转速仍在加速，转速响应出现超调。转速出现超调后，转速调节器的输入的偏差电压 ΔU_n 变为负值，转速调节器开始退出饱和状态，U_i^* 和 I_a 很快下降。此时若电枢电流仍大于负载电流，转速就继续增大（但变化率较小）；直到二者相等时，电磁输出转矩与负载转矩相等（$T_e = T_L$），转速 n 到达稳定值（$t = t_3$ 时）。此后，电动机在负载的转矩作用下开始减速，并逐渐进入稳态（进入稳态的过程中，转速可能会经历一段振荡过程）。在这个转速调节阶段，转速调节器 ASR 和电流调节器 ACR 均不饱和，同时起到调节作用。其中，转速调节器起主导作用，使得转速能够以最快的速度趋近给定的参考速度，使系统稳定。电流调节器则使 I_a 尽快地跟随其给定值 U_i^*，调节过程受到处于外环的转速调节器支配。

由双闭环直流调速系统的启动过程分析可知，双闭环系统可使直流电动机以最快的速度启动，因此有些学者将其称为"准时间最优控制"。

②动态抗扰性能分析。因为双闭环直流调速系统的干扰源主要来自负载和电网电压扰

动，所以其抗扰性能主要针对抗负载扰动和抗电网电压扰动展开简要分析。

由图 2-23 可知，因为负载作用在电流环以外，所以其扰动也是在电流环之外的，所以抗负载扰动作用仅靠转速调节器来实现。这就要求转速调节器 ASR 必须具有较好的抗扰性能指标。

系统输入的电网电压的变化也会对系统产生一定扰动作用。同单闭环直流调速系统相比，因为双闭环直流调速系统中增设了电流内环，电压的扰动可以通过电流反馈在电流环中得到第一时间的调节，而不仅仅是依靠转速反映出来后才能调节，所以双闭环系统可在电网电压扰动影响到转速之前完成其扰动的调节，抗电网电压干扰性能得到很大的改善。

③ 制动停车过程性能分析。由于电力电子变换器的不可逆性，双闭环直流调速系统只能在启动过程中保证其良好的性能，而无法产生回馈制动电压，因此在制动过程中，当电流下降至零时，仅依靠电动机的自由停车完成制动过程。若必须加快制动过程，可采用电磁抱闸等辅助设备完成。而在必须进行回馈制动的场合，应更换可逆的电力电子变换器。

2.2　直流电动机调速系统的工程设计

2.2.1　工程设计任务

本节将介绍一种 V-M 双闭环直流调速系统的设计过程，其技术指标要求如下。
① 系统可进行平滑的速度调节，具有较宽的调速范围 D；
② 系统静特性良好；
③ 转速的超调量 M_{pn}、电流超调量 M_{pi}、调节时间 t_s、受扰动时的转速降落 Δn_N 等动态性能指标良好；
④ 系统中有过电流、过电压等保护措施。
根据上述技术指标要求，系统设计过程如下。
① 根据系统技术指标要求，确定主体结构，画出系统框图；
② 完成系统主电路各部分元器件及其参数的确定（主要包括电力电子器件、变压器、保护电路等）；
③ 电路各部分器件选型；
④ 根据系统技术指标要求，完成系统动态校正，确定 ASR 和 ACR 调节器的结构及其参数；
⑤ 进行系统仿真，确定电路拓扑、调节器等部分设计的正确性。

2.2.2　双闭环直流调速系统主电路结构

任务要求设计一种双闭环直流调速系统，其系统框图如图 2-23 所示。

由上述双闭环直流调速系统的介绍可知，电流调节器 ACR 的输入量为电流给定电压 U_i^* 与电流反馈电压 U_i 的差值，电流调节器也是通过该差值进行电流的调节过程的，而其输出信号 U_c 直接输入至功率变换器件（三相整流器件），起到对功率变换器件的控制作用。由控制信号 U_c 完成对整流器件输出（即电动机电枢电压）的调节和控制，由于转速作为一种连续的变量，不存在突变的情况，因此电动机电枢电压改变后电枢电流随之变化，电动机的电磁输出转矩也进而变化，只要电动机电磁输出转矩 T_e 与电动机的负载转矩 T_L 不等，转速 n 就会一直变化。当电枢电流产生的电磁转矩与负载转矩相等时，转速才会达到稳定。

系统稳态工作时，转速调节器 ASR 和电流调节器 ACR 均不饱和，其相关变量存在下列关系

$$U_n^* = U_n = \alpha n = \alpha n_0 \tag{2-14}$$

$$U_i^* = U_i = \beta I_a = \beta I_L \tag{2-15}$$

$$U_c = \frac{U_{a0}}{K_s} = \frac{C_e n + I_a R}{K_s} = \frac{C_e U_n^* / \alpha + I_L R}{K_s} \tag{2-16}$$

直流电动机在稳态工作时，转速 n 是由给定电压 U_n^* 决定的，转速调节器 ASR 输出量 U_i^* 是由负载电流 I_L 决定的，而电流调节器 ACR 的输出控制电压信号 U_c 的大小则同时取决于转速 n 的大小和电枢电流 I_a 的大小。

系统转速调节器 ASR 和电流调节器 ACR 均采用 PI 调节器。PI 调节器分为比例环节（P）和积分环节（I）两个部分：①比例环节中，系统一旦与给定值之间产生偏差，比例调节立即产生调节作用减少偏差。比例环节中，调节系数 K_p 越大，调节速度越快，但过大的调节系数将导致更大的超调量，甚至造成系统的不稳定。②积分环节则是起到了消除系统稳态误差的作用。系统输出存在误差，积分环节起作用，调节系统直至误差为零，积分环节调节系数 K_i 取值影响着积分环节调节作用的强弱，取值越大作用越强，系统趋近零误差能力也就越强，但是 K_i 取值过大会导致系统调节时间过长，动态响应变慢。系统的部分稳态和动态指标可通过配置 K_p 和 K_i 实现（超调量、调节时间）。

调节器各反馈系数的确定：

转速反馈系数 $\alpha = U_{nmax}^* / n_{max}$；电流反馈系数 $\beta = U_{imax}^* / I_{amax}$。令电流调节器 ACR 输出正限幅值为 10V，负限幅值为 0V；转速调节器输出正限幅值为 10V，负限幅值为 0V，则可计算得转速反馈系数和电流反馈系数

$$\alpha = \frac{U_{nmax}^*}{n_{max}} = \frac{U_{nmax}^*}{n_N}$$

$$\beta = \frac{U_{imax}^*}{I_{amax}} = \frac{U_{imax}^*}{1.5 I_N}$$

另外，由被控电动机的参数可计算出电动机的电势常数

$$C_e = \frac{U_N - I_N R_a}{n_N}$$

通过以上计算，已将图 2-23 双闭环直流调速系统总体结构及其参数确定。

2.2.3 系统电路设计

输入的电网为三相 380V 交流电，需通过整流电路将三相交流电转换为直流电输入至电动机。系统电路部分框图如图 2-25 所示。

2.2.3.1 电源驱动电路

电源驱动电路主要包含变压器、整流电路以及电抗器其他附属器件。

整流电路种类繁多，本系统选用三相桥式全控整流电路（电路原理图如图 2-26 所示）有效降低脉动电流，以保证电流的连续性。

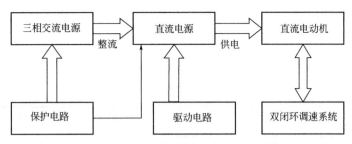

图 2-25　双闭环直流调速系统电路框图

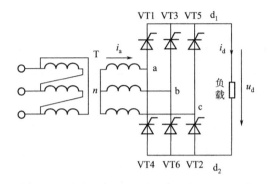

图 2-26　三相桥式全控整流电路原理图

为了实现三相整流功能，可将一个周期的相电压划分为 6 个区间（区间 I～Ⅵ）。不同区间整流电路中各晶闸管工作情况见表 2-3。

表 2-3　三相全控整流电路晶闸管工作情况

区间	I	Ⅱ	Ⅲ	Ⅳ	V	Ⅵ
导通的共阴极晶闸管	VT1	VT1	VT3	VT3	VT5	VT5
导通的共阳极晶闸管	VT6	VT2	VT2	VT4	VT4	VT6
电路的输出电压 u_d	$u_a-u_b=u_{ab}$	$u_a-u_c=u_{ac}$	$u_b-u_c=u_{bc}$	$u_b-u_a=u_{ba}$	$u_c-u_a=u_{ca}$	$u_c-u_b=u_{cb}$

可见，三相全控整流电路中，同一时刻不同桥臂的共阴共阳一对晶闸管导通即可达到整流目的。晶闸管导通顺序设置为 VT1→VT2→VT3→VT4→VT5→VT6，依据导通顺序，6 个晶闸管触发脉冲相位依次相差 60°；而共阴极组触发脉冲相位相差 120°，共阳极组也同样相差 120°；同一桥臂晶闸管触发脉冲之间相位相差 180°。可以看出，整流电路输出的电压 u_d 在一个周期内会有 6 次同样波形的脉动。为保证电路的正常工作，需保证同时导通的两个晶闸管均有脉冲触发，如在触发 VT1 的时候应给 VT6 补发一个触发脉冲，在触发 VT2 时给 VT1 补发一个触发脉冲，触发 VT3 时给 VT2 补发，以此类推（双窄脉冲触发方式）。

当导通角 $\alpha=30°$ 时，三相全控整流电路触发脉冲及其整流波形如图 2-27 所示。

主要参数计算及器件选择：

（1）变压器参数计算

表 2-4 给出了不同变压器电压电流的计算系数，由于整流电路为三相全控桥式整流电路，输出电压波形在一周期内脉动 6 次的波形相同，因此计算整流电路输出的平均电压均需针对其中一个脉冲进行

$$U_d = 2.34U_2\cos\alpha \tag{2-17}$$

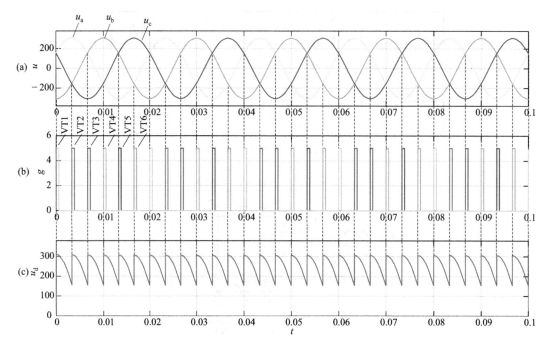

图 2-27　三相全控整流电路触发脉冲及其整流波形

（a）电网三相电源；（b）晶闸管触发脉冲；（c）整流电路输出波形

表 2-4　不同变压器电压电流的计算系数

整流电路	单相双半波	单相半控桥	单相全控桥	三相半波	三相半控桥	三相全控桥	带平衡电抗器的双反星形
$A=U_{d0}/U_2$	0.9	0.9	0.9	1.17	2.34	2.34	1.17
$B=U_{da}/U_{d0}$	$\cos\alpha$	$(1+\cos\alpha)/2$	$\cos\alpha$	$\cos\alpha$	$(1+\cos\alpha)/2$	$\cos\alpha$	$\cos\alpha$
C	0.707	0.707	0.707	0.866	0.5	0.5	0.5
$K_{12}=I_2/I_d$	0.707	1	1	0.578	0.816	0.816	0.289

　　整流器输出的电压最大应取直流电动机额定电压 U_N，即 $U_{dmax}\approx U_N$。在忽略晶闸管和电抗器压降的情况下，可求得变压器副边最大的输出电压 $U_{2max}=\dfrac{U_N}{2.34\cos\alpha_{min}}$，$\alpha_{min}$ 为晶闸管的最小导通角，可根据需要选取。当晶闸管导通角为 α_{min} 时，整流电路输出的是电动机的额定电压 U_N，若导通角增大，则整流电路输出电压减小，电动机转速下降，α 达到最大值 90°时，整流电路输出电压为 0。

　　副边输出电压峰值 $U_{max}=\sqrt{2}U_{2max}$。

　　电动机处于额定电流（$I_d=I_{dN}$）状态下运行时，副边输出电流有效值 $I_2=0.816I_{dN}$，考虑到电动机过载系数（假设为 1.5），变压器副边的最大输出电流 I_{max} 应不小于 $1.5I_2$。

　　变压器容量 $S_N=\sqrt{3}U_{max}I_{max}$。

　　同时，考虑晶闸管和电抗器压降以及变压器本身漏磁，还需要给予变压器一定冗余，即最终选定的变压器额定容量要稍大于 S_N。

　　（2）平波电抗器参数计算

　　V-M 系统中，整流电路产生的脉动电流使得电动机发热，同时产生脉动转矩对生产机械的寿命具有不利影响，为避免或者减轻脉动电流产生的影响，一般在电路中使用平波电抗器。平波电抗器的选型一般考虑其轻载时保证电流连续的电感量。首先给定最小电流 I_{min}（通常取电动机额定电流的 5%～10%），进而计算其所需的总电感量（单位：mH），最后再去掉电枢电感，可得平波电抗器电感值。

在三相桥式整流电路中，总电感量 $L = 0.693U_2/I_{dmin}$（最小电流取电动机额定电流的 7%）。

电动机的电枢电感为

$$L_m = \frac{K_D U_N \times 10^3}{2n_p n_N I_N} \quad (mH)$$

式中　　n_p——电动机的磁极对数；

K_D——计算系数，一般取 $K_D = 8\sim12$；

n_N，I_N，U_N——电动机的额定转速、额定电流、额定电压。

忽略变压器漏感，则平波电抗器的电感值取为 $L_p = L - L_m$。

（3）晶闸管参数计算

晶闸管的选择主要考虑的参数为额定电压 U_{TM} 和额定电流 I_T。

上述三相桥式全控整流电路，按照 VT1—VT6 顺序导通，在直流电动机这种阻感负载中晶闸管承受的最大电压 $U_{AM} = \sqrt{6}U_2 = 2.45U_2$，考虑电网电压的波动及操作过电压等的影响，晶闸管额定电压的选取需放宽 2～3 倍，即

$$U_{TM} = (2\sim3)U_{RM}$$

晶闸管的额定电流 I_T 需要大于流过晶闸管的实际电流的最大值，一般取晶闸管实际最大电流的 1.5～2 倍。已知，负载最大电流 $I_{dmax} = \sqrt{2}I_N$，流过晶闸管的最大电流 $I_{VT} = \sqrt{1/3}I_{dmax}$，进而得到晶闸管的额定电流

$$I_T = (1.5\sim2)I_{VT}$$

2.2.3.2　保护电路

（1）过压保护

过压保护一般分为交流侧的过压保护和直流侧的过压保护两种。交流过压保护一般采用的保护装置有：阻容吸收装置、硒堆吸收装置、金属氧化物压敏电阻。本节采用金属氧化物压敏电阻的过压保护。三相电路中，压敏电阻采用星形或者三角形接法，三角形接法如图 2-28 所示。

压敏电阻额定电压的选择

$$U_{1mA} = \varepsilon \times 压敏电阻承受的电压峰值/(0.8\sim0.9) \tag{2-18}$$

式中，压敏电阻承受的电压峰值为 $\sqrt{6}U_2\cos\alpha_{min}$，$U_{1mA}$ 为压敏电阻的额定电压，VYJ 型压敏电阻额定电压有 100V、200V、440V、760V、1000V 等几个等级；ε 为电网电压升高系数，可取 1.05～1.10。压敏电阻承受的额定电压峰值实际就是晶闸管控制角 α_{min} 时的输出电压 $U_{d\alpha}$。

（2）过电流保护

本节，过电流保护采用的是电流互感器与快速熔断器结合的三相交流电路过流保护，其位置在变压器一次侧，电路如图 2-29 所示。

① 熔断器额定电压选择：额定电压应大于或等于线路的工作电压。

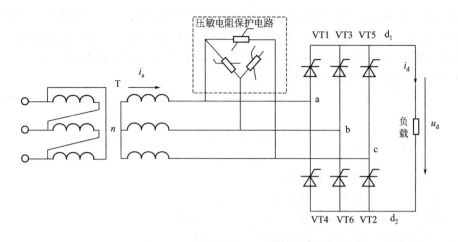

图 2-28 二次侧过压压敏电阻保护电路图

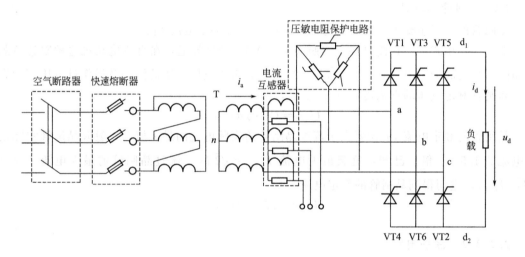

图 2-29 一次侧过流保护电路

② 熔断器额定电流选择：额定电流应大于或等于电路的工作电流。

本节所选用的变压器一次侧的电流 I_1 为

$$I_1 = I_2 U_2 / U_1$$

如图 2-29 所示，在三相交流电路变压器一次侧的每一相上都串联一个熔断器，其额定电流需满足 $I_{FU} \leqslant 1.6 I_1$。

2.2.3.3 触发控制电路

上述三相全控整流电路中，同一时刻对应的两个晶闸管需接收到触发脉冲完成导通（表 2-3）。触发方法一般有两种：①发送的触发脉冲大于 60°，即宽脉冲触发；②在触发某一个晶闸管的同时向前一号晶闸管补发一个脉冲，即双窄脉冲触发。两种触发方法的脉冲波形图如图 2-30 所示。

上述脉冲由控制芯片（单片机、DSP 等）产生，但由于控制芯片普遍驱动能力较差，无法直接驱动晶闸管导通，因此在实际的工程实践中，需要在晶闸管与控制芯片之间增加驱动电路。这种驱动电路可直接采用脉冲形成模块，也可自行搭建。本节以六路双脉冲形成器

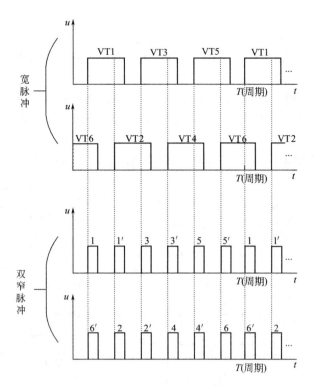

图 2-30　三相桥式全控整流电路两种触发脉冲波形图

KJ041 为例展开介绍。

KJ041 具有双脉冲形成和电子开关功能，其具体参数如下。

电源电压：+15V DC，允许波形±5％（±10％功能可正常使用）；

电源电流：≤20mA；

脉冲输出：脉冲幅度≥1V，最大输出能力 20mA，输入端二极管反压≥30V，输入端电流≤3mA。

KJ041 与三相桥式全控整流电路连接图如图 2-31 所示。

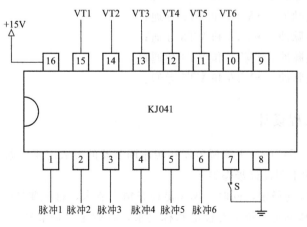

图 2-31　KJ041 与三相桥式全控整流电路连接图

KJ041 连接方式：

KJ041 的 16 端口接+15V 电源；

8 端口接地；

7 端口经 1 个常开按钮接地，用于电子开关使用；

1～6 端口分别接控制芯片中 6 个产生脉冲的管脚，其中脉冲 1 用于触发晶闸管 VT1，脉冲 2 用于触发晶闸管 VT2……

10 端口接 VT6 门极，11 端口接 VT5 门极，12 端口接 VT4 门极，13 端口接 VT3 门极，14 端口接 VT2 门极，15 端口接 VT1 门极，分别用于触发不同晶闸管的导通。

9 端为空端口，可悬空。

为了了解 KJ041 的工作过程，先由其内部原理图（图 2-32）出发。

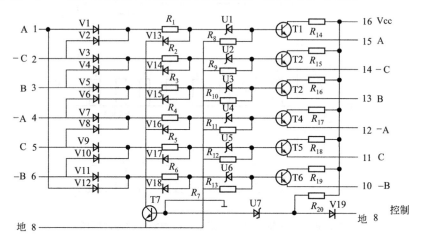

图 2-32　KJ041 内部原理图

控制芯片输出的脉冲输入到 KJ041 的 1～6 端口时，先由 KJ041 内部的输入端二极管（V1～V12）完成逻辑"或"功能，形成双脉冲，进而由 T1～T6 进行电流放大并输出。由图 2-32 及图 2-31 可知，当控制芯片向 1 端口输出脉冲 1 时，KJ041 中的 V1 和 V12 导通，经过 T1 和 T6 电流放大后 15 端口和 10 端口分别输出经过功率放大的脉冲波形触发 VT1 和 VT6 导通。同理：

2 端口输入触发脉冲 2→VT2 和 VT1 导通；

3 端口输入触发脉冲 3→VT3 和 VT2 导通；

4 端口输入触发脉冲 4→VT4 和 VT3 导通；

5 端口输入触发脉冲 5→VT5 和 VT4 导通；

6 端口输入触发脉冲 6→VT6 和 VT5 导通。

2.2.4　调节器工程设计

双闭环直流调速系统中，电流调节器和转速调节器的参数需要根据系统的动态性能指标进行设计，调节器的工程设计步骤如下。

① 为了保证系统的稳定，同时考虑满足稳态精度要求，首先要选择调节器的结构；

② 为了尽可能地满足系统动态性能指标要求，在确定了调节器结构的基础上，对调节器的参数进行调节。

直流调速系统中，性能指标就是对"稳""准""快""抗干扰"这些要求的量化。如何满足这些性能指标是一个互相交叉的矛盾问题，以上步骤将这个矛盾问题分成两步来解决，第一步确保稳定性和稳态精度这个主要矛盾的解决；第二步，在解决了主要矛盾后，再去考虑系统的其他动态性能指标。

2.2.4.1　两种典型系统

多数情况下，控制系统的开环传递函数可描述如下

$$W(s) = \frac{K \prod_{i=1}^{m} (\tau_i s + 1)}{s^r \prod_{i=1}^{n} (T_j s + 1)} \tag{2-19}$$

式中，s^r 表示该系统含有 r 个积分环节，也说明该系统含有 r 重 $s=0$ 的极点，这种系统被称作 r 型系统。

由本章 2.1.3.2 节分析可知，0 型系统（即，调节器无积分环节）对阶跃响应存在稳态误差，为了实现无静差控制，系统至少应该是 Ⅰ 型系统（即 $r=1$）；若给定信号是斜坡信号时，则需要是 Ⅱ 型系统（即 $r=2$）方可实现无静差控制。所以，为了满足系统稳态精度要求，一般不采用 0 型系统。同时，Ⅱ 型以上系统的稳定性难以保证，因此 Ⅰ 型和 Ⅱ 型系统为本节调节器工程设计的两个目标。

由于 $s=0$ 以外的零、极点个数和位置不同，因此 Ⅰ 型系统和 Ⅱ 型系统的结构也是多样的。若分别在 Ⅰ 型系统和 Ⅱ 型系统中选择一个较为简单的结构作为典型系统，把实际系统直接校正为所选取的典型系统，则使得设计过程得到大幅度的简化。

（1）典型 Ⅰ 型系统

式(2-20)给出了典型 Ⅰ 型系统的开环传递函数

$$W(s) = \frac{K}{s(Ts+1)} \tag{2-20}$$

式中　T——系统的惯性时间常数；

　　　K——系统的开环增益。

图 2-33(a) 和 (b) 分别是典型 Ⅰ 型系统的闭环系统框图及其开环对数频率特性曲线。这种典型的 Ⅰ 型系统结构简单、对数幅频特性的中频段以斜率 $-20\mathrm{dB/dec}$ 穿越零分贝线，设计者只需在参数调整的过程中保证足够的中频带宽度，则系统必然稳定，且稳定裕量充足。

（2）典型 Ⅱ 型系统

式(2-21)给出了典型 Ⅱ 型系统的开环传递函数

$$W(s) = \frac{K(\tau s + 1)}{s^2 (Ts + 1)} \tag{2-21}$$

由于式(2-21)分母中 s^2 项对应的相频特性是 $-180°$，后面还有一个时间常数为 T 的惯性环节（这往往是实际系统中必定有的），因此如果不在分子上添一个比例微分环节（$\tau s+1$），就无法把相频特性抬高到 $-180°$ 线以上，也就无法保证系统稳定。

2.2.4.2　典型 Ⅰ 型系统性能指标与参数的关系

典型 Ⅰ 型系统闭环结构框图如图 2-33(a) 所示，图 2-33(b) 表示它的开环对数频率特性。当对数幅频特性的中频段以 $-20\mathrm{dB/dec}$ 的斜率穿越 0dB 线，且具有一定的宽度时，系

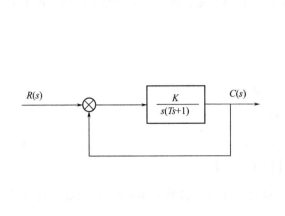
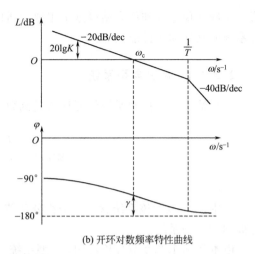

(a) 典型Ⅰ型闭环系统结构图   (b) 开环对数频率特性曲线

图 2-33   典型Ⅰ型系统

统一定是稳定的。显然，要做到这一点，应在选择参数时保证 $\omega_c<1/T$。因而，$\omega_c T<1$，$\arctan\omega_c T<45°$，于是，相角稳定裕度为

$$\gamma=180°-90°-\arctan\omega_c T=90°-\arctan\omega_c T>45°$$

此式表明，典型Ⅰ型系统能足够满足稳定裕度的要求。

在式（2-20）所表示的典型Ⅰ型系统的开环传递函数中，只有开环增益 K 和时间常数 T 两个参数，时间常数 T 往往是控制对象本身固有的，唯一可变的只有开环增益 K。设计时，需要按照性能指标选择参数 K 的大小。

当 $\omega_c<1/T$ 时，由图 2-33(b) 的开环对数频率特性利用对数坐标函数关系可知

$$20\lg K=20(\lg\omega_c-\lg1)=20\lg\omega_c$$

所以 $K=\omega_c$ （当 $\omega_c<1/T$ 时）   (2-22)

式（2-22）表明，K 值越大，截止频率 ω_c[17] 也越大，系统响应越快，但相角稳定裕度 $\gamma=90°-\arctan\omega_c T$ 越小，这也说明了快速性与稳定性之间的矛盾。在具体选择参数 K 时，需在二者之间取折中。下面将用数字定量地表示 K 值与各项性能指标之间的关系。

（1）动态跟随性能指标

由图 2-33(a) 可得典型Ⅰ型系统的闭环传递函数

$$W_{cl}(s)=\frac{W(s)}{1+W(s)}=\frac{\dfrac{K}{s(Ts+1)}}{1+\dfrac{K}{s(Ts+1)}}=\frac{\dfrac{K}{T}}{s^2+\dfrac{1}{T}s+\dfrac{K}{T}} \tag{2-23}$$

在自动控制理论中，闭环传递函数的一般形式可写成

$$W_{cl}(s)=\frac{\omega_n}{s^2+2\xi\omega_n s+\omega_n^2} \tag{2-24}$$

对比式（2-23）和式（2-24）等号最右侧的公式，可得闭环传递函数标准形式参数与典型Ⅰ型系统参数之间的关系：

$$\omega_n=\sqrt{\frac{K}{T}}$$ ——无阻尼自然振荡角频率，或称固有角频率；

$$\xi=\frac{\sqrt{\dfrac{1}{KT}}}{2}\text{——阻尼比，或称衰减系数，且 }\xi\omega_{\mathrm{n}}=\frac{1}{2T}\text{。}$$

典型 I 型系统是一个二阶系统，当阻尼比 $\xi<1$ 时，其阶跃响应曲线是欠阻尼的振荡特性；当 $\xi>1$ 时，是过阻尼的单调特性；当 $\xi=1$ 时，是临界阻尼。在一般的调速系统中，为了获得快速的动态响应，常把系统设计成 $0<\xi<1$ 的欠阻尼状态。又由式(2-22) 可知，典型 I 型系统需要 $KT<1$，代入上述阻尼比 ξ 与参数的关系式可得 $\xi>0.5$，因此在典型 I 型系统应取

$$0.5<\xi<1 \tag{2-25}$$

可以推导出，欠阻尼二阶系统在零初始条件下阶跃响应的动态跟随性能指标和其参数之间的数学关系式如下（参考文献 [8] 的附录 1）。

超调量
$$M_{\mathrm{p}}=e^{-\xi\pi\sqrt{1-\xi^2}}\times100\% \tag{2-26}$$

上升时间
$$t_{\mathrm{r}}=\frac{2\xi T}{\sqrt{1-\xi^2}}(\pi-\arccos\xi) \tag{2-27}$$

峰值时间
$$t_{\mathrm{p}}=\frac{\pi}{\omega_{\mathrm{n}}\sqrt{1-\xi^2}} \tag{2-28}$$

调节时间 t_{s} 与 ξ 的关系比较复杂，如果不需要很精确，当 $\xi<0.9$、允许误差带为 $\pm5\%$ 的调节时间时可用下式近似计算

$$t_{\mathrm{s}}\approx3/(\xi\omega_{\mathrm{n}})=6T \tag{2-29}$$

频域指标若不用近似的伯德图，而按准确关系计算，可得截止频率

$$\omega_{\mathrm{c}}=\omega_{\mathrm{n}}[\sqrt{4\xi^4+1}-2\xi^2]^{1/2} \tag{2-30}$$

相角稳定裕度

$$\gamma=\arctan\frac{2\xi}{[\sqrt{4\xi^4+1}-2\xi^2]^{1/2}} \tag{2-31}$$

根据上列各式，可求出 $0.5<\xi<1$ 时典型 I 型系统各项动态跟随性能指标和频域指标与参数 KT 的关系，见表 2-5。表中数据表明，当系统的时间常数 T 为已知时，随着 K 的增大，系统的快速性提高，而稳定性变差。

表 2-5　典型 I 型系统动态跟随性能指标和频域指标与参数的关系

参数关系 KT	阻尼比 ξ	超调量 M_{p}	上升时间 t_{r}	峰值时间 t_{p}	相对稳定裕度 γ	截止频率 ω_{c}
0.25	1.0	0%	∞	∞	76.3°	0.243/T
0.39	0.8	1.5%	6.6T	8.3T	69.9°	0.367/T
0.50	0.707	4.3%	4.7T	6.2T	65.5°	0.455/T
0.69	0.6	9.5%	3.3T	4.7T	59.2°	0.596/T
1.0	0.5	16.3%	2.4T	3.6T	51.8°	0.786/T

具体选择参数时，如果工艺上主要要求动态响应快，可取 $\xi=0.5\sim0.6$，把 K 选大一些；如果主要要求超调小，可取 $\xi=0.8\sim1.0$，把 K 选小一些；如果要求无超调，则取 $\xi=1.0$，$K=0.25/T$；无特殊要求时，可取折中值，即 $\xi=0.707$，$K=0.5/T$，此时略有超调（$M_{\mathrm{p}}=4.3\%$）。也可能出现这种情况，无论怎样选择 K 值，总是顾此失彼，不可能满足所需的全部性能指标，这说明典型 I 型系统不能适用，需采用其他控制方法。

（2）动态抗扰性能指标

典型 I 型系统已经规定了系统的结构，根据控制对象的工艺要求又选定了参数 K，在此基础上就可以分析系统的动态抗扰性能指标。分析抗扰性能指标的关键因素是扰动作用点，某种定量的抗扰性能指标只适用于一种特定的扰动作用点。如果要考虑所有可能的扰动情况，就需要做大量的分析工作。现在先分析一种具体情况作为示范，掌握了这种分析方法以后，需要分析其他情况的扰动性能时，均可仿照这样的分析方法来进行。

在一般的双闭环系统中，常把电流环校正成典型 I 型系统，现在就以电流环的扰动作用为例来分析典型 I 型系统的抗扰性能。针对电流环的主要扰动是电网电压波动，其动态结构图如图 2-34 所示。

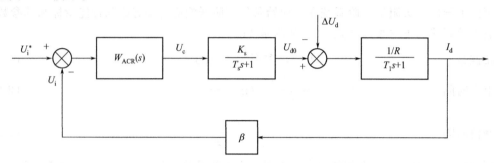

图 2-34 电流环在电压扰动作用下的动态结构图

在图 2-34 中，电压扰动作用点前后各有一个一阶惯性环节，当 $W_{ACR}(s)$ 采用 PI 调节器时，可用图 2-35（a）来表示电流环的动态结构图，其中 $T_1 = T_s$，$T_2 = T_1$，$K_2 = \beta/R$。取 $K_1 = K_p K_s / \tau$，$\tau = T_2$（$T_2 > T_1$），这样，电流环可表示为在扰动作用点前后的两个环节 $W_1(s)$ 和 $W_2(s)$。只讨论抗扰性能时，可令输入变量 $R = 0$，取扰动量 $F(s)$ 作为系统的输入，并将输出量写成 ΔC，则电流环可等效为图 2-35（b）。对于扰动输入，$W_2(s)$ 是前向通道的传递函数，$W_1(s)$ 是反馈通道的传递函数。

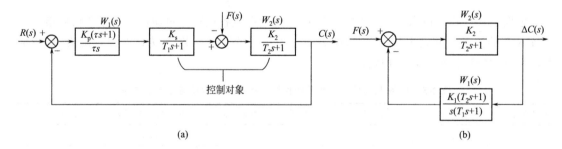

(a)	(b)

图 2-35 电流环校正成一类典型 I 型系统在电压扰动作用下的动态结构图

$$W_1(s) = \frac{K_p(\tau s + 1)}{\tau s} \times \frac{K_s}{T_1 s + 1} = \frac{K_1(T_2 s + 1)}{s(T_1 s + 1)}$$

$$W_2(s) = \frac{K_2}{T_2 s + 1}$$

系统开环传递函数

$$W(s) = W_1(s) W_2(s) = \frac{K_1(T_2 s + 1)}{s(T_1 s + 1)} \times \frac{K_2}{T_2 s + 1} = \frac{K_1 K_2}{s(T_1 s + 1)} = \frac{K}{s(T s + 1)}$$

式中，$K = K_1 K_2$，$T = T_1$。用调节器中的比例微分环节（$\tau s + 1$）对消掉了较大时间常数的惯性环节（T_2s+1），就把电流环校正成典型 I 型系统。由表 2-5 可以看出，在阻尼系数 ξ 一定时，典型 I 型系统的上升时间取决于系统的惯性时间常数 T，对消掉大惯性而留下小惯性环节，就可以提高系统的快速性。

在阶跃扰动下，$F(s)=F/s$，得到

$$\Delta C(s)=\frac{F}{s}\times\frac{W_2(s)}{1+W_1(s)W_2(s)}=\frac{\dfrac{FK_2}{T_2s+1}}{s+\dfrac{K_1K_2}{Ts+1}}=\frac{FK_2(Ts+1)}{(T_2s+1)(Ts^2+s+K)}$$

如果调节器参数已经按跟随性能指标选定为 $KT=0.5$，也就是说，$K=\dfrac{1}{2T}$，则

$$\Delta C(s)=\frac{2FK_2T(Ts+1)}{(T_2s+1)(2T^2s^2+2Ts+1)} \tag{2-32}$$

利用部分分式法分解式(2-32)，再求拉普拉斯反变换，可得到阶跃扰动后输出变化量的动态过程函数为

$$\Delta C(t)=\frac{2FK_2m}{2m^2-2m+1}\left[(1-m)e^{-\frac{t}{T_2}}-(1-m)e^{-\frac{t}{2mT_2}}\cos\frac{t}{2mT_2}+me^{-\frac{t}{2mT_2}}\sin\frac{t}{2mT_2}\right]$$

$$\tag{2-33}$$

考虑到在电流环中电动机的电磁时间常数 $T_1=T_2$ 是不变的，因此在计算抗扰性能中把 T_2 作为基准，定义 $m=\dfrac{T_1}{T_2}=\dfrac{T}{T_2}<1$ 为控制对象小时间常数与大时间常数的比值。取不同 m 值，可计算出相应的 $\Delta C(t)$ 动态过程曲线。

在计算抗扰性能指标时，输出量的最大动态降落 $\Delta C_{\max}$ 用基准值 C_b 的百分数表示。为了消除系统参数对抗扰性能指标的影响，取图 2-35(b) 的开环系统输出值作为基准值 C_b，即

$$C_b=FK_2 \tag{2-34}$$

最大动态降落所对应的时间 t_m 用时间常数 T_2 的倍数表示，允许误差带为 $\pm5\%C_b$ 时的恢复时间 t_v 也用 T_2 的倍数表示，计算结果列在表 2-6 中。其中的性能指标与参数的关系是针对图 2-35 所示的特定结构和 $KT=0.5$ 这一特定选择的。

表 2-6　典型 I 型系统动态抗扰性能指标与参数的关系

$m=\dfrac{T_1}{T_2}=\dfrac{T}{T_2}$	$\dfrac{\Delta C_{\max}}{C_b}\times100\%$	$\dfrac{t_m}{T_2}$	$\dfrac{t_v}{T_2}$
1/5	27.78%	0.566	2.209
1/10	16.58%	0.336	1.478
1/20	9.27%	0.19	0.741
1/30	6.45%	0.134	1.014

由表 2-6 中的数据可以看出，当控制对象的两个时间常数相距较大时，动态降落减小；恢复时间的变化不是单调的，在 $m=1/20$ 时恢复时间最短。

2.2.4.3　典型 II 型系统性能指标与参数的关系

典型 II 型系统的闭环系统结构图和开环对数频率特性曲线如图 2-36 所示，其中频段也是以 -20dB/dec 的斜率穿越零分贝线。要实现图 2-36(b) 的特性，显然应保证

$$\frac{1}{\tau}<\omega_c<\frac{1}{T}$$

或 $$\tau>T$$

而相角稳定裕度为 $\gamma=180°-180°+\arctan\omega_c\tau-\arctan\omega_c T=\arctan\omega_c\tau-\arctan\omega_c T$。由此可见，$\tau$ 比 T 大得越多，系统的稳定裕度越大。

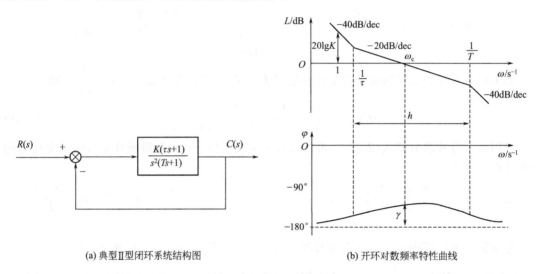

(a) 典型Ⅱ型闭环系统结构图   (b) 开环对数频率特性曲线

图 2-36 典型Ⅱ型系统

在典型Ⅱ型系统的开环传递函数式(2-21)中，与典型Ⅰ型系统相仿，时间常数 T 也是控制对象固有的。所不同的是，待定的参数有两个，K 和 τ，这就增加了选择参数工作的复杂性。

引入一新变量 h，令

$$h=\frac{\tau}{T}=\frac{\omega_2}{\omega_1} \tag{2-35}$$

式中，$\omega_1=\dfrac{1}{\tau}$，$\omega_2=\dfrac{1}{T}$。

由图 2-36(b) 可见，h 是系统开环频率特性曲线中频段（斜率−20dB/dec）宽度（对数坐标），称为"中频宽"。因为中频段对控制系统的动态性能而言具有决定性作用，所以 h 的值是直流调速系统的关键参数。

通常 $\omega=1$ 处于−40dB/dec 特性段，由图 2-36(b) 可得

$$20\lg K=40(\lg\omega_1-\lg1)+20(\lg\omega_c-\lg\omega_1)=20\lg\omega_1\omega_c$$

推出 $$K=\omega_1\omega_c \tag{2-36}$$

图 2-36 还可以看出系统的以下特性：

① T 值一定，但如果 T 值发生改变，中频宽 h 也会改变；

② 若 τ 值已确定不变，改变 K 值，将使得特性曲线上下平移，进而改变截止频率 ω_c 的值。

所以设计调节器时，频域参数 h 和 ω_c 的选择等效于参数 τ 和 K 的选择。

在调节器的设计过程中，若两个参数是独立的，则在对它们进行选择时，其工作量会非常大。但如果这两个参数存在一定的联系，而非相互独立的，即选择了一个参数便可推算出另外一个参数，那么这种双参数的选择便可以转化为单个参数的选择问题。直流调速系统

中，参数选择的目标是使得系统的性能指标能够满足工艺要求，典型Ⅱ型系统中的两个参数选择时必须使情况对系统的动态性能最为有利，并以此建立两个参数间的联系。

可利用"振荡指标法"中的闭环幅频特性峰值 M_r 最小准则（M_{rmin} 准则），得到参数 h 和 ω_c 间的一种最佳配合。此时，ω_c 和 ω_1、ω_2 之间有以下关系。

$$\omega_2/\omega_c = 2h/(h+1) \tag{2-37}$$

$$\omega_c/\omega_1 = \frac{h+1}{2} \tag{2-38}$$

式（2-37）及式（2-38）称为 M_{rmin} 准则的"最佳频比"。对上述两式做运算，可得

$$\omega_1 + \omega_2 = \frac{2\omega_c}{h+1} + \frac{2h\omega_c}{h+1} = 2\omega_c$$

因此

$$\omega_c = \frac{\omega_1 + \omega_2}{2} = \frac{1/\tau + 1/T}{2} \tag{2-39}$$

在"最佳频比"时，这个最小闭环幅频特性峰值为

$$M_{rmin} = \frac{h+1}{h-1} \tag{2-40}$$

由式（2-37）~式（2-40）可计算出不同中频宽 h 对应的最小闭环幅频特性峰值 M_{rmin} 及最佳频比，计算结果见表 2-7。

表 2-7 不同 h 值对应的 M_{rmin} 值及最佳频比

h	M_{rmin}	ω_2/ω_c	ω_c/ω_1
3	2	1.5	2.0
4	1.67	1.6	2.5
5	1.5	1.67	3.0
6	1.4	1.71	3.5
7	1.33	1.75	4.0
8	1.29	1.78	4.5
9	1.25	1.80	5.0
10	1.22	1.82	5.5

由表 2-7 计算结果可以看出，中频宽 h 越大，最小闭环幅频特性峰值 M_{rmin} 会变得越小（超调量降低）。根据经验数据，M_{rmin} 在 1.2~1.5 之间时，系统的动态性能较好，在动态性能要求不高的场合也可以选用 1.8~2.0。

确定了 h 和 ω_c 之后，便可以开展对参数 τ 和 K 的确定工作，由 h 的定义可知

$$\tau = hT \tag{2-41}$$

再由式（2-36）和式（2-38）得到

$$K = \omega_1 \omega_c = \frac{\omega_1^2(h+1)}{2} = \frac{h+1}{2h^2T^2} \tag{2-42}$$

式（2-41）和式（2-42）是调节器工程设计中计算典型Ⅱ型系统参数的公式，只要按照动态性能指标的要求确定 h 值，就可以代入这两个公式计算 K 和 τ，并由此计算调节器的参数。

（1）动态跟随性能指标

按 M_r 最小准则选择调节器参数时，若想求出系统的动态跟随过程，可先将式（2-41）

和式(2-42)代入典型Ⅱ型系统的开环传递函数，得

$$W(s)=\frac{K(\tau s+1)}{s^2(Ts+1)}=\left(\frac{h+1}{2h^2T^2}\right)\frac{hTs+1}{s^2(Ts+1)}$$

然后求系统的闭环传递函数

$$W_{cl}(s)=\frac{W(s)}{1+W(s)}=\frac{\dfrac{h+1}{2h^2T^2}(hTs+1)}{s^2(Ts+1)+\dfrac{h+1}{2h^2T^2}(hTs+1)}=\frac{hTs+1}{\dfrac{2h^2}{h+1}T^3s^3+\dfrac{2h^2}{h+1}T^2s^2+hTs+1}$$

因为 $W_{cl}(s)=C(s)/R(s)$，所以当 $R(t)$ 为单位阶跃函数时，$R(s)=1/s$，则

$$C(s)=\frac{hTs+1}{s\left(\dfrac{2h^2}{h+1}T^3s^3+\dfrac{2h^2}{h+1}T^2s^2+hTs+1\right)} \tag{2-43}$$

以 T 为时间基准，当 h 取不同值时，可由式(2-43)求出对应的单位阶跃响应函数 $C(t/T)$，从而计算出 M_p、t_r/T、t_s/T 和振荡次数 k。采用数字仿真计算的结果列于表 2-8 中。

表 2-8 典型Ⅱ型系统阶跃输入跟随性能指标（按 M_{rmin} 准则确定参数关系）

h	M_p	t_r/T	t_s/T	k
3	52.6%	2.40	12.15	3
4	43.6%	2.65	11.65	2
5	37.6%	2.85	9.55	2
6	33.2%	3.0	10.45	1
7	29.8%	3.1	11.30	1
8	27.2%	3.2	12.25	1
9	25.0%	3.3	13.25	1
10	23.3%	3.35	14.20	1

由于过渡过程的衰减振荡性质，调节时间随 h 的变化不是单调的，$h=5$ 时的调节时间最短。此外，h 减小时，上升时间快，h 增大时，超调量小，把各项指标综合起来看，以 $h=5$ 的动态跟随性能比较适中。比较表 2-8 和表 2-5 可以看出，典型Ⅱ型系统的超调量一般都比典型Ⅰ型系统大得多，而且快速性要好。

（2）动态抗扰性能指标

如前所述，控制系统的动态抗扰性能指标是因系统结构和扰动作用点而异的。现在先以双闭环调速系统转速环的结构为例进行介绍，图 2-23 绘出双闭环直流调速系统及其扰动作用，其中负载扰动作用下的转速环动态结构如图 2-37 所示。

图 2-37 中，$W_{cli}(s)$ 是电流环的闭环传递函数，速度调节器 $W_{ASR}(s)$ 采用 PI 调节器。在扰动作用点前后各有一个积分环节，可用图 2-38(a) 来表示在这种扰动作用下的动态结构图。在图 2-38(a) 中，用 $K_d/(Ts+1)$ 表示扰动作用点之前的控制对象，取 $K_1=K_pK_d/\tau_1$，$\tau_1=hT$；当 $R(s)=0$ 时，取扰动量 $F(s)$ 作为系统的输入，并将输出量写成 ΔC，则图 2-38(a) 可以改画成在扰动作用下的等效框图，如图 2-38(b) 所示。

图中，前向通道传递函数 $W_2(s)=K_2/s$；反馈通道传递函数 $W_1(s)=\dfrac{K_1(hTs+1)}{[s(Ts+1)]}$。

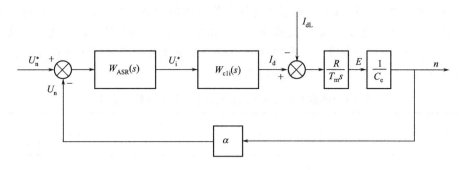

图 2-37　转速环在负载扰动作用下的动态结构图

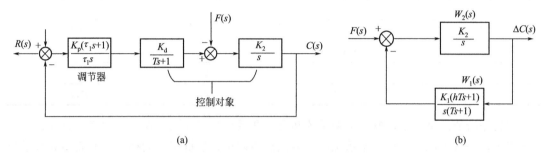

图 2-38　典型 II 型系统在一种扰动作用下的动态结构图

令 $K_1 K_2 = K$，则系统开环传递函数为

$$W(s) = W_1(s) W_2(s) = \frac{K_1(hTs+1)}{s(Ts+1)} \times \frac{K_2}{s} = \frac{K(hTs+1)}{s^2(Ts+1)}$$

这就是典型 II 型系统。

在阶跃扰动下，$F(s) = F/s$，由图 2-38(b) 可得

$$\Delta C(s) = \frac{F}{s} \times \frac{W_2(s)}{1+W_1(s)W_2(s)} = \frac{\dfrac{FK_2}{s}}{s+\dfrac{K_1(hTs+1)}{s(Ts+1)}} = \frac{FK_2(Ts+1)}{s^2(Ts+1)+K(hTs+1)}$$

因为在分析典型 II 型系统的跟随性能指标时，是按 $M_{r\min}$ 准则确定的参数关系，所以存在着 $K = (h+1)/(2h^2 T^2)$，则

$$\Delta C(s) = \frac{\dfrac{2h^2}{h+1}FK_2 T^2(Ts+1)}{\dfrac{2h^2}{h+1}T^3 s^3 + \dfrac{2h^2}{h+1}T^2 s^2 + hTs + 1} \tag{2-44}$$

由式(2-44) 可以计算出对应于不同 h 值的动态抗扰过程曲线 $\Delta C(t)$，从而求出各项动态抗扰性能指标，见表 2-9。为了使动态降落 $\Delta C_{\max}/C_b$ 只与 h 有关，而与系统中的 K_d、K_2 等参数无关，取图 2-38(b) 的开环输出作为基准值，但该式是递增的积分值，不是恒定的，因此为了使最大动态降落指标落在 100% 以内，取开环输出在 $2T$ 时间内的累加值作为基准值。

$$C_b = 2FK_2 T \tag{2-45}$$

由表 2-9 中的数据可见，一般来说，h 值越小，$\Delta C_{\max}/C_b$ 也越小，t_m 和 t_v 都短，因而抗扰性能越好。最大动态降落与 h 值的关系和跟随性能指标中超调量与 h 值的关系恰好相反（见表2-8和表2-9），同样，反映了快速性与稳定性的矛盾。但是，当 $h < 5$ 时，由于振荡次数增加，h 再小，恢复时间 t_v 反而变长了。由此可见，$h = 5$ 是较好的选择，这与跟随性能中调节时间 t_s 最短的条件是一致的（表2-8）。把典型 II 型系统跟随和抗扰的各项性能指标综合起来看，$h = 5$ 应该是一个很好的选择。

表 2-9　典型 II 型系统动态抗扰性能指标与参数的关系

h	$\Delta C_{\max}/C_b$	t_m/T_2	t_v/T_2
3	77.2%	2.45	13.60
4	77.5%	2.70	10.45
5	81.2%	2.85	8.80
6	84.0%	3.00	12.95
7	86.3%	3.15	16.85
8	88.1%	3.25	19.80
9	89.6%	3.30	22.80
10	90.8%	3.40	25.85

比较分析的结果可见，典型 I 型系统和典型 II 系统除了在稳态误差上的区别以外，在动态性能中，一般来说，典型 I 型系统的跟随性能超调小，但抗扰性能稍差，而典型 II 型系统抗扰性能比较好。这是进行工程设计时选择典型系统的重要依据。

2.2.4.4　非典型系统的工程设计

前述讨论的 I 型系统和 II 型系统皆为典型系统，但在实际生产实践中，绝大部分系统都不是典型系统，且与典型系统存在一定的差距，需要在误差允许的范围内进行近似处理和调节器的串联校正，方可将非典型的系统校正为典型系统，再利用上述的设计方法完成工程设计。

（1）高频段小惯性环节的近似处理

在高频段上若存在多个小时间常数的小惯性环节（设其时间常数分别为 T_1、T_2、T_3、…），可将它们用一个总的小时间常数的惯性环节来替代，且有

$$T = T_1 + T_2 + T_3 + \cdots$$

在做近似处理时，需要遵循的原则为：处理前后相位的裕度不变。

设一个系统的开环传递函数 $W_{op}(s) = \dfrac{K}{s(T_1 s+1)(T_2 s+1)}$，式中，$T_1$ 和 T_2 均为小时间常数；根据上述的近似方法，可将该系统近似为 $W'_{op}(s) = \dfrac{K}{s(Ts+1)}$。

下面验证此近似处理的合理性。

近似前，系统在 ω_c 处的相位裕度为

$$\gamma_{op}(\omega_c) = 90° - \arctan T_1\omega_c - \arctan T_2\omega_c = 90° - \arctan\frac{(T_1+T_2)\omega_c}{1-T_1 T_2\omega_c^2}$$

当 T_1 和 T_2 均为小时间常数时，有 $T_1 T_2\omega_c^2 \ll 1$，则系统在 ω_c 处的相位裕度 $\gamma_{op}(\omega_c)$ 可近似等于 $90° - \arctan(T_1+T_2)\omega_c$，即 $\gamma_{op}(\omega_c) \approx 90° - \arctan T\omega_c$。（$T = T_1+T_2$）

而近似后的系统在 ω_c 处的相位裕度 $\gamma'_{op}(\omega_c) = 90° - \arctan T\omega_c$，所以有：$\gamma_{op}(\omega_c) \approx \gamma'_{op}(\omega_c)$。

故，在高频段小惯性环节做上述近似是合理的。

需要注意的是，只有在 T_1 和 T_2 均满足它们对应的频率 $\omega_1 = \dfrac{1}{T_1}$ 和 $\omega_2 = \dfrac{1}{T_2}$ 远远大于系统截止频率 ω_c 时，$T_1 T_2 \omega_c^2 \ll 1$ 才会成立，此时的近似结果才是合理的。

同理，对于大于两个的小时间常数 T_1、T_2、T_3、$\cdots$ 惯性环节，也可以等效地用一个总的时间常数 T 来替代，且若要使稳定裕度不受较大影响，也同样要保证 $\dfrac{1}{T}$、$\dfrac{1}{T_1}$、$\dfrac{1}{T_2}$、$\dfrac{1}{T_3}$、$\cdots \gg \omega_c$。

以 10% 为绝对误差限，两小惯性环节的近似条件为 $\omega_c \leqslant \sqrt{\dfrac{1}{10 T_1 T_2}}$；同理，三小惯性环节的近似条件为 $\omega_c \leqslant \sqrt{\dfrac{1}{10\,(T_1 T_2 + T_1 T_3 + T_2 T_3)}}$。

（2）低频段大惯性环节的近似处理

设系统的开环传递函数为

$$W_{op} = \frac{K(\tau s + 1)}{s(T_1 s + 1)(T s + 1)}$$

若 T_1 满足 $T_1 \gg \tau > T$，则称 T_1 所在的惯性环节为大惯性环节。若 T_1 还同时满足 $\omega_c \gg \dfrac{1}{T_1}$，则这个惯性环节还是一个低频段大惯性环节，对其近似处理通常采用积分环节来等效。下面就来看看低频段大惯性环节积分等效近似处理的合理性。

近似前，系统在 ω_c 处的相位裕度为

$$\gamma_{op}(\omega_c) = 90° - \arctan T_1 \omega_c + \arctan \tau \omega_c - \arctan T \omega_c = \arctan \frac{1}{T_1 \omega_c} + \arctan \tau \omega_c - \arctan T \omega_c$$

当 T_1 是低频段大惯性环节的大时间常数时，有

$$\gamma_{op}(\omega_c) \approx \arctan \tau \omega_c - \arctan T \omega_c$$

若将此低频段大惯性环节做积分等效处理，则系统开环传递函数为

$$W'_{op} = \frac{K(\tau s + 1)}{s^2(T s + 1)}$$

近似后的系统在 ω_c 处的相位裕度 $\gamma'_{op}(\omega_c) = \arctan \tau \omega_c - \arctan T \omega_c$，所以有：$\gamma_{op}(\omega_c) \approx \gamma'_{op}(\omega_c)$。

故，在低频段大惯性环节做上述近似是合理的。

需要注意的是，因为只有当 $\omega_c \gg \dfrac{1}{T_1}$ 时 $\arctan \dfrac{1}{T_1 \omega_c} \approx 0$ 方可成立，所以上述近似处理的条件便是 $\omega_c \gg \dfrac{1}{T_1}$，在工程上通常取 $\omega_c \gg \dfrac{3}{T_1}$。

（3）高阶系统的降阶处理

若系统传递函数的高次项系数非常小，则小到已经可以忽略不计的时候，可将高阶系统近似用低阶系统来做等效处理。

设一个三阶系统传递函数 $W(s) = \dfrac{K}{as^3 + bs^2 + cs + 1}$，且有 a、b、$c > 0$，$c \gg a$ 或 c，$bc >$

a，则可忽略高次项，系统传递函数可近似为 $W(s) \approx \dfrac{K}{cs+1}$。根据上述相位裕度的合理性分析方法，可得高阶系统的降阶处理近似条件为

$$\omega_c \leqslant \frac{1}{3} \min\left[\sqrt{\frac{1}{b}}, \sqrt{\frac{c}{a}}\right]$$

$$bc > a$$

2.2.4.5 多环调速系统的工程设计方法

（1）单闭环调速系统的设计方法

单闭环调速系统设计一般可遵循下列步骤进行。

① 实际系统反馈回路的单位化与简化。因为上述典型 I 型和典型 II 型系统的反馈均为单位反馈，而工程实际中，系统的反馈通道一般包含了各种检测元件和滤波环节，并不是单位反馈。所以第一步就是要对其进行单位化和简化。

② 确定实际系统要校正成哪一种典型系统，对实际系统进行必要的近似处理。

③ 调速系统的串联校正——调节器类型和参数选择。

下面分别以实际系统校正成典型 I 型系统和典型 II 型系统为例，介绍下调节器类型和参数的选择过程。

a. 校正为典型 I 型系统。设控制对象传递函数如下

$$W(s) = \frac{K_1}{(T_1 s+1)(T_2 s+1)(T_3 s+1)}$$

假设有：T_2 和 T_3 均为小时间常数，$T_1 \gg T = T_2 + T_3$，即控制对象由一个大惯性环节和两个小惯性环节组成，K_1 为控制对象的放大系数。

由于系统截止频率 $\omega_c \ll \dfrac{1}{T}$，由上述高频段小惯性环节近似处理方法可得

$$W(s) \approx \frac{K_1}{(T_1 s+1)(Ts+1)}$$

为了将系统校正为典型 I 型系统，可串联一个 PI 调节器 $W_{pi}(s) = \dfrac{K_{pi}(\tau s+1)}{\tau s}$，为了抵消掉控制对象的大惯性环节，可取 $\tau = T_1$，经过 PI 调节器串联校正后系统开环传递函数为

$$W_{op}(s) = W_{pi}(s)W(s) = \frac{K}{s(Ts+1)}$$

式中，$K = K_1 K_{pi}/\tau$。

同理可得出其他控制对象校正成典型 I 型系统的调节器类型，具体可参考表 2-10。

表 2-10　校正成典型 I 型系统的调节器类型

控制对象	$\dfrac{K_1}{(T_1 s+1)(T_2 s+1)}$ $T_1 > T_2$	$\dfrac{K_1}{Ts+1}$	$\dfrac{K_1}{s(Ts+1)}$	$\dfrac{K_1}{(T_1 s+1)(T_2 s+1)(T_3 s+1)}$ T_1、T_2、T_3 差不多大，或 T_3 略小	$\dfrac{K_1}{(T_1 s+1)(T_2 s+1)(T_3 s+1)}$ $T_1 \gg T_2$、T_3
调节器	$K_{pi}\dfrac{\tau s+1}{\tau s}$	K_i/s	K_p	$\dfrac{(\tau_1 s+1)(\tau_2 s+1)}{\tau s}$	$K_{pi}\dfrac{\tau s+1}{\tau s}$
参数	$\tau = T_1$			$\tau_1 = T_1, \tau_2 = T_2$	$\tau = T_1, T = T_2 + T_3$

b. 校正成典型Ⅱ型系统。设控制对象传递函数如下

$$W(s) = \frac{K_1}{s(Ts+1)}$$

采用 PI 调节器 $W_{pi}(s) = K_{pi}\dfrac{\tau s+1}{\tau s}$ 进行串联校正，得到典型Ⅱ型系统，校正后系统的开环传递函数为

$$W_{op}(s) = W_{pi}(s)W(s) = K\frac{\tau s+1}{s^2(Ts+1)}$$

有 $K = K_1 K_{pi}/\tau$，且截止频率 $\omega_c \ll 1/T$。同理可得出其他控制对象校正成典型Ⅱ型系统的调节器类型，具体可参考表 2-11。

表 2-11 校正成典型Ⅱ型系统的调节器类型

控制对象	$\dfrac{K_1}{s(Ts+1)}$	$\dfrac{K_1}{(T_1s+1)(T_2s+1)}$ $T_1 \gg T_2$	$\dfrac{K_1}{s(T_1s+1)(T_2s+1)}$ T_1,T_2 相近	$\dfrac{K_1}{s(T_1s+1)(T_2s+1)}$ T_1,T_2 均较小	$\dfrac{K_1}{(T_1s+1)(T_2s+1)(T_3s+1)}$ $T_1 \gg T_2,T_3$
调节器	$K_{pi}\dfrac{\tau s+1}{\tau s}$	$K_{pi}\dfrac{\tau s+1}{\tau s}$	$\dfrac{(\tau_1s+1)(\tau_2s+1)}{\tau s}$	$K_{pi}\dfrac{\tau s+1}{\tau s}$	$K_{pi}\dfrac{\tau s+1}{\tau s}$
参数	$\tau = hT$	$\tau = hT_2$，认为 $\dfrac{1}{T_1s+1} \approx \dfrac{1}{T_1s}$	$\tau_1 = hT_1$（或 hT_2） $\tau_2 = T_2$（或 T_1）	$\tau = h(T_2+T_3)$	$\tau = h(T_2+T_3)$，认为 $\dfrac{1}{T_1s+1} \approx \dfrac{1}{T_1s}$

调速系统的串联校正实际上是将调节器的传递函数与控制对象的传递函数相乘，进而将系统改造成典型系统。在系统所要求的性能指标确定的情况下，典型系统的参数便可根据上文所述方法确定。因为控制对象的参数都是已知的，所以在完成典型系统的参数确定后，便可通过简单的计算得到调节器的参数值。

④ 调节器的电路参数计算。根据调节器参数与调节器电路参数的关系，计算出与调节器参数对应的电路参数。

⑤ 系统校验。对设计过程中的各个环节进行校验，特别是进行了近似处理的环节，要进行近似条件的校验。

（2）多环调速系统的设计方法

多环调速系统一般可遵循下列步骤进行。

① 设计顺序遵循先内环后外环顺序，设计好一个内环便将这个设计好的内环等效为一个环节，进行其外面一个环的设计时就将这个等效内环看作外环的一个控制对象处理，直至完成所有环路的设计。

② 设计多环调速系统中的某个单闭环回路时，可遵循上述"单闭环调速系统的设计方法"进行。

2.3 交流调速系统变压变频控制

本节以交流异步电动机为例，对交流调速系统变压变频控制展开介绍。

2.3.1 变频调速的本质和意义

由第 1 章 1.3 节中关于异步电动机的介绍中可知，异步电动机定子内嵌有对称的三相绕

组，在启动时向三相绕组通入对称的三相正弦交流电，此交变电流即在电动机气隙内产生一个同步转速为 n_0 的旋转的磁场，这个同步转速计算公式为

$$n_0 = 60f_1/n_p \tag{2-46}$$

式中，f_1 为通入定子绕组电源的频率；n_p 为电动机磁极对数。

异步电动机中存在一定的转差，其转差率计算公式为

$$s = \frac{n_0 - n}{n_0} \tag{2-47}$$

由式（2-47）可推算出异步电动机转速

$$n = n_0(1-s) = \frac{60f_1(1-s)}{n_p} \tag{2-48}$$

由式（2-48）可知，异步电动机可通过以下几种方法进行调速：

其中，变同步转速 n_0 的两种调速方法为转差率不变型方法，无论转速如何改变，转差功率的消耗都基本不会改变，所以这两种调速方法具有较高的调速效率，但其中变极对数 n_p 的调速是一种有级调速，适用场合较少。而在变转差率 s 的调速方法中，定子调压、电磁转差离合器和转子串电阻三种调速类型的调速效率较变同步转速的调速方法低一些，串级调速的调速效率最低。交流异步电动机的调速方法众多，上述几种方法均有其相应的应用场合。而随着电力电子技术、计算机控制技术、集成电路技术、控制理论等相关技术的发展，变频调速技术（即改变输入电源频率的调速方法）已成为交流电动机调速系统的主流方法。

图 2-39 交流异步电动机的变频调速系统简图

图 2-39 为交流异步电动机的变频调速系统简图。改变电动机输入电源的频率能够轻松地改变交流异步电动机的转速，但为了让调速系统达到更好的性能指标，还需要了解电动机在变频调速中的运行特性。

$$U_1 \approx E_1 = 4.44f_1N_1K_1\Phi \tag{2-49}$$

式中，U_1 为电源电压；E_1 为定子绕组的电动势；N_1 为定子每相绕组匝数；Φ 为气隙磁通；K_1 为定子的绕组系数。

由式（2-49）可知，若电源频率改变，在电源电压不变的情况下，为了让等式的左右两边平衡，则电动机的气隙磁通 Φ 必须进行相应的变化，气隙磁通 Φ 一旦变化，电动机的机械特性也会有相应的改变。所以，仅改变电源频率实现调速时，可能导致调速效果不佳。这就要求在调速过程中，对参数的调节需符合一定的规律。

上述分析可知，变频调速需兼顾变压过程，所以一般而言变频调速系统是变压变频（Variable Voltage Variable Frequency，VVVF）调速系统的一种简称。变频调速基本控制方式有两种：①基频（额定转速）以下的调速。此时保持气隙磁通 Φ 不变，同时协调地对电压和频率进行控制。②基频以上的调速。此时，由于电压无法再升高，仅提高输入电源频率，磁通被迫减弱。

相关学者对调速系统变频控制的研究已有数十年，采用的变频方法主要是整流-逆变的形式，电流按照交-直-交变化。目前，主流的调速系统基本结构如图 2-40 所示。

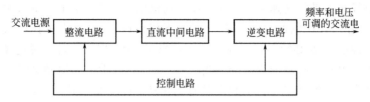

图 2-40　变频调速系统的基本结构

三相交流变频调速系统在市场上一般称为变频器，图 2-41 为一种典型的变频器调速系统硬件结构框图。

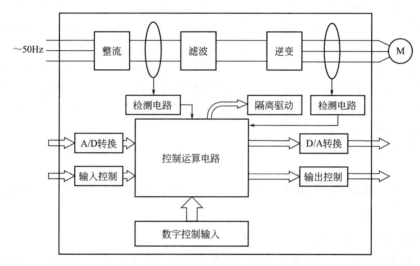

图 2-41　典型的变频器调速系统硬件结构框图

三相交流变频调速系统中，常用的主电路结构如图 2-42 所示。它是一种电压型的三相桥式逆变电路与三相桥式整流电路的结合，使得输入到交流电动机的电源电压、频率可调，在低压变频器中是最普遍的一种主电路结构。

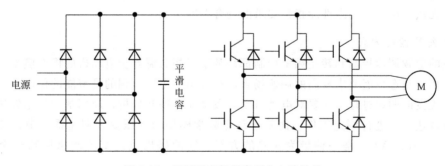

图 2-42　通用型变频器常用主电路结构

2.3.2　交流调速系统基本控制方式

交流调速系统按工作原理进行分类，目前常见的有变频调速控制方式、基于转差频率控制方式、基于矢量控制方式和基于直接转矩控制方式四种。

（1）变频调速控制方式

由式（2-48）可知，转差率 s 一定的情况下，只要平滑地调节交流输入电源的频率 f_1，便可平滑地调节异步电动机转速 n，实现异步电动机的无级调速，这便是变频调速的基本原理。由式（2-49）可知，在电源电压不变的情况下仅仅改变 f_1，为了让等式的左右两边平衡，电动机的气隙磁通 Φ 必须进行相应的变化：当 f_1 增大时，气隙主磁通 Φ 减小，电磁输出转矩随之减小，电动机拖动能力下降；当 f_1 减小时，气隙主磁通 Φ 增大，气隙主磁通一旦超过定子铁芯的临界饱和点，就引起主磁通饱和励磁电流急剧升高，定子铁芯损耗急剧增加。所以，①在额定频率以下（基频以下）进行变频调速时，需要控制好定子电压 U_1 和输入电源频率 f_1，使得气隙磁通 Φ 恒定；②在额定频率以上（基频以上）进行变频调速时，为了不让电动机定子电压超过其额定电压，需要降低磁通，以获得更高的转速。

基频以下的变频调速称为恒压频比控制，又称 U/f 控制，即保持定子电压 U 与输入电源频率 f 为常量（U/f＝常量）获得所需要的转矩特性，这是一种基于三相交流异步电动机稳态模型的控制方式，因此在这种控制方式下系统可以得到较好的稳态性能，它也是早期的通用型变频器最常用的控制方式。恒压频比控制是一种开环的控制方式，其静、动态特性都不会太理想，特别是在低速运行时，由于电压调整更加困难，系统的调速范围也会受到很大的限制。但 U/f 控制方式简单，控制电路成本相对较低，在风机、水泵等控制精度要求不高的场合依然得到了广泛的应用。

基频以上的变频调速需要降低气隙主磁通大小，这种调速方法相当于直流电动机的弱磁升速过程。

从交流异步电动机的变频调速控制特性上看，基频以下属于"恒转矩调速"，而基频以上属于"恒功率调速"。

（2）转差频率控制方式

转差频率控制是对 U/f 控制方式的一种改进，它实际上是在 U/f 控制方式基础上将转速和转矩进行闭环控制的方式，与开环的 U/f 控制方式相比，若负载转矩发生变化时，转差频率控制方式仍能够实现较高稳态精度的转速控制，并具有较好的转矩特性。实现转差频率控制，需要在电动机转轴上安装一个高精度的转速传感器用于测量电动机实际转速，它的控制电路与 U/f 控制方式相比更复杂一些。转差频率控制方式的主要特点是其动态响应速度较慢，无法适用于高动态性能指标要求的场合[9,10]。

（3）矢量控制方式

上述的变频调速控制和转差频率控制都是基于三相交流异步电动机的稳态模型的，它们都无法适用于动态性能要求较高的调速场合，在应用中主要起到的是节能的作用。若需实现动态性能优良的调速过程，就要对电动机动态数学模型展开分析，应用基于动态数学模型的变压变频调速系统进行调速工作。而基于动态数学模型的变压变频调速系统中，矢量控制（Vector Control，VC）是一种最为成熟的方案，它的提出也是交流调速控制理论的一次飞跃。

异步电动机的动态模型是一个非线性、强耦合的多变量系统，其转矩控制相对较为困难，这也是早期交流电动机应用受限的主要原因。直至 1971 年，由西门子公司的 F. Blaschke 等提出"感应电机磁场定向的控制原理"和美国 P. C. Custman 和 A. A. Clark 发表专利"感应电机定子电压的坐标变换控制"开始，交流调速系统矢量控制理论才开始成为交流电动机控制领域的研究热点。矢量控制实现了对交流电动机的高性能控制，多年来，经过众多学者和工程师的努力和不断改进，交流电动机的控制性能已经可与直流调速性能相媲美了，例如 ABB 公司的 ACS580 变频器就是一款具有控制模式的高性能变频器。

矢量控制基本思想：先将交流电动机静坐标变换等效为直流电动机，然后再按照直流电动机的控制思路对交流电动机展开控制策略额分析，最后通过坐标的反变换实现对交流电动机的调速。

（4）直接转矩控制方式

矢量控制的提出使得交流调速理论得到了飞速的发展。1985 年，德国鲁尔大学的 M. Depenbrock 教授提出直接转矩控制（Direct Torque Control，DTC）理论，它借助瞬时空间矢量理论计算电动机的磁链和转矩，并根据与给定值比较所得的差值，实现磁链和转矩的直接转矩控制。在 DTC 系统中，一个重要的环节就是通过转速设定值与当前电动机转速之间的差值产生一个转矩参考值以直接控制电动机转矩。基于直接转矩控制的变频器已在市场上得到应用，如 ABB 公司的 ACS6000 系列及 ACS800 系列变频器。

2.3.3　异步电动机变频调速原理

三相异步电动机是一个非线性、强耦合、高阶次的多变量系统，控制起来较为复杂。要了解三相交流异步电动机的变频调速，需结合直流电动机原理进行类比。在他励直流电动机中，存在一个励磁绕组和一个电枢绕组，如图 2-43 所示，励磁绕组内通入励磁电流（i_M），电枢绕组中通入电枢电流（或称为力矩电流 i_T）。直流电动机中，励磁电流恒定，根据电动机原理，需要保持励磁电流工作于如图 2-44 所示的 P 点处，即饱和磁通处；此外可将磁力电流进行充分利用，不会让励磁电流由于过饱和导致励磁电流过大、发热而损坏绕组，也不会让励磁电流由于欠饱和而让铁芯得不到充分利用进而导致系统效率下降。

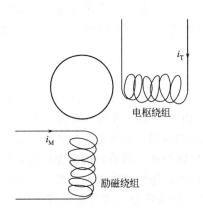
图 2-43　直流电动机模型及其电流

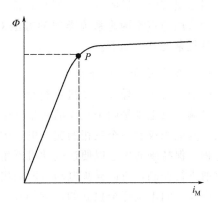
图 2-44　直流电动机励磁曲线

在三相异步电动机中，其定子绕组内的三相电流经过一系列解耦变换也可分解为励磁电流分量和力矩电流分量，而励磁电流分量也应工作在图 2-44 所示的 P 点最为合适。此时式（2-49）中，在等式的右边仅有一个变量——输入电源频率 f_1，利用恒压频比控制方法，保持电源电压 U_1 与电源频率 f_1 之比恒定，即可实现交流异步电动机的调速，而这个恒定值可由交流异步电动机的额定电压与额定频率计算出来。上述就是恒压频比控制的基本原理，在这种调速系统中，电压和频率必须联动。根据所需的转速 n^* 结合电动机的机械特性，推算出异步电动机对应的同步转速 n_1^*，再由式子（2-46）推出所需的电源频率 f_1^*，进一步

推出电压值 U_1^*，确定了 U_1^* 和 f_1^* 之后，通过变频器复现出电压为 U_1^*、频率为 f_1^* 的电源并输入至三相异步电动机。

这个输入电源的复现过程可采用正弦波脉宽调制（Sinusoidal Pulse Width Modulation，SPWM）技术实现，该技术具体将在第 4 章的 4.2.1 节进行介绍，本章不再赘述。

2.4 交流调速系统的矢量控制

基于恒压频比及其相关方法的三相异步电动机的变频调速都是基于电动机稳态模型进行分析的，它们虽然能够在一定范围内实现平滑调速，但若对于机器人、数控机床、载客电梯等动态性能要求较高的场合，它们将不再适用。基于矢量控制的三相交流异步电动机调速系统是一种以电动机动态模型为基础建立起来的高性能调速系统，下面将对三相异步电动机矢量控制过程展开介绍。

2.4.1 三相异步电动机数学模型

在介绍三相异步电动机的数学模型前，为了与直流电动机进行对比分析，首先对直流电动机的工作和控制做一个简单的介绍。

向直流电动机励磁绕组通入电流后便可在电枢绕组通入电流前建立起内部磁通，除了弱磁调速外，该磁通不参与调速系统的动态过程。所以，直流调速系统的动态数学模型仅有电枢电压一个输入变量，输出变量也仅有转速/转矩。工程实践中，忽略部分次要的影响因子，直流调速系统可描述为一个单变量的三阶线性系统，这种线性系统可利用经典的线性控制理论及其相应的工程设计方法展开分析和设计。

但是交流电动机的数学模型与直流电动机相比复杂度更高，在没有经过一些等效处理前，无法用与直流调速系统类似的方法对交流调速系统进行分析和设计。以异步电动机为例，其复杂度具体如下。

（1）多变量和强耦合性

由前文所述，异步电动机进行变频调速时需要对电压/电流与电源频率进行协调控制，所以其输入量至少是两个独立的变量（电压和频率）。由于异步电动机没有独立的励磁电流输入，其电源仅有一个三相的交流电，因此转速变化的同时磁通也可能发生改变，为了在动态过程中保持磁通恒定以便让电动机产生尽量大的电磁转矩并获得更好的动态性能，也需要对磁通进行控制，所以异步电动机的输出变量除了转速外，还应该有磁通。电压、电流、转速、磁通之间不是完全独立的，它们相互影响，形成具有强耦合的多变量系统。图 2-45 可定性地说明其变量之间的强耦合性质。

（2）非线性

在异步电动机中，转矩由电流乘上磁通产生，感应电动势等于转速乘上磁通，这些量的变化都是同时进行的，所以其数学模型是一个非线性的数学模型。

（3）高阶性

三相异步电动机调速系统数学模型中的惯性环节有：①定子、转子的三相绕组产生的 6 个电磁惯性；②运动系统中电动机的机电惯性；③转速与转角之间的积分关系；④变频装置的滞后惯性，合计共有 9 个惯性环节。所以三相异步电动机调速系统至少是一个九阶的

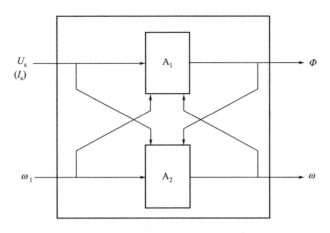

图 2-45　异步电动机的多变量、强耦合性质

系统。

综上，三相异步电动机调速系统是一个多变量、强耦合、非线性、高阶系统。

在对异步电动机动态数学模型展开分析前，先做如下假设。

① 忽略空间谐波，设三相绕组对称，在空间中互差 $120°$ 电角度，所产生的磁动势沿气隙周围按正弦规律分布。

② 忽略磁路饱和，认为各绕组的自感和互感都是恒定的。

③ 忽略铁芯损耗。

④ 不考虑频率变化和温度变化对绕组电阻的影响。

假设在三相交流异步电动机中，转子无论是笼型的还是绕线型的，都将它们等效成三相的绕线转子，并等效至定子侧，做等效后定子和转子绕组匝数相等。基于以上理想状态下，三相异步电动机绕组等效为如图 2-46 所示的物理模型。图中，A、B、C 轴上的三组绕线为定子绕组，它们在空间上是静止的，参考坐标轴为 A 轴；而 a、b、c 轴上的三组绕组为等效到定子侧的三相转子绕组，在空间上随着转子旋转，参考坐标轴为 a 轴；a 轴与 A 轴之间的电角度 θ 是空间角位移变量，它体现了转子的位置信息。图中各电流、电压、磁链的极性符合电动机惯例及右手螺旋定则。

2.4.2　三相-两相静止坐标变换（3s/2s 变换）

由三相交流异步电动机工作原理可知，电动机定子绕组电流 i_A、i_B、i_C 是对称的三相正弦波（三相电之间的相位差均为 $120°$），三相平衡时，这三相电流之和为零，它们在电动机内部形成了旋转的合成磁通。两相的异步电动机与三相异步电动机类似，但其各相之间的相位差为 $90°$。若将三相电流通过坐标的变换，转换为两相相互垂直的电流，此时，两相等效绕组线圈由于垂直关系，不存在互感，系统将得到大幅度的简化，有利于系统动态模型的建立和分析。

三相与两相电动机模型变换应遵循的原则：坐标变换后的磁动势不变，要求坐标变换必须为磁动势不变的等效变换。三相静止的 ABC 坐标系到两相静止的 $\alpha\beta$ 坐标系等效变换过程如图 2-47(a) 和（b）所示，这种变换称为 3s/2s 变换，又称 CLARK 变换，其中 "s" 表示的是静止坐标系。变换公式见式(2-50)，需要指出的是经过 CLARK 变换得到的两相电流 i_α 和 i_β 依然为交流电。

$$\begin{bmatrix} i_{\alpha} \\ i_{\beta} \end{bmatrix} = C_{3s/2s} \begin{bmatrix} i_A \\ i_B \\ i_C \end{bmatrix}, \quad C_{3s/2s} = \sqrt{\frac{2}{3}} \begin{bmatrix} 1 & -\dfrac{1}{2} & -\dfrac{1}{2} \\ 0 & -\dfrac{\sqrt{3}}{2} & -\dfrac{\sqrt{3}}{2} \end{bmatrix} \tag{2-50}$$

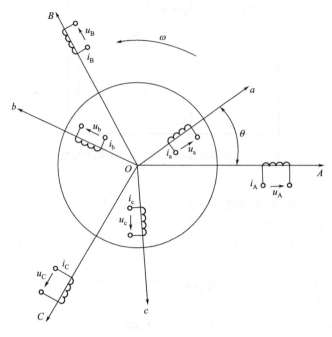

图 2-46　三相异步电动机等效物理模型

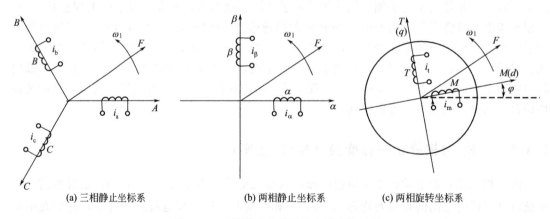

(a) 三相静止坐标系　　　　(b) 两相静止坐标系　　　　(c) 两相旋转坐标系

图 2-47　三相异步电动机的坐标变换过程

2.4.3　两相静止两相旋转坐标变换（2s/2r 变换）

如图 2-47（b）所示，在两相等效绕组中通入交流电 i_{α}、i_{β}，形成磁通 F 以同步角速度 ω_1 在电动机内部旋转。那么如何将这两相电流 i_{α}、i_{β} 等效为类似直流电动机的励磁电流 i_m 和力矩电流 i_t 呢？这个过程如图 2-47（b）和（c）所示，建立一个以同步角速度 ω_1 旋转的两相坐标系，其等磁动势变换公式如式（2-51）所示。式中，φ 为两相旋转坐标系直轴（d 轴）与两相静止坐标系 α 轴的夹角，与 d 轴垂直的坐标轴称为交轴（q 轴）。这种从两相静止到两相旋转坐标系的变换称为 2s/2r 变换，又称 PARK 变换，其中 "r" 表示的是旋转坐标系，这种变换得到的 i_d 和 i_q 等效为直流电。当 d 轴的方向与转子磁链 ψ_r 方向平行时，d 轴又称为 M 轴，而 q 轴称为 T 轴，整个 2r 坐标系变为基于转子磁链定向（Field Orientation）的同步旋转 MT 坐标系；M 轴绕组电流对应于直流电动机的励磁电流，T 轴绕组电流对应于直流电动机的力矩电流，实现了异步电动机电流的解耦。

$$\begin{bmatrix} i_m \\ i_t \end{bmatrix} = C_{2s/2r}\begin{bmatrix} i_\alpha \\ i_\beta \end{bmatrix}, \quad C_{2s/2r} = \sqrt{\frac{2}{3}}\begin{bmatrix} \cos\varphi & \sin\varphi \\ -\sin\varphi & \cos\varphi \end{bmatrix} \tag{2-51}$$

2.4.4　三相异步电动机按转子磁场定向的矢量控制

由 2.4.3 节可知，三相静止的 ABC 坐标系中，异步电动机定子电流 i_A、i_B、i_C 经过等磁势的 3s/2s 及 2s/2r 变换，可等效为两相静止 $\alpha\beta$ 坐标系中的交流电流 i_α、i_β 及两相旋转 dq 坐标系中的直流电流 i_d 和 i_q（当 i_d 方向与磁通方向平行时，则相当于励磁电流 i_m 和力矩电流 i_t）。在 dq 坐标系的特例 MT 坐标系下，直观地说，可以认为是观察者站在旋转的转子上进行观察，此时异步电动机就相当于一个直流电动机。

基于以上的等效变换，在旋转坐标系下，异步电动机的控制可参照直流电动机进行；在得到旋转坐标系中的控制量后，再经坐标反变换得到对应于三相静止坐标系下的控制量对异步电动机进行控制。

同理，交流异步电动机中的定子电压、转子电压、转子电流、定子磁链、转子磁链也可以经过上述的变换过程进行控制。由交流电动机理论[3,11]可得到下列表达式

$$T_e = \frac{n_p L_m}{L_r} i_{st} \psi_r \tag{2-52}$$

$$\omega_1 - \omega = \omega_s = \frac{L_m i_{st}}{T_r \psi_r} \tag{2-53}$$

$$\psi_r = \frac{L_m}{T_r p + 1} i_{sm} \tag{2-54}$$

式中，T_e 为电动机输出的电磁转矩；L_m 为 dq（MT）坐标系定子与转子等效绕组间的互感；i_{st} 为 dq（MT）坐标系定子电流的交轴分量（力矩分量）；i_{sm} 为 dq（MT）坐标系定子电流的直轴分量（励磁分量）；n_p 为极对数；ω_1 为同步角速度；ω 为转子的电磁角速度；ω_s 为转差角频率；ψ_r 为转子磁链；p 为微分算子；T_r 为转子磁链励磁时间常数。

由式(2-52) 和式(2-54) 可知，电动机输出的电磁转矩 T_e 在转子磁链 ψ_r（保持图 2-43 的 P 点处）恒定的情况下，仅与定子电流的力矩分量 i_{st} 有关，且呈线性关系；而转子磁链 ψ_r 仅与定子电流的励磁分量 i_{sm} 有关，与力矩分量 i_{st} 无关。对式(2-54) 进行拉氏变换，有 $\psi_r(s) = [L_m/(T_r s + 1)]i_{sm}(s)$，$\psi_r$ 会受到励磁惯性作用变化存在延后，这种关系与直流电动机励磁绕组的惯性作用是一样的，所以保持 i_{sm} 恒定也就可确保 ψ_r 的恒定，进而利用 i_{st} 来控制电磁输出转矩 T_e。这就是三相异步电动机矢量控制的基本思想。

交流异步电动机矢量控制系统根据 MT 坐标系 M 轴空间角 θ_1 确定方法的不同，分为直接定向矢量控制系统（直接矢量控制系统）和间接定向矢量控制系统（间接矢量控制系统）。在直接矢量控制系统中，θ_1 角通过反馈的方式得出，即根据相关实测量通过电动机的转子磁链模型计算出来；而间接矢量控制系统中，θ_1 角则是通过前馈方式得到的，即利用转差公式及转子磁链 ψ_r 的给定值计算获得。具体计算步骤如下[12,13]：

① 根据式(2-53)，利用转子磁链的给定值 ψ_r^* 和计算出的定子电流转矩分量给定值 i_{st}^* 计算出转差频率的给定值 ω_s^*；

② 将计算出的 ω_s^* 与实测的转子转速 ω 相加，得出 M 轴的转速 ω_1^*；

③ 对得到的 M 轴转速进行积分运算可得 M 轴的空间角 θ_1。

与直接矢量控制相比，间接矢量控制由于省掉了转子磁链模型，实现起来较为简单。但相比之下，间接矢量控制系统存在以下缺点：只有当电动机参数准确，且 $\psi_r = \psi_r^*$、$i_{st} = i_{st}^*$ 时方可实现准确的定向。所以它的定向精度除了受到电动机参数的准确性影响之外，还与转子磁链及定子电流力矩分量的控制误差有关。

由上述分析，直接给出三相交流异步电动机直接矢量控制系统框图，如图 2-48 所示。

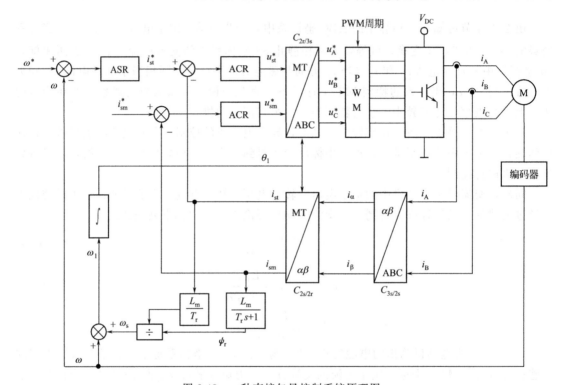

图 2-48　一种直接矢量控制系统原理图

在直接矢量控制系统中，转差频率 ω_s、同步转速 ω_1 和 M 轴空间角 θ_1 的计算都需要转子磁链 ψ_r，这使得 ψ_r 的准确获取变得非常关键。ψ_r 的获取是通过磁链观测器或者状态估计理论计算出来的（主要是由于目前工艺及技术的限制，磁链的直接测量成本过高），实现起来相对复杂。图 2-48 中，通过公式(2-53)得到转子磁链，这种简单的转子磁链观测方法虽然实现起来相对简单，但受电动机参数准确性和外来干扰的影响大。在性能要求较高的场合，为了提高转子磁链的观测精度，可采用全阶状态观测器、模型参考自适应的转子磁链观测器等闭环观测器，但这也在一定程度上提高了系统实现的难度，采用何种方法来观测转子磁链需综合考虑系统性能及工艺要求。

交流调速矢量控制系统中，无论采用的是间接矢量控制还是直接矢量控制，由于它们都具有调速范围较宽、动态性能良好的优点，都已广泛应用中工程实践中。

需要指出的是，正弦波永磁同步电动机（PMSM）也可以用类似上述的方法构成永磁同步电动机矢量控制系统。由于永磁同步电动机自身的优势，它能获得比异步电动机更优的动态性能，同时由于其转子机械角度与电磁角度一致，M 轴空间角 θ_1 可直接由高精度的编码器准确测量得到，系统实现更为简单。所以，在位置伺服系统中更多地采用了永磁同步电动机。

2.5 交流调速系统直接转矩控制

本节以永磁同步电动机为例，介绍交流调速系统直接转矩控制的实现过程。

在两相旋转 dq 坐标系中推导 PMSM 的直接转矩控制理论，PMSM 各矢量的关系如图 2-49 所示[14]。

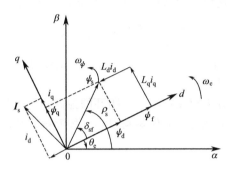

图 2-49　PMSM 矢量图

图中，i_d 和 i_q 分别为电流矢量 $\boldsymbol{I}_s$ 的 d 轴和 q 轴分量；ψ_d 和 ψ_q 分别为定子磁链 $\boldsymbol{\psi}_s$ 的 d 轴和 q 轴分量；ψ_f 为转子上磁钢产生的磁链，称转子磁链；L_d 和 L_q 分别为定子电感的 d 轴分量和 q 轴分量；ω_e 和 θ_e 分别为转子的电磁转速和电磁位置；ρ_s 为定子磁链 $\boldsymbol{\psi}_s$ 的空间相位；ω_ψ 为定子磁链的旋转角速度；δ_{sf} 为定子磁链和转子磁链的夹角，也称之为转矩角[14]。

图 2-49 中，定子磁链矢量 $\boldsymbol{\psi}_s$ 在 $d0q$ 轴系中的两个分量 ψ_d 和 ψ_q 可表示为

$$\psi_d = \psi_f + L_d i_d \tag{2-55}$$

$$\psi_q = L_q i_q \tag{2-56}$$

同时，ψ_s 还可表示成

$$\psi_d = |\boldsymbol{\psi}_s| \cos\delta_{sf} \tag{2-57}$$

$$\psi_q = |\boldsymbol{\psi}_s| \sin\delta_{sf} \tag{2-58}$$

将式（2-57）及式（2-58）代入式（2-55）及式（2-56），得

$$i_d = \frac{|\boldsymbol{\psi}_s| \cos\delta_{sf} - \psi_f}{L_d} \tag{2-59}$$

$$i_q = \frac{|\boldsymbol{\psi}_s| \sin\delta_{sf} - \psi_f}{L_q} \tag{2-60}$$

PMSM 的电磁转矩方程为

$$T_e = \frac{3}{2} p_n [\psi_f i_q + (L_d - L_q) i_d i_q] \tag{2-61}$$

将式（2-59）及式（2-60）代入式（2-61），得

$$T_e = \frac{3 p_n}{2 L_d} |\boldsymbol{\psi}_s| \psi_f \sin\delta_{sf} + \frac{3 p_n}{4} |\boldsymbol{\psi}_s|^2 \left(\frac{1}{L_q} - \frac{1}{L_d}\right) \sin 2\delta_{sf} \tag{2-62}$$

式中，p_n 为电动机的极对数。定子磁场和永磁体磁场相互作用引起的电磁转矩为

$$T_{em} = \frac{3p_n}{2L_d} |\boldsymbol{\psi}_s| \psi_f \sin\delta_{sf} \tag{2-63}$$

电动机 dq 轴磁路不对称引起的电磁转矩为

$$T_{ez} = \frac{3p_n}{4} |\boldsymbol{\psi}_s|^2 \left(\frac{1}{L_q} - \frac{1}{L_q}\right) \sin2\delta_{sf} \tag{2-64}$$

在表贴式永磁同步电动机（SPMSM）中，$L_d = L_q = L$，故 $T_{ez} = 0$，则有

$$T_e = T_{em} = \frac{3p_n}{2L} |\boldsymbol{\psi}_s| \psi_f \sin\delta_{sf} \tag{2-65}$$

将定子磁链幅值控制为定值，对式（2-65）两端求 δ_{sf} 的微分

$$\frac{dT_e}{d\delta_{sf}} = \frac{3p_n}{2L} |\boldsymbol{\psi}_s| \psi_f \cos\delta_{sf} \tag{2-66}$$

由式（2-66）可知，当 δ_{sf} 在 $[-\pi/2, \pi/2]$ 范围内变化时，电磁转矩 T_e 与 δ_{sf} 的变化趋势是一致的，故可利用 δ_{sf} 来控制转矩 T_e。

综上，直接转矩控制可分为双闭环：一个闭环的控制目标是将磁链的幅值控制成一个不变的值，而另一个闭环实际上就是控制转矩角以达到控制电动机转矩的目的，并使磁链在空间内环绕成圆形。

2.5.1 磁链与转矩估计模块

根据 PMSM 三相绕组的电压方程，可得 PMSM 的电压矢量方程[14]

$$\boldsymbol{u}_s = R_s \boldsymbol{i}_s + \frac{d\boldsymbol{\psi}_s}{dt} \tag{2-67}$$

对上式进行移项操作，两边积分，得定子磁链的估计算子

$$\hat{\boldsymbol{\psi}}_s = \int (\boldsymbol{u}_s - R_s \boldsymbol{i}_s) dt + \psi_s(0) \tag{2-68}$$

进一步得到

$$\hat{\psi}_\alpha = \int (u_\alpha - R_s i_\alpha) dt + \psi_\alpha(0) \tag{2-69}$$

$$\hat{\psi}_\beta = \int (u_\beta - R_s i_\beta) dt + \psi_\beta(0) \tag{2-70}$$

式中变量下标 α，β 表示矢量的 α 轴和 β 轴分量。

则定子磁链幅值 $|\hat{\psi}_s|$ 及其空间相位角 $\hat{\rho}_s$ 为

$$|\hat{\psi}_s| = \sqrt{\hat{\psi}_\alpha^2 + \hat{\psi}_\beta^2} \tag{2-71}$$

$$\hat{\rho}_s = \arctan \frac{\hat{\psi}_\alpha}{\hat{\psi}_\beta} \tag{2-72}$$

得到定子磁链后，利用式（2-72）可得电磁转矩估计值。

$$\hat{T}_e = \frac{3}{2} p_n \hat{\psi}_s \boldsymbol{i}_s = \frac{3}{2} p_n (\hat{\psi}_\alpha i_\beta - \hat{\psi}_\beta i_\alpha) \tag{2-73}$$

2.5.2 基于开关表的直接转矩控制策略

基于开关表的直接转矩控制策略是将转矩及定子磁链的给定值与估计值之差输入至滞环

比较器中，通过滞环比较器的输出及定子磁链的空间相位信号从一个定义好的开关表中选择相对合适的电压矢量[15]。基于开关表的直接转矩控制策略框图如图 2-50 所示。

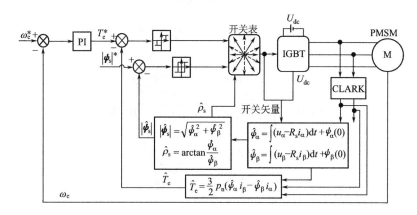

图 2-50　基于开关表的直接转矩控制策略框图

三相逆变器如图 2-51 所示，由于其三相桥臂共有 6 个开关管，为了研究各相上下桥臂不同的开关组合，定义开关函数 $S_x (x=a，b，c)$

$$S_x = \begin{cases} 1 & \text{上桥臂导通} \\ 0 & \text{下桥臂导通} \end{cases}$$

$(S_a，S_b，S_c)$ 全部可能的组合共有 8 个，其中包括 6 个非零矢量：$V_1 (100)$、$V_2 (110)$、$V_3 (010)$、$V_4 (011)$、$V_5 (001)$、$V_6 (101)$ 及 2 个零矢量 $V_0 (000)$ 和 $V_7 (111)$。

同时，根据定子磁链在 $\alpha 0 \beta$ 坐标系中的位置，结合上述 6 个空间电压矢量将整个空间划分为 6 个扇区，每个扇区对应 60° 的空间角度，并且包含一个非零电压矢量，如图 2-52 所示。

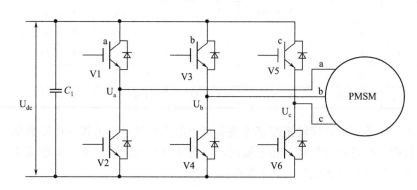

图 2-51　三相逆变电路

如图 2-50 所示，基于开关表的直接转矩控制采用了两个滞环控制器，其中磁链滞环控制器为两级滞环，而转矩滞环控制器为三级滞环。设转矩滞环控制器的滞环宽度为 ΔT_e，输出为 τ；磁链滞环控制器的滞环宽度为 $\Delta \psi$，输出为 φ，则它们的输出值分别为

$$\tau = \begin{cases} 1 & T_e^* - \hat{T}_e > \Delta T_e / 2 \\ 0 & |T_e^* - \hat{T}_e| \leqslant \Delta T_e / 2 \\ -1 & T_e^* - \hat{T}_e < -\Delta T_e / 2 \end{cases} \qquad (2\text{-}74)$$

$$\varphi = \begin{cases} 1 & |\psi_s|^* - |\hat{\psi}_s| > \Delta\psi/2 \\ 0 & |\psi_s|^* - |\hat{\psi}_s| \leqslant \Delta\psi/2 \end{cases} \tag{2-75}$$

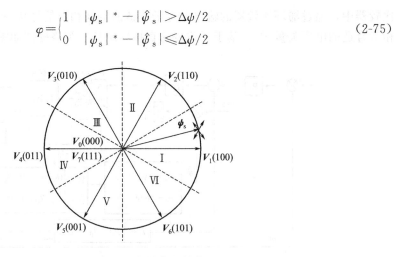

图 2-52　空间电压矢量扇区划分

在确定了定子磁链空间相位所处的扇区后，即可根据转矩和磁链滞环控制器的输出确定下一周期所要采用的电压矢量。设某时刻空间电压矢量如图 2-52 中的 $\hat{\psi}_s$ 所示，此时定子磁链处于扇区 I，当选择电压矢量 V_2 时，可同时增大磁链幅值和转矩；V_5 则可同时减小磁链幅值和转矩；V_3 可增大转矩，减小磁链幅值；V_6 可增大磁链幅值，减小转矩；而零矢量 V_0 和 V_7 可以使定子磁链保持原位置不动。

可制定出一个如表 2-12 所示的开关表。

表 2-12　开关表

扇区		I	II	III	IV	V	VI
$\varphi=1$	$\tau=1$	$V_5(001)$	$V_6(101)$	$V_1(100)$	$V_2(110)$	$V_3(010)$	$V_4(011)$
	$\tau=0$	$V_7(111)$	$V_0(000)$	$V_7(111)$	$V_0(000)$	$V_7(111)$	$V_0(000)$
	$\tau=-1$	$V_3(010)$	$V_4(011)$	$V_5(001)$	$V_6(101)$	$V_1(100)$	$V_2(110)$
$\varphi=0$	$\tau=1$	$V_6(101)$	$V_1(100)$	$V_2(110)$	$V_3(010)$	$V_4(011)$	$V_5(001)$
	$\tau=0$	$V_0(000)$	$V_7(111)$	$V_0(000)$	$V_7(111)$	$V_0(000)$	$V_7(111)$
	$\tau=-1$	$V_2(110)$	$V_3(010)$	$V_4(011)$	$V_5(001)$	$V_6(101)$	$V_1(100)$

综上，基于开关表的直接转矩控制需要有定子电流及线电压值作为已知数据。在实际的系统实现过程中，假设电动机是三相平衡的，测量某两相电流可知第三相电流值。而线电压可由逆变器开关矢量及母线电压 U_{dc} 计算得到

$$\begin{cases} U_a = \dfrac{2S_a - S_b - S_c}{3}U_{dc} \\[2mm] U_b = \dfrac{2S_b - S_a - S_c}{3}U_{dc} \\[2mm] U_c = \dfrac{2S_c - S_a - S_b}{3}U_{dc} \end{cases} \tag{2-76}$$

式中，U_a、U_b、U_c 分别是三相线电压。

2.6　位置伺服与多轴控制

本章前述的所有控制皆为单轴的转速控制，而在实际的应用中，单轴的转速控制仅仅是运动控制系统中众多控制功能的一种。在各种各样的应用场合中，具有位置跟随功能的伺服系统和具有多个运动控制轴的多轴控制也十分常见。

3D 打印机、写字机器人、激光切割机中的 X-Y 轴组成的平面上两个相互垂直的控制轴，SCARA 型机器人中的 4 个控制轴等，这些都是已经应用于生产实践的位置伺服与多轴控制产品。多数位置伺服与多轴控制产品的控制目标是让系统的末端（如机器人中的机械爪/机械臂、3D 打印机中的打印头等）在工作空间中按照既定的轨迹进行运动。这些既定轨迹可以是在产品生产过程中固化进去的，也可以给用户提供友好的输入接口根据用户的需求由用户自行给定。所以在一个完整的多轴的位置伺服系统中，需要具有：①优良的控制算法，保证系统具有良好的静、动态性能；②轨迹规划功能；③多运动轴协调控制功能。

与上述单轴的调速系统一样，位置伺服系统的核心也是其控制算法。随着现代控制理论的不断发展，模糊控制、人工神经网络等智能控制算法已经在运动控制系统中有所应用，但由于 PID 控制具有算法简单、性能表现良好等优势，包括多轴位置伺服系统在内的多数运动控制系统采用的还是这种最经典的控制算法。本节依然以 PID 调节器为基础展开对位置伺服与多轴控制的介绍。

轨迹规划是指根据作业任务的要求，对系统运动末端在系统运行不同时刻的位置、速度和加速度等相关量进行规划的过程。它一般是对已知的路径或者轨迹的一些约束性描述，使得系统的末端机构能够从任务的起始点到目标点之间按照任务要求的轨迹、速度和加速度进行运动。

本节首先对其中最为简单的直流电动机单轴位置伺服系统展开介绍，进而介绍多轴运动控制系统中的多轴协调控制技术，最后介绍的是轨迹规划中的插补原理，以便读者能够尽可能全面地了解位置伺服和多轴控制的结构、原理及其一般的实现方法。

2.6.1　单轴位置伺服系统

2.6.1.1　位置伺服系统及其组成

"伺服"一词是由单词"Servo"音译而来的，意为伺候、服从，它在音译过程中也兼顾了其词意。位置伺服系统从字面上可以理解为对位置指令信号的服从（跟随），它主要解决的是受控对象的位置跟随问题。伺服系统中的执行电动机也称为伺服电动机，它可以是直流的也可以是交流的；而位置伺服系统实际上就是要实现执行机构对给定位置参考信号的快速、准确跟踪。

在军事领域实现对飞机、坦克等移动目标的跟踪和打击任务是位置伺服系统最早期的应用；随着日常生产、生活对位置跟踪任务需求的不断增长，位置伺服系统逐渐地应用到了数控机床、机器人等方面。图 2-53 是一个单闭环的位置伺服系统结构框图，它与单闭环调速系统类似，不同的是调速系统中的给定参考值和反馈值均为转速，而位置伺服系统则是执行电动机的位置信息。

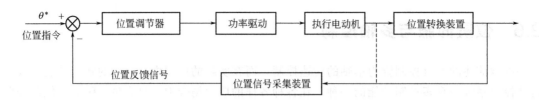

图 2-53 单闭环位置伺服系统结构框图

从结构上看，位置伺服系统至少应该包含以下环节。

① 控制器/调节器。它可以由大量的运算放大器组成，也可以由 PLC、DSP、计算机等数字控制系统组成，受控量至少包含位置信息。

② 功率驱动环节。与调速系统类似，由合适的电力电子器件组成。

③ 执行机构。一般是由高性能的伺服电动机和工作机械组成。

④ 位置信号采集装置。一般由光电编码器等具有电动机位置采集功能的传感器组成，可将电动机的位置信号变为可用的电信号，反馈进入控制器形成位置的闭环控制。

2.6.1.2　位置伺服控制系统的结构

位置伺服系统与其他的闭环控制系统类似，同样也是通过对系统的给定参考量与输出量进行比较，经过一个合适的控制器后产生控制信号，经过驱动装置后对控制对象进行控制。从基本原理上讲，它与前述的调速系统是一样的。

图 2-53 为一种单闭环位置伺服系统的结构框图。它是一种二阶系统，可采用典型 I 型系统的设计方法完成其位置调节器的设计，具有响应速度快的优点，但由于缺少对转速、电流等相关量的控制，控制过程中被控量存在振荡，甚至造成系统不稳定，因此它一般用于对控制精度和动态性能要求都不高的场合，也称为硬位置伺服控制系统。

以单闭环调速系统为基础，在外环加一个位置反馈环节，即可组成一个具有位置、转速闭环的双闭环位置伺服控制系统，其结构框图如图 2-54 所示。

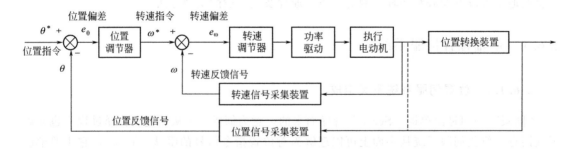

图 2-54　位置、速度双闭环位置伺服系统结构框图

类似地，若以双闭环调速系统为基础，在外环加一个位置反馈环节，便可组成一个具有位置、转速、电流闭环的三闭环位置伺服控制系统，其结构框图如图 2-55 所示。三闭环位置伺服控制系统中，其中各个控制器（或称为调节器）的设计可参照上述直流调速系统的调节器工程设计方法从内环到外环逐步实施，既可保证系统的稳态精度要求，又可满足动态性能要求。这种三闭环位置伺服控制系统也称为软位置伺服控制系统。

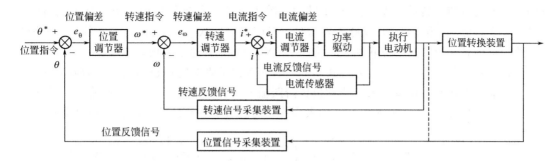

图 2-55　位置、转速、电流三闭环位置伺服系统结构框图

2.6.1.3　位置伺服系统的特性

为了保证系统的性能，在实际应用中，位置伺服系统通常采用三闭环结构。

电流调节器位于三闭环结构的最内环，其功能与调速系统相同，主要是有效控制电动机绕组中的电流，进而对电动机的输出电磁转矩及电动机转动方向进行控制（控制电流大小改变电磁转矩输出，控制电流极性/相序改变电动机转动方向）。它通常采用 PI 调节器实现。

转速调节器位于电流环与位置环之间，通常采用 PI 调节器实现。它的给定参考信号由位置调节器给出，经过与实际转速信号的比较输入到转速调节器中，为保证执行电动机的工作电流不超过其最大过载电流，转速调节器内部要加入限幅运算，其输出量为电流参考信号（电流指令）。它的作用是完成转速控制，保证在伺服系统定位过程中不产生振荡，这要求在设计转速调节器过程中必须具有快速的响应并在稳态运行时具备良好的硬度，抗扰性能良好。

位置调节器位于系统的最外环，需要根据性能要求（精度、快速性等）综合考虑调节器的实现方法；位置调节器是实现系统对位置指令信息快速、精确跟随的关键环节，位于位置环内。在调速系统中，系统的给定参考转速信号一般是恒定的或者变化较少的，在运行过程中更看中的是系统输出转速的稳定性及抗扰能力；而在位置伺服系统中，系统给定的参考位置信号是一组随机变化的信号（对于系统来说，它没有可预测性，所以可认为是随机的），而且变化频率非常高，如何快速地、精确地跟随系统这一组给定位置参考信号的变化，是位置伺服系统要解决的首要问题。位置环中一般不考虑系统的抗扰问题，而是将抗扰性能放到转速调节器中进行考虑。

以光电编码器作为系统的位置信号采集装置，其位置信号采用脉冲表示，其位置伺服系统框图如图 2-56 所示。为分析位置控制的特性，将位置调节器输出的转速参考信号到执行电动机输出的实际转速信号视为被控对象，则转速参考信号-转速信号之间的等效传递函数可由式（2-77）表示。

$$\frac{n(s)}{n_{\text{ref}}(s)} = \frac{\omega_{\text{n}}(2\xi - \beta)s - \omega_{\text{n}}^2}{s^2 + 2\xi\omega_{\text{n}}s + \omega_{\text{n}}^2} \tag{2-77}$$

式中，$n(s)$ 为执行电动机输出的实际转速的拉式变换；$n_{\text{ref}}(s)$ 为位置调节器输出量转速参考信号（转速指令）的拉式变换；ω_{n} 为系统无阻尼振荡频率；ξ 为系统阻尼比；β 为系统的反馈系数。

图 2-56 中，X_{ref}、X 分别为以脉冲表示的位置指令和执行电动机实际位置信号；n_{ref}、n 分别为脉冲表示的转速指令和执行电动机实际转速信号；K_θ 为位置调节器增益。设光电

编码器随电动机转子转动一周产生 N 个脉冲，图 2-56 中，位置信号 θ^*、θ 及转速信号 ω^*、ω 的单位分别是 rad 和 rad/s，以脉冲表示时，对应的信号 X_{ref}、X 和 n_{ref}、n 的单位分别为脉冲数和每秒脉冲数，其单位转换关系为 $X=(N/2\pi)\theta$（转速信号的转换关系可类推）。

位置伺服控制的给定参考信号形式不同，所表现出的性能特性也不同。较为典型的三种给定参考信号形式有：位置输入（或称位置阶跃输入）、转速输入（或称斜坡输入）、加速度输入（或称抛物线输入）。下面以斜坡输入为例，对位置伺服系统的性能特性加以说明。

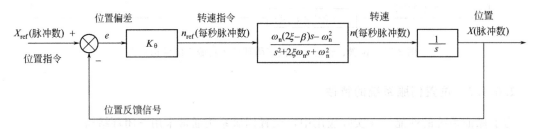

图 2-56　利用光电编码器进行位置信号采集的位置伺服系统框图

这时，位置指令的曲线如图 2-57 所示。位置指令 X_{ref} 的波形如图 2-57(a) 所示，是一条斜率恒定的直线，把这个波形微分，则产生出阶跃速度指令，如图 2-57(b) 所示。也就是说，当位置输入信号为斜坡信号时，就相当于把阶跃速度指令信号加在速度控制系统上，系统的输出速度响应也就是阶跃响应。此时，系统的转速响应曲线如图 2-58 所示。在位置伺服系统中，一般不希望出现转速超调的情况，此时，调节器的增益 K_θ 应满足式(2-78)。

$$K_\theta \leqslant 15\omega_n \qquad (2-78)$$

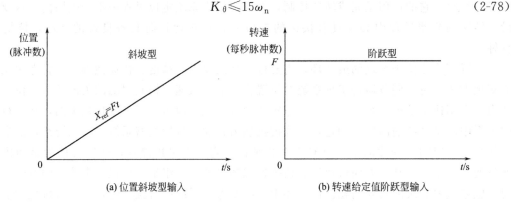

图 2-57　位置指令曲线

一定条件下，K_θ 取值不同时，系统的转速响应曲线如图 2-58 所示。可见，当 K_θ 取值越小时，系统响应时间越长，反之则具有更小的响应时间；但 K_θ 取值过大，系统将会出现超调的情况，在位置伺服系统中这是不允许的。

前文所述的位置调节器采用的是参数为 K_θ 的比例调节器，此时整个系统可近似为一个一阶惯性环节。伺服系统中，对位置给定值响应的快速性、精确性要求都非常高，所以，系统在设计过程中还必须经过动态校正。为了保证系统的快速跟随能力，要求位置环必须具有较高的截止频率（截止频率从一定程度上讲是系统快速性的体现）。图 2-55 的三闭环位置伺服系统中，从内环到外环依次是电流环、转速环和位置环，在进行工程设计对外环分析时，需要将其内环的所有装置、系统都视为一个等效环节，这时必须遵循"内环→外环"的设计顺序，同时还要满足外环的截止频率必须远低于内环的截止频率这个先决条件，以保证这种等效变换的有效性。位置环位于最外环，其截止频率会被其内环截止频率限制得过低，影响

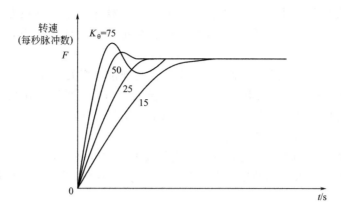

图 2-58　K_θ 不同取值时的阶跃响应（在 $\xi=1$，$\beta=1$，$\omega_n=100$ 条件下）

系统快速响应，为了解决这一问题系统可引进 PD 控制器、PID 控制器、并联校正、反馈校正等方法实现位置调节器。

上文已经提到在位置伺服系统中，在机械加工类伺服系统中，超调量通常是不被允许的，这是由于这些系统精密度较高，若位置伺服系统控制过程中存在超调（实际位置超过给定参考值）则可能造成轨迹跟随振荡，甚至损坏刀具或工件，影响控制准确性、降低工具寿命。所以，在考虑如何提高系统的快速性时，必须要结合位置伺服系统应用场合对超调量的接受程度来选定控制器的实现方法。例如，在严格不允许存在超调量的场合，采用了 PID 或者 PI 控制器，若转速给定参考值较大，因为 PID 控制器内存在积分作用，系统虽已达到给定值位置，但电动机仍高速运转，导致超调量的产生，在经过一段时间的调节后系统才会真正达到稳态。所以，PID 或 PI 控制器不适合这种不允许有超调的场合，此时大多数采用比例控制器。

2.6.2　多轴运动协调控制技术简介

2.6.2.1　多轴运动协调控制器及其控制方案

多轴运动控制系统中的多轴协调控制由多轴运动控制器完成，它是一个底层伺服驱动控制器。与单轴调速系统中的运动控制器一样，多轴运动控制器也是以微处理器为核心的，但在设计过程中需要考虑的问题更多，除调速系统中也要考虑的软件编程、合适的电流和转速控制算法、各运动部件的实时驱动、转速的检测之外，还需要考虑如何完成协调控制、运动轨迹的设计与实现问题、位置控制算法的选取、位置误差的检测、加速度的检测等，以达到作业任务要求的控制效果并对相关不利情形自动做出及时的反应。

目前市面上的运动控制器类型很多，但无论采用什么类型的运动控制器，其核心功能都是以下三个：①接收控制指令（计算机、人工输入等方式）；②接收位置传感器采集到的位置信息；③向功率驱动电路输出运动指令。伺服电动机的位置闭环系统主要功能是按照要求完成位置控制，一般称为数字伺服运动控制器，可应用于所有形式电动机的位置闭环控制。另外，还有一种伺服控制方法是将伺服电动机的闭环控制视为一个步进电动机进行开环控制，这种方法不仅可简化控制算法，还可直接使用应用于步进电动机的控制器和软件进行系统设计，一般称为步进伺服控制器。

为伺服控制系统专门开发的专用运动控制器，将轨迹规划中的插补算法实现与位置闭环控制算法的实现分割开来，这种方法可减少处理器计算量，且在专用控制器中所有的控制参数均由程序设定，具有硬件结构简单、系统结构灵活等特点，有利于提高系统的可靠性。

随着电力电子技术、计算机数字控制技术、控制理论等相关领域的不断发展，数字化的运动控制器已经在运动控制领域取代了封闭型的模拟运动控制系统。在数字化的大背景下，多轴运动控制系统的设计与调速系统类似，按照下列步骤展开：

① 结合控制对象，分析系统控制目标；

② 选用适当的执行与驱动装置，确定电动机类型及主电路结构；

③ 根据电动机类型及驱动装置特点，选用合适的运动控制器，尽可能地提高控制效率、降低系统成本。

目前市面上较为常见的伺服系统（包含执行电机和驱动器）一般都具有电流/力矩控制、转速控制和位置控制三大功能，运动控制器作为实现对伺服系统控制的装置，除了完成轨迹规划以外，根据伺服系统的功能不同也可以具有转速控制、位置控制功能。所以对于多轴的运动协调控制系统，可采用三种不同的方案来实现。

① 电流/力矩控制、转速控制、位置控制均在伺服系统中完成，配套的运动控制器仅需完成轨迹规划功能，如图 2-59 所示。这种运动控制器造价低，且具有良好的稳定性和可靠性。

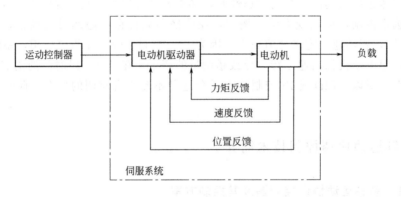

图 2-59　运动控制系统实现方案 1

② 电流/力矩控制、转速控制在伺服系统中完成，配套的运动控制器完成轨迹规划和位置控制功能，如图 2-60 所示。这种运动控制器造价低，且具有良好的稳定性和可靠性。此方案的控制精度相对于第一种方案有所提高，但对于运动控制器而言其内部信号的调整方式更加复杂。图 2-60 中，运动控制器接收位置传感器采集到的位置信号完成位置环控制功能，向伺服系统提供的控制信号根据伺服系统的不同，可以是模拟的电压信号也可以是数字信号，若为数字信号，控制器与驱动器之间一般利用某种通信协议完成数据交互；同样的，位置信号的反馈量也可以是模拟的或者数字的。

③ 伺服系统中仅完成电流/力矩控制，配套的运动控制器完成轨迹规划、转速控制和位置控制功能，如图 2-61 所示。与第一种方案正好相反，这种系统的实现方案中可以采用价格相对低廉、结构相对简单的驱动装置来组成伺服系统，而所使用的运动控制器则相对复杂，成本也相对较高。在多轴运动控制系统中，由于需要由多个驱动装置，因此这种控制方案很可能会降低系统的总体成本。但是，在市面上除了部分提供成套解决方案的厂家外，较少采用这种方案完成系统设计。

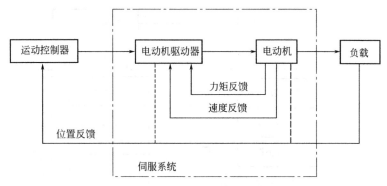

图 2-60 运动控制系统实现方案 2

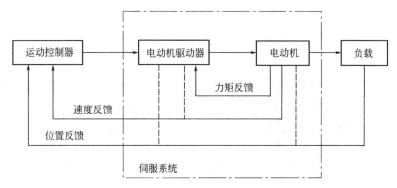

图 2-61 运动控制系统实现方案 3

2.6.2.2 多轴运动控制的应用

多轴运动控制的应用广泛地分布于生产、生活中，其典型的应用领域有工业机器人、数控机床等。

（1）工业机器人

国际标准化组织（ISO）对机器人的定义如下：机器人是一种自动的、位置可控的、具有编程能力的多功能操作装置；机器人一般具有多个控制轴，可通过软件编程完成多轴的协调控制，实现零件加工、物料搬运等既定任务。如图 2-62 所示，从运动控制角度来看，机器人控制系统可分为机器人机械结构、控制器、外部环境和任务四个部分。

机器人机械结构主要包括：末端的执行机构、连杆（含减速机构）、关节机构；外部环境是指机器人工作期间所处的周围环境，包括了机器人运动的几何条件及其相互关系等；任务是指机器人要完成的动作，任务本身是一个文字或者口语化的描述，需要操作人员将其转化为处理器可识别的计算机语言并存入处理器中；控制器是机器人的核心部件，一般由微处理器、计算机等智能处理单元构成，利用编入的程序实现对外部传感器输入的信号处理、各类控制算法的实现、根据工作任务向机器人各部件发送控制指令等功能。

由于其高度的通用性，工业机器人已在汽车、集成电路生产、医疗器械、生活消费品生产等领域得到了广泛的应用。下面以 ABB 公司的 IRB910SC 工业机器人为例，对工业机器人的结构展开介绍。如图 2-63 所示，IRB910SC 具有一个 SCARA 型平面关节的机械臂，此机械臂包含有 4 个运动轴，其中 A 轴和 B 轴用于确定 X-Y 平面内的坐标，C 轴用于调整末端（工具）的工作角度，D 轴沿着 Z 轴方向做直线运动。IRB910SC 的这种 SCARA 型机械

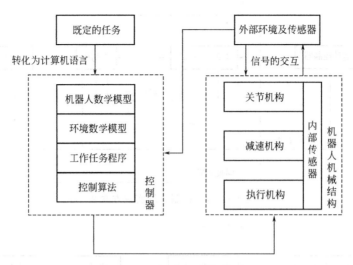

图 2-62　机器人控制系统组成

臂结构简单，经过合适的控制后能够具有响应速度快、控制精度高、柔性好等优点。另外，ABB 公司的 IRB1200、IRB1600 等工业机器人在实际的生产中也得到了广泛的应用。如图 2-64 所示，它们是一种多关节结构的机器人，具有 6 个自由度，其末端的位置由前 3 个关节（S 轴、L 轴和 U 轴）来确定，而末端的姿态由后 3 个关节（R 轴、B 轴和 T 轴）确定，与 SCARA 型的 4 自由度机器人相比，6 自由度机器人具有更大的灵活性。

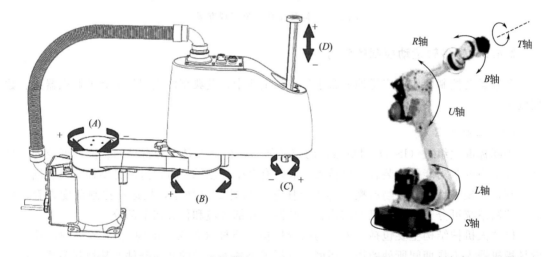

图 2-63　IRB910SC 工业机器人　　　　　图 2-64　六自由度工业机器人

（2）数控机床

通常，数控机床需要由多个运动轴进行同时、协调的运动，只有通过多轴运动控制系统的合理控制才能使得数控机床达到加工要求，即实现多轴的联动控制。典型的实例有：数控铣床三个直线坐标的运动控制、数控车床进给运动的插补控制等。在数控机床中，联动轴数越多其控制难度就越大，但是在实际生产过程中部分零件的加工需要有五个运动轴联动才能够完成，例如汽车发动机增压器叶轮。联动轴数量是数控机床加工能力的一项重要参数，因此数控机床可按照其联动轴数来划分，分为二轴数控机床、三轴数控机床、四轴数控机床和五轴数控机床等。

2.6.2.3　多轴运动协调控制的控制模式

多轴运动协调控制的实现方法有：点位控制、运动规划、同步运动控制（电子齿轮/电子凸轮）、连续轨迹控制、PT（位置时间）曲线自定义等。

（1）点位控制

点位控制实际上是一种对中、终点位置进行约束的控制方法，这种控制方法理论上与机构的运动过程（即运动轨迹）无关。点位控制要求运动控制器具有较快的定位速度，定位过程中的加速和减速过程采用不同的控制策略。启动和加速过程中，通过加大系统增益来提高系统响应的快速性；而在减速过程中，可采用 S 曲线减速的方法实现，为了保证定位精度（避免过大超调或者消除超调），在减速时应减小系统的增益。所以，具有点位控制功能的运动控制器往往是一个具有在线调节参数和可变减速曲线能力的控制器。在伺服系统方面，点位控制要求其具有较快的定位效率和精确的定位精度，其中定位精度（即稳态误差）是其最重要的性能指标。利用点位控制实现多轴运动协调控制的典型应用有：SMT、IC 插装机、PCB 钻床、包装系统、电子显微镜、电焊机、折弯机等。

（2）运动规划

运动规划实际上是一种提前形成机构运动位置、速度随时间变化的曲线，并输入控制器，使得运动机构能够按照这个曲线进行运动的方法。确定一个合理的运动曲线是运动规划方法实现多轴协调控制的一项重要任务，合理的运动曲线不仅可以降低对传动机构中机械零件的要求，还可以提高系统的控制精度。运动规划方法可以利用冲击约束、加速度约束和速度约束方法实现，在通用运动控制器中，操作人员可以直接调用相应的约束函数实现运动规划。若单一约束的方法无法获得理想的动态特性，可采用多变量约束实现运动规划（如速度和加速度同时约束）；但对于小行程、高加速度的快速定位系统，其超调量和定位时间均有非常严格的要求，需要有高阶导数连续的运动曲线（如 SMT）。

（3）同步运动控制

同步运动控制是指多轴运动的协调控制，它可以是运动全过程的多轴同步控制，也可以是局部时间段内的速度同步，主要应用于需具备电子齿轮箱或电子凸轮功能的运动控制系统。此类运动控制器通常采用自适应前馈控制算法，即用控制量幅值和相位的自动调节的方法实现输入端叠加一个与干扰量幅值相等、相位相反的量达到干扰抑制的作用，以保证系统的同步控制。其中，①电子齿轮型同步运动控制可以实现多个运动轴按照预先设定好的齿轮比同步运动，非常适用于无轴传动的控制系统；电子齿轮型同步运动控制还可以让一个轴的齿轮比按照设定的函数变化，这个函数可由其他轴的运动情况确定，例如智能缝纫机的 Z 轴（缝线轴）可以根据 X 轴和 Y 轴（移动轴）的运动情况（速度等）确定出一个函数进行齿轮比的变化，使得缝针脚距均匀。②电子凸轮型同步运动控制可以通过软件方式改变"凸轮"形状，省略了制作不同机械凸轮的过程，大大地简化了加工过程；具有电子凸轮功能的运动控制器主要应用于异型切割、淬火加工等领域。同步运动控制的典型应用有：无轴转动的套色印刷、拉丝机、造纸机械、包装机械、钢板延压等。

（4）连续轨迹控制

连续轨迹控制又称轮廓控制，主要实现的就是运动机构的运动轮动控制，主要应用于切割系统及传统的数控系统中。具有连续轨迹控制功能的运动控制器应具备以下特性：①高速运动过程中的高精度轮廓轨迹控制；②刀具沿轮廓轨迹运动过程中的恒定切向速度；③进行小段加工时具有多段程序预处理功能。同时，要求伺服系统具有跟随误差小、速度稳定、调速范围宽等特性。连续轨迹控制的典型应用有：激光切割机、超声波焊接机、数控车床、数控铣床、激光雕刻机等。

另外，一般情况下，为了满足设备调试或者演示的需要，多轴运动控制器还需具备点动功能，即按住点动按钮，设备按照设定好的规则低速运转，松开按钮则停止。除此之外，根据应用场合的需要，运动控制器还可以添加其他附加功能，如比较输出功能，即在运动控制器将执行机构的位置控制到预定的位置后，运动控制器内部输出开关量，这个（这些）开关量不会对运动控制过程产生任何影响，激光切割机中激光头达到既定的位置即可开启激光发射功能进行激光切割。

2.6.3 多轴运动控制中的插补原理

如上所述，对多轴运动控制系统中的两个或两个以上的控制轴进行协调控制可带动末端机构或工具完成指定的任务，如数控机床中加工出复杂的零件形状。为了成功地执行这些控制方法，应将末端机构或者工具的运动轨迹分解为相关各个轴的运动，通过每个轴的单独位置创建出末端机构或者工具的运动轨迹。如图 2-65(a) 所示，末端机构在 X-Y 平面上需要从 P_1 点以进给速度 V_f 运动到 P_2 点，则在实现过程中可根据这个进给速度将整体移动分为沿 x 轴和 y 轴的单个位移，进而生成如图 2-65(b) 所示的 x 轴和 y 轴的速度命令集合。这就是插补的基本概念。

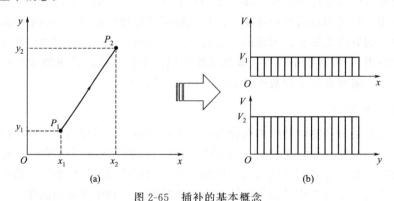

图 2-65 插补的基本概念

完成插补过程的装置或者程序集合称为插补器，由上可知，为了能够从给定的轮廓和进给速度中成功地获取多个轴的位置和速度，插补器应具备以下特性：

① 输入到插补器的原始数据应接近实际给定的轮廓形状；

② 计算各轴速度时，应考虑机床结构和伺服系统特性对不同轴速度的限制；

③ 为了使插补后的末端机构最终位置尽可能地与给定位置重合，应避免误差的累积。

根据实现方法的不同，插补器可以分为硬件插补器和软件插补器。硬件插补器是由各种数字逻辑电路组成的，在数控系统问世之前主要采用硬件插补器完成插补功能。随着数字技术、微电子技术的发展，目前运动控制系统中的插补器基本采用软件实现，而硬件插补仅应用于个别简单的控制系统。

插补是多轴运动控制的重要任务之一，为了满足末端机构运动的实时控制要求，插补的运算也必须是实时的，即必须在很短的有限时间内完成一次插补过程的所有运算任务。插补过程的运算速度和运算精度会直接对整个运动控制系统的性能指标产生影响。

2.6.3.1　硬件插补

硬件插补是指一种通过纯硬件电路计算和产生脉冲完成插补过程的实现方法。硬件插补的主要优势是由于无需经过复杂的软件计算，其运算速度较快，基本可以满足运动控制系统中的实时控制要求；但由于硬件电路可调整性差，由其实现的插补器基本是固化的，因此仅可通过改变个别可调电阻或电容改变部分参数，而无法适应新的算法或进行大量的算法修改。硬件插补的一种典型方法是数字积分法（Digital Differential Analyzer, DDA），DDA 插补法也可利用软件方法实现，本节将介绍一种基于 DDA 的硬件插补实现方法。

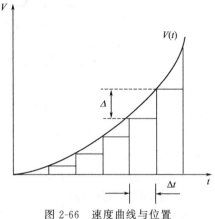

图 2-66　速度曲线与位置函数的估计

（1）DDA 积分器的实现

DDA 硬件插补器是基于数字积分方法的，其中 DDA 是一种利用数字电路组成的数字积分器。为了更好地了解 DDA 插补，首先介绍下插补的基本原理。如图 2-66 所示，当给定速度函数 $V(t)$ 时，位移函数 $S(t)$ 可通过求出速度曲线下方的所有矩形面积之和近似得到，计算公式如式（2-79）所示。

$$S(t) = \int_0^t V \mathrm{d}t \cong \sum_{i=1}^k V_i \Delta t \tag{2-79}$$

式中，Δt 表示迭代的时间间隔。若 $t = k\Delta t$，位移定义为 S_k，则式（2-79）可改写式（2-80）和式（2-81）。

$$S_k = \sum_{i=1}^{k-1} V_i \Delta t + V_k \Delta t \tag{2-80}$$

或

$$S_k = S_{k-1} + \Delta S_k \tag{2-81}$$

式中，$\Delta S_k = V_k \Delta t$。通过以下三个步骤位移计算。

① 当前速度由前一时间单位的速度加上当前时间单位的速度增量求得，见式（2-82）；

$$V_k = V_{k-1} + \Delta V_k \tag{2-82}$$

② 使用公式 $\Delta S_k = V_k \Delta t$ 计算当前时间单位的位移增量；

③ 用公式（2-80）求出前一时间单位的位移和当前时间单位的距离增量之和，计算出当前的总位移。

在每个 Δt 时间间隔内重复进行上述过程，完成迭代，迭代频率见式（2-83）。

$$f = \frac{1}{\Delta t} \tag{2-83}$$

上述过程可通过硬件电路的方式实现，其硬件电路结构如图 2-67 所示。

DDA 积分器由两个 N 位寄存器组成。Q 寄存器是一个 N 位二进制加法器，而 V 寄存器是一个 N 位双向计数器。下面对 DDA 积分器的工作过程进行介绍。

首先，利用式（2-82），输入量 ΔV 对 V 寄存器存储的数值进行更新（0 或 1），一次迭代过程中，对 V 寄存器的更新仅是对其最低位进行操作，$+\Delta V$ 通道输入 1 时 V 寄存器计数加

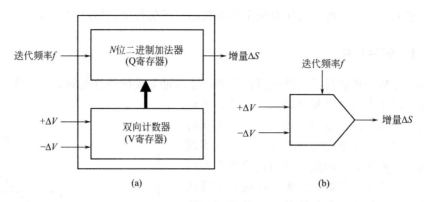

图 2-67　DDA 积分器硬件电路结构图

1，$-\Delta V$ 通道输入 1 时 V 寄存器计数减 1。Q 寄存器每隔 Δt 时间间隔（由迭代频率 f 决定）接收到一个脉冲，此时 N 位二进制加法器打开，将 V 寄存器中的值在 Q 寄存器中累加一次，累加后的结果存入 Q 寄存器，若 Q 寄存器发生溢出，则该溢出值即为位移增量 ΔS——作为 DDA 积分器的输出。

需要注意的是，由于 DDA 积分器输出端没有求和的功能（即 ΔS 在 DDA 积分器中未求和），因此需要添加一个额外的计数器电路来实现式(2-81)。利用上述数字电路实现的积分器第 k 次迭代输出的位移增量 ΔS_k 可由式(2-84) 表示。

$$\Delta S_k = 2^{-n} V_k \tag{2-84}$$

由于 $f\Delta t = 1$，式(2-84) 可变换为

$$\Delta S_k = 2^{-n} V_k (f\Delta t) = \frac{f}{2^n} V_k \Delta t \tag{2-85}$$

可得，ΔS 的带宽 f_0 为

$$f_0 = (\Delta S / \Delta t)_k = \frac{f V_k}{2^n} \tag{2-86}$$

由式(2-86) 可得，积分过程的带宽与迭代频率 f 和速度 V 成正比，而与 2^n 成反比（其中 n 是寄存器的位数，它决定了积分的分辨率）。所以，寄存器位数越多，通过硬件实现的积分运算精度越高。

（2）DDA 插补的硬件实现

DDA 硬件插补可进行线性插补也可进行圆弧插补，它们的电路简图如图 2-68 所示。基于零件形状和指令速度，计算各轴位移和速度的 DDA 硬件插值可以使用 DDA 积分器实现。图 2-68 显示了线性插补器和圆弧插补器的电路。

线性插补是指被控的末端机构在控制量的作用下，从起始点到目标点是线性运动的。一般来说，线性插补是通过同时控制二维平面上的两个轴或三维空间中的三个轴实现的。为了简化讨论，将以二维平面为例对线性插补进行介绍。

在进行二维线性插补时，两个轴的速度和位移都必须是同步。若 x 轴位移为 A，而 y 轴位移为 B，如图 2-69(a) 所示。此时，需要为 x 轴对应的硬件插补器输入与 A 相对应的迭代频率 f_A，为 y 轴对应的硬件插补器输入与 B 相对应的迭代频率 f_B，且 f_A 与 f_B 频比不变（频比由起始点与目标点的相对位置决定）。

DDA 线性插补的电路简图如图 2-68(a) 所示。此电路中由两个 DDA 积分器组成，x 轴和 y 轴的控制量分别由两个积分器分离输出。实现过程中，将每个轴的总位移存储在相应

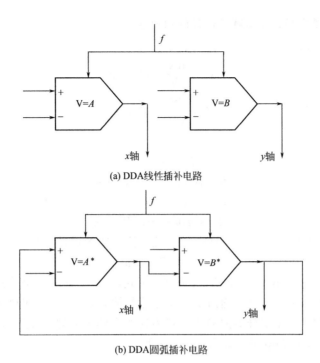

(a) DDA线性插补电路

(b) DDA圆弧插补电路

图 2-68　DDA 硬件插补电路

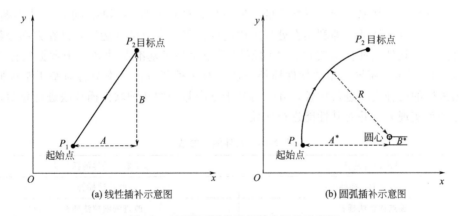

(a) 线性插补示意图　　　　　(b) 圆弧插补示意图

图 2-69　两种不同类型插补方法的示意图

的 DDA 积分器的 V 寄存器中（即 x 轴的 DDA 积分器的 V 寄存器设置为值"A"，y 轴的 DDA 积分器的 V 寄存器设置为值"B"），则 DDA 积分器的输出如式（2-87）所示。最后，将积分器的输出送入位置控制回路的输入端。

$$\begin{cases} \Delta S_x = (f/2^n)A\Delta t \\ \Delta S_y = (f/2^n)B\Delta t \end{cases} \tag{2-87}$$

DDA 圆弧插补示意图如图 2-69（b）所示，为了插补出图中所示的圆弧，起始点、目标点、圆弧半径在 DDA 圆弧插补时应满足以下方程

$$\begin{cases} (X-R)^2 + Y^2 = R^2 \\ X = R(1-\cos\omega t) \\ Y = R\sin\omega t \end{cases} \tag{2-88}$$

式中，R 为圆弧半径；ω 是圆弧运动的角速度。

进而计算出各轴的速度

$$\begin{cases} V_x = \dfrac{\mathrm{d}X}{\mathrm{d}t} = \omega R \sin\omega t \\[2mm] V_y = \dfrac{\mathrm{d}Y}{\mathrm{d}t} = \omega R \cos\omega t \end{cases} \tag{2-89}$$

推得

$$\begin{cases} \mathrm{d}X = \omega R \sin\omega t\, \mathrm{d}t \\[2mm] \omega R \sin\omega t\, \mathrm{d}t = -\mathrm{d}(R\cos\omega t) \end{cases} \tag{2-90}$$

$$\begin{cases} \mathrm{d}Y = \omega R \cos\omega t\, \mathrm{d}t \\[2mm] \omega R \cos\omega t\, \mathrm{d}t = +\mathrm{d}(R\sin\omega t) \end{cases} \tag{2-91}$$

基于式(2-90)及式(2-91)，可完成 DDA 硬件插补器的设计。将 $R\sin\omega t$ 存入 x 轴 DDA 积分器的 V 寄存器，$R\cos\omega t$ 存入 y 轴 DDA 积分器的 V 寄存器，则 x 轴和 y 轴对应的 DDA 积分器的输出分别为 $\omega R\sin\omega t\, \mathrm{d}t$ 和 $\omega R\cos\omega t\, \mathrm{d}t$。由式(2-88)下面两个等式可知，$x$ 轴 DDA 积分器的输出经过变换后可作为 y 轴 DDA 积分器的输入，而 y 轴 DDA 积分器的输出经过变换后也可作为 x 轴 DDA 积分器的输入。利用这两个输入和输出交叉连接的 DDA 积分器设计了一个 DDA 圆弧插补电路，如图 2-68(b) 所示。

2.6.3.2 软件插补

随着计算机控制技术、微电子技术的不断发展，处理器价格不断降低，尺寸不断缩小，功能不断强大，软件插补（即利用在处理器内的软件程序完成插补运算）已在大部分领域取代了硬件插补。软件插补根据实现方法的不同可分为基于基准脉冲和基于数据采样两种类型，如表 2-13 所示。不同类型的软件插补方法又有多种子方法，本节将对基于基准脉冲和基于数据采样的两种类型进行比较，并针对基于基准脉冲的几种软件插补法进行介绍，说明它们的原理和实现方法并对其性能进行比较。

表 2-13　软件插补方法

基于基准脉冲的插补法	基于数据采样的插补法
软件 DDA 插补	欧拉法插补
逐点比较法插补	改进的欧拉法插补
直接搜索法插补	泰勒法插补
	突斯汀法插补
	改进突斯汀法插补

基于基准脉冲的软件插补流程如图 2-70 所示。利用基准脉冲法完成插补的数控系统中有一个双向计数器，它用于比较来自软件插补器的基准脉冲与来自编码器的反馈脉冲，并根据比较结果计算出位置误差，最后将计算出的位置误差输入至功率驱动器驱动运动轴运动。基于基准脉冲的软件插补中，插补器所产生的脉冲总数决定了对应轴的位置，而脉冲频率决定了对应轴的运动速度，即中断频率决定了轴的运动速度；若要使得系统高速运转，那么软件插补器内的程序应尽量简单，处理器处理能力应尽量快。基于基准脉冲的软件插补法根据具体实现方式不同，又可分为数字积分（DDA）法软件插补、逐点比较法软件插补和直接搜索法软件插补。

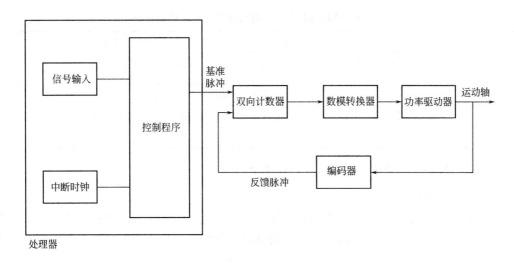

图 2-70 基于基准脉冲的软件插补法流程

在基于数据采样插补法中，如图 2-71 所示，与基准脉冲法不同，插值分两个阶段执行。第一阶段，将输入的给定轨迹分割成误差允许范围内的直线段；第二阶段，对近似直线段进行插值，并将插值结果发送至对应轴。一般来说，第一阶段称为粗插补，第二阶段称为精插补。当处理器性能较低时，采用软件插补器进行粗插补，硬件插补器进行精插补。根据第一阶段粗插补算法的不同，基于数据采样插补法又可分为欧拉法、泰勒法和突斯汀法。

基准脉冲法软件插补与数据采样法软件插补的比较如表 2-14 所示。在基准脉冲插补方法中，轴的进给速度受 CPU 速度的影响，但与数据采样插补方法相比，可以实现更高精度的控制。数据采样插值方法对轴的速度没有限制，适用于高速插补系统；但这种方法，轨迹采用的是直线逼近，在直线之间的连接位置会出现计算误差、舍入误差和累积误差，这些误差会导致较大的轨迹误差。此外，与基准脉冲法相比，该方法使控制回路更加复杂，处理器需要更大的内存来存储近似的直线段。

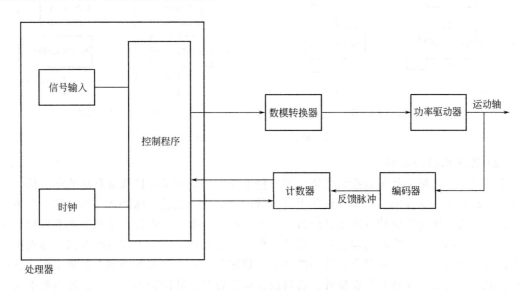

图 2-71 基于数据采样的软件插补法流程

表 2-14　基准脉冲法软件插补与数据采样法软件插补的比较

项目	基准脉冲法软件插补	数据采样法软件插补
描述	轴位移由基准脉冲数决定,脉冲频率决定轴的运动速度	计算单位采样时间的坐标点,并将计算出的数据传输到各轴
优点	适用于精度要求较高的系统	适用于快速性要求较高的系统
缺点	不适用于快速性要求较高的系统	不适用于精度要求较高的系统、控制电路复杂、内存占用量大
其他	处理器处理性能要求较高	—

下面对三种基准脉冲法软件插补进行详细介绍。

（1）软件 DDA 插补

软件 DDA 插补算法源于硬件 DDA，其执行过程与硬件 DDA 插补相同。图 2-72 是软件 DDA 插补算法的流程图，其中图 2-72（a）为线性 DDA 插补的算法流程图，图 2-72（b）为圆弧 DDA 插补的算法流程图。图中，L 是线性位移，变量 A 和 B 表示 x 轴和 y 轴的位移，变量 Q_1 和 Q_2 的初始值为零。在图 2-72（b）中，变量的初始值与线性插值的初始值相同，变量 R 是圆弧半径，变量 P_1 和 P_2 是圆弧的起点为坐标系原点时的圆弧的圆心位置坐标。

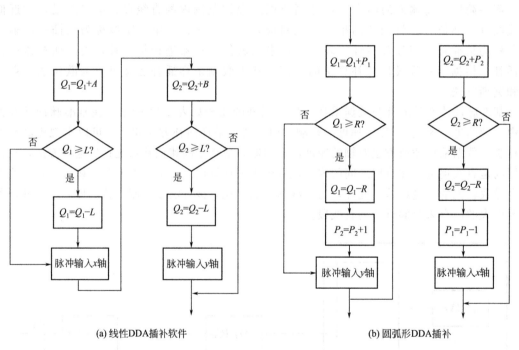

(a) 线性DDA插补软件　　　　　(b) 圆弧形DDA插补

图 2-72　软件 DDA 插补算法流程图

（2）逐点比较法插补

逐点比较法是早期我国数控机床常用的一种插补方法，它又称代数运算法或逐步法。其基本原理是：①每次仅向一个运动轴输出进给脉冲；②给一次进给脉冲运动轴位移一个单位长度；③每给一次进给脉冲（即运动轴每走一步）计算一次偏差函数；④判断末端机构所在的瞬时坐标同给定轨迹之间的偏差；⑤最后根据误差情况决定下一步的进给方向。逐点比较法中，每个插补循环由偏差判别、脉冲进给、计算偏差函数、终点判别四个步骤组成。逐点比较法也可进行直线插补和圆弧插补。其特点是运算直观，脉冲输出均匀，插补误差不大于一个脉冲当量，调节方便。

下面将对逐点比较法圆弧插补进行介绍。

在给定轨迹方向为顺时针时，逐点比较法圆弧插补的运动过程如图 2-73 所示。

假设末端机构或工具在第 i 次迭代后到达位置 (X_k , Y_k)。在该算法中，变量 D_k 可按式（2-92）算出。

$$D_k = X_k^2 + Y_k^2 - R^2 \qquad (2-92)$$

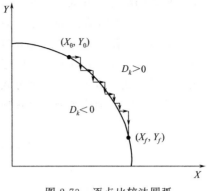

图 2-73　逐点比较法圆弧
插补的运动过程

步进的方向是根据 D_k 正负性、给定圆弧方向和位移所在的象限来确定的。例如，第一象限中沿顺时针方向进行圆弧运动，其算法如下。

① $D_k < 0$：这种情况表示末端机构位置 (X_k , Y_k) 位于圆弧的内侧，此时需驱动 x 轴向正方向移动。

② $D_k > 0$：这种情况表示末端机构位置 (X_k , Y_k) 位于圆弧的外侧，此时需驱动 y 轴向负方向移动。

③ $D_k = 0$：上述规则可以任选其一执行。

通过应用上述规则完成一次动作后，变更末端机构位置 (X_{k+1} , Y_{k+1}) 并重复该过程，直到末端机构达到目标位置 (X_f , Y_f)。

逐点比较法可根据不同象限、给定轨迹的不同运动方向确定 8 种不同的位移步骤，如表 2-15 所示。

表 2-15　逐点比较法插补 8 种不同位移步骤

序号	象限	轨迹方向	$D_k < 0$ 时的位移	$D_k > 0$ 时的位移
1	1	顺时针	x 轴正方向	y 轴负方向
2	1	逆时针	y 轴正方向	x 轴负方向
3	2	顺时针	y 轴正方向	x 轴正方向
4	2	逆时针	x 轴负方向	y 轴负方向
5	3	顺时针	x 轴负方向	y 轴正方向
6	3	逆时针	y 轴负方向	x 轴正方向
7	4	顺时针	y 轴负方向	x 轴负方向
8	4	逆时针	x 轴正方向	y 轴正方向

（3）直接搜索法插补

逐点比较法具有两个明显的缺点：①由于不考虑轴同时运动的情况，插补过程中需要进行大量的迭代运算；②在确定插补位置时，未对误差进行考虑。而直接搜索法可以搜索所有可能的方向并找到总误差最小的路径，克服了上述两个问题，并给出参考轨迹的最佳插补。所以，在实现过程中，直接搜索法需考虑轴的同时运动及路径误差问题。

直接搜索法中，变量 $D_{i,j}$（i 和 j 分别表示 x 轴和 y 轴已执行的步数）与径向误差 $E_{i,j}$ 成正比，所以，在讨论中，径向误差可由 $D_{i,j}$ 代替。

直接搜索算法可以搜索从当前位置移动的所有可能点，并通过估计可能点的 $D_{i,j}$ 找到误差最小的点。根据参考轨迹的运动方向和象限确定可能的点，如表 2-15 所示。例如，当指令第一象限的顺时针圆周运动时，应考虑三种情况。

① $D_{i,j}<0$：需驱动 x 轴向正方向移动。

② $D_{i,j}>0$：需驱动 y 轴向负方向移动。

③ $D_{i,j}=0$：驱动 x 轴向正方向移动的同时驱动 y 轴向负方向移动。

由上可见，此时情况③的处理方式与逐点比较法不同。

第一象限顺时针圆弧插补的直接搜索算法流程图如图 2-74 所示。

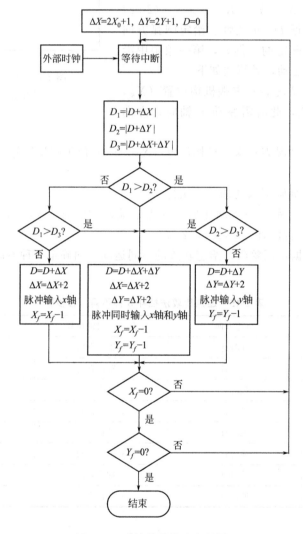

图 2-74　直接搜索算法流程图

直接搜索的最大误差为 $1/2$ 脉冲当量，与逐点比较法相比精度提高了一倍，为了保证直接搜索法能够完成圆弧的完整插补，其迭代次数 $N=\sqrt{2}R$，从迭代次数上看直接搜索法较逐点比较法少 30%，比软件 DDA 法少 20%。插补圆弧的最大允许半径与其他两种方法一致。为了保证末端机构能够随着给定速度 V_1 运动，直接搜索法的迭代频率应为

$$F=2\sqrt{2}V/\pi \tag{2-93}$$

基准脉冲插补算法的性能指标主要有：最大允许半径、最大误差、迭代次数、最大允许进给速度。经过分析，表 2-16 给出了三种基准脉冲插补算法的性能指标对比。

表 2-16　几种基准脉冲插补算法的性能指标比较

算法	最大允许半径	最大误差	迭代次数	最大进给速度	最小进给速度
软件 DDA	2^{n-2}	1	$(\pi/2)R$	F	F
逐点比较	2^{n-2}	1	$2R$	F	$(1/\sqrt{2})F$
直接搜索	2^{n-2}	1/2	$\sqrt{2}R$	$\sqrt{2}F$	

思考题与习题

2-1 有一个 PWM 变换器供电的直流调速系统，已知电动机参数：额定功率 $P_N=2.8\text{kW}$，额定电压 $U_N=220\text{V}$，额定电流 $I_N=15.6\text{A}$，额定转速 $n_N=1500\text{r/min}$，主电路的总阻值 $R_a=1.5\Omega$，整流装置内阻 $R_{rec}=0.2\Omega$，PWM 变换器的放大倍数 $K_s=31$。

　① 系统开环工作时，试计算调速范围 $D=100$ 时的静差率 s。

　② 当 $D=100$，$s=5\%$ 时，计算系统允许的稳态转速降落。

　③ 如组成转速反馈有静差调速系统，要求 $D=100$，$s=5\%$，在 $U_n^*=10\text{V}$ 时，$I_d=I_N$，$n=n_N$，计算转速负反馈系数 α 和放大器放大系数 K_s。

2-2 双闭环直流调速系统中，ASR 和 ACR 均为 PI 调节器，设系统最大给定电压 $U_{nm}^*=15\text{V}$，转速调节器输出限幅 $U_{im}^*=15\text{V}$，$n_N=1500\text{r/min}$，$I_N=20\text{A}$，电流过载倍数为 2，电枢回路总电阻 $R_a=2\Omega$，$K_s=20$，$C_e=0.127\text{V}\cdot\text{min/r}$，试求：

　① 当系统稳定运行在 $U_n^*=5\text{V}$，$I_{dL}=10\text{A}$ 时，系统的 n、U_n、U_i^*、U_i 和 U_c。

　② 当电动机负载过大而堵转时的 U_i^* 和 U_c。

2-3 在转速、电流双闭环直流调速系统中，调节器 ASR、ACR 均采用 PI 调节器。当 ASR 输出达到 $U_{im}^*=10\text{V}$ 时，主电路电流达到最大值 80A；当负载电流由 40A 增加到 70A 时，①U_i^* 和 U_c 如何变化？②U_c 值如何确定？

2-4 某反馈系统已校正为典型 I 型系统。已知时间常数 $T=0.1\text{s}$，要求阶跃响应超调量 M_p 不大于 10%。试求出：

　① 系统的开环增益。

　② 计算调节时间 t_s 和上升时间 t_r。

　③ 试绘制系统的开环对数幅频特性，若上升时间 $t_r<0.25\text{s}$，则开环增益 K 和超调量 M_p 分别是多少？

2-5 有一个系统，其控制对象的传递函数为 $W_{obj}(s)=\dfrac{K_1}{\tau s+1}=\dfrac{10}{0.01s+1}$，要设计一个无静差系统，在阶跃输入下系统超调量不大于 5%（线性系统）。试对系统进行动态校正，决定调节器的结构，并选择参数。

2-6 有一个闭环系统，其控制对象的传递函数为 $W_{obj}(s)=\dfrac{K_1}{s(\tau s+1)}=\dfrac{10}{s(0.02s+1)}$，要求校正为典型 II 型系统，在阶跃输入下系统超调量 $M_p\leqslant30\%$（线性系统）。试确定调节器结构，并选择其参数。

2-7 在一个由 PWM 变换器供电的转速、电流双闭环直流调速系统中，PWM 变换器的开关频率为 8kHz。已知电动机的额定数据为：$P_N=60\text{kW}$，$U_N=220\text{V}$，$I_N=308\text{A}$，$n=1000\text{r/min}$，电动势系数 $C_e=0.196\text{V}\cdot\text{min/r}$，主回路总电阻 $R=0.1\Omega$，变换器的放大倍数 $K_s=35$。电

磁时间常数 $T_l=0.01\text{s}$，机电时间常数 $T_m=0.12\text{s}$，电流反馈滤波时间常数 $T_{oi}=0.006\text{s}$，转速反馈滤波时间常数 $T_{on}=0.015\text{s}$。额定转速时的给定电压 $(U_n^*)_N=10\text{V}$，调节器 ASR、ACR 饱和输出电压 $U_{im}^*=8\text{V}$，$U_{cm}=7.98\text{V}$。系统的静、动态指标为：稳态无静差，调速范围 $D=10$，电流超调量 $M_{pi}\leqslant 5\%$，空载启动到额定转速时的转速超调量 $M_{pn}\leqslant 10\%$。试求：

① 确定电流反馈系数 β（假设启动电流限制在 1.1A 以内）和转速反馈系数 α。

② 试设计电流调节器 ACR，计算其参数 R_i、C_i、C_{oi}；画出其电路图，调节器输入回路电阻 $R_0=40\text{k}\Omega$。

③ 设计转速调节器 ASR，计算其参数 R_n、C_n、C_{on}（$R_0=40\text{k}\Omega$）。

④ 计算电动机带 40% 额定负载启动到最低转速时的转速超调量。

⑤ 计算空载启动到额定转速的时间。

2-8 按照磁动势等效、功率相等原则，三相坐标系变换到两相静止坐标系的变换矩阵为：

$$C_{3s/2s}=\sqrt{\frac{2}{3}}\begin{bmatrix} 1 & -\dfrac{1}{2} & -\dfrac{1}{2} \\ 0 & -\dfrac{\sqrt{3}}{2} & -\dfrac{\sqrt{3}}{2} \end{bmatrix}$$

现有三相正弦对称电流 $i_A=I_m\cos\omega t$，$i_B=I_m\cos(\omega t-2\pi/3)$，$i_C=I_m\cos(\omega t+2\pi/3)$，求变换后两相静止坐标系下的电流 $i_{s\alpha}$ 和 $i_{s\beta}$。

2-9 两相静止坐标系到两相旋转坐标系的变换矩阵为：

$$C_{2s/2r}=\sqrt{\frac{2}{3}}\begin{bmatrix} \cos\varphi & \sin\varphi \\ -\sin\varphi & \cos\varphi \end{bmatrix}$$

根据题 2-8 求出的 $i_{s\alpha}$ 和 $i_{s\beta}$，进一步求出两相旋转坐标系下的电流 i_{sd} 和 i_{sq}。

2-10 根据式(2-52)～式(2-54)，说明交流电动机矢量控制工作过程。

2-11 详细说明基于开关表的直接转矩控制策略的工作过程。

2-12 位置伺服系统分为哪几类？分别具有什么特征？

2-13 什么是插补？它具有哪些方法？

2-14 简述逐点比较法圆弧插补过程，并绘制出插补轨迹。

第 3 章

运动控制系统的数字控制

3.1 运动控制系统传感器概述

信号采集装置是运动控制系统的重要组成部分，而传感器则是信号采集装置的最重要部件，传感器所采集信号的准确程度关系到控制器控制的准确性，不准确的信号输入控制器甚至导致系统的不稳定。

传感器是能感受规定的被测量并按照一定的规律转换成可用输出信号的器件或装置。被测量通常是模拟量信号，如连续变化的温度、压力、流量、物位、浓度、位移、速度、加速度、力等；部分被测量可以是开关量信号，如物体的有无、位移限位等[16]。

基于电量便于传输、转换、处理、显示等特点，现代的传感器一般情况下都是将非电量转换为电量进行输出。按照输出信号的类型不同，传感器可分为模拟式传感器和数字式传感器两种。模拟式传感器直接对被测量进行检测，无需经过量化处理，其检测精度与量程有关。小量程的情况下模拟式传感器具有较高精度的检测，它将采集的信号送入处理器前要经过 A/D 转换。数字式传感器对被测量进行检测并量化后将信号以脉冲或者二进制编码的形式送入处理器，为了让处理器能够准确获取这种数字信号，传感器与处理器之间的数据传输通常会遵循某种通信协议（如 I^2C、SPI 等）。数字式传感器的检测精度取决于其检测单位，与传感器量程无关，同时，数字式传感器还具有结构简单、抗干扰能力强的优势。

传感器内部通常有敏感元件和转换元件两个部分。敏感元件用于对被测量的感应或者响应，起到的是检测作用；而转换元件则用于将敏感元件感应到的被测量转换成电信号，一般情况下转换元件输出的电信号的变化需与被测量的变化呈线性关系（为了方便测量，若无法呈线性关系，则需呈一定的函数关系并在传感器说明书中加以说明）。传感器输出的电信号通常是比较微弱的，需要经过调理和转换电路进行放大、调制等。传感器的主要性能指标包括：精度、线性度、灵敏度、迟滞、漂移、延时、重复性和频率响应特性等。

由前面内容可知，运动控制系统是一种对执行机构的位置、速度、加速度、转矩等运动参数进行精确控制的系统，为了保证控制的精确性，运动控制系统通常采用闭环结构，需要有传感器对其运动参数进行实时、精确的采集。作为运动控制系统的重要组成部分，传感器的精度和实时性对系统的控制精度影响较大。运动控制系统中的被测运动参数经过传感器的采集，输出与之相对应的电压、电流、脉冲或者二进制编码等形式。运动控制系统中最为常用的传感器是位置传感器，位置传感器从信号形式角度也可分为模拟式和数字式两种；从运动形式角度可分为旋转型与位置型两种；从感应原理角度可分为光电型、压电型、霍尔效应型、电磁感应型、压阻效应型等。在旋转机构的运动控制系统中，常用的传感器包括：旋转变压器、旋转光电编码器、直线光栅尺等；精密和超精密的运动控制系统中，激光干涉仪是常用的位置传感器；而电容式或者电感式传感器常用于高精度运动控制系统的微位移测量。

位置/转速传感器的分类详见表 3-1。

表 3-1　位置/转速传感器的分类

分类		增量式	绝对式
位置传感器	旋转型	脉冲编码器、自整角机、旋转变压器、圆感应同步器、光栅角度传感器、圆光栅、圆磁栅	多极旋转变压器、绝对脉冲编码器、绝对值式光栅、三速圆感应同步器、磁阻式多极旋转变压器
	直线型	直线感应同步器、光栅尺、磁栅尺、激光干涉仪、霍尔位置传感器	三速感应同步器、绝对值磁尺、光电编码尺、磁性编码器
转速传感器		交、直流测速发电机、数字脉冲编码式速度传感器，霍尔速度传感器	速度角度传感器、磁敏式速度传感器

3.2　运动控制系统中的检测及滤波技术

3.2.1　旋转变压器

旋转变压器（Resolver）是一种将转子的转角转换为与之呈一定函数关系的电信号的装置，通常又称为同步分解器或者回转变压器，一般由高精度的、结构和工艺精细的微发电机构成。旋转变压器输出的与位置信号相关的电信号是连续的模拟量，需要经过高频的数字化处理以便于向运动控制系统驱动器或者控制器实时地提供精确的位置/转速信号。旋转变压器还具有结构坚固、耐用的特点，在高振动和高温环境下表现出了比增量式光电编码器更优秀的检测性能。

3.2.1.1　旋转变压器的结构与工作原理

旋转变压器从结构上看，包含了定子和转子两个部分，一些旋转变压器还设置了输出变压器。定子和转子内部都嵌有绕组，定子绕组为旋转变压器的原边，而转子绕组为旋转变压器的副边。如图 3-1(a) 所示，定子铁芯上嵌入结构相同且空间上正交的两相绕组，分别通过相位差为 $90°$、频率远高于工频的励磁电流；而转子铁芯上一般设置一个绕组（有些旋转变压器转子设置有两相正交的绕组，可将其中一相短接使用），如图 3-1(b) 所示。

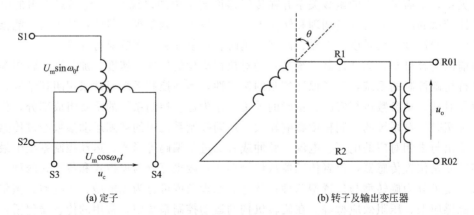

(a) 定子　　　　　　　　　　　　　　　　(b) 转子及输出变压器

图 3-1　旋转变压器结构示意图

旋转变压器通过正弦交流电后，其定子与转子间的气隙磁通也将按照正弦规律分布，此时转子绕组产生感应电动势,其输出电压的大小与定子和转子绕组在轴线上的夹角有关。下面从定子一相绕组对转子感应电动势的影响展开,对旋转变压器工作原理进行分析。

如图 3-2 所示,若定子的一相绕组两端加载交变电压 $u_c = U_m \cos \omega_0 t$,则当转子绕组轴线与其垂直时 [图 3-2(a)],转子绕组的感应电动势为 0;当转子绕组轴线与其平行时 [图 3-2(c)],转子绕组感应电动势达到最大;而它们之间的夹角为 θ 时 [图 3-2(b)],转子绕组的感应电动势如式(3-1) 所示。

$$u_r = k_1 U_m \cos \omega_0 t \sin \theta \tag{3-1}$$

式中,k_1 为该定子绕组与转子绕组的变压比;θ 为两个绕组轴向夹角,即转子相对于定子的某基准位置的转角;U_m 为励磁电压幅值;ω_0 为交流励磁电压角频率。

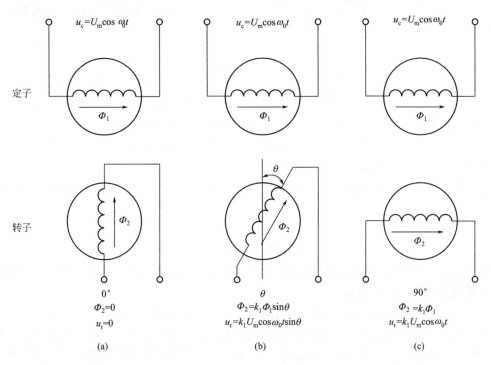

图 3-2　旋转变压器的工作原理图解

由式(3-1) 可知,转子绕组感应电动势的幅值与转子的转角 θ 呈一个确定的函数关系,这个函数关系中除了转子绕组电压 u_r 和转子转角 θ 外,其他量均为已知量,所以在利用旋转变压器作为位置传感器时,可以通过测量转子绕组电压 u_r 推算出转子位置 θ。

在实际应用中,定子的两相绕组分别加载同频率的、相位差为 $90°$ 的励磁电压(正弦绕组电压 $u_s = U_m \sin \omega_0 t$ 和余弦绕组电压 $u_c = U_m \cos \omega_0 t$),在这两相励磁电压的作用下,转子绕组的感应电动势如式(3-2) 所示。

$$u_r = k_1 U_m \cos \omega_0 t \sin \theta + k_1 U_m \sin \omega_0 t \cos \theta = k_1 U_m \sin(\omega_0 t + \theta) \tag{3-2}$$

经过输出变压器后,旋转变压器的输出电压 u_o 可由式(3-3) 表示。

$$u_o = k U_m \sin(\omega_0 t + \theta) \tag{3-3}$$

式中,k 为旋转变压器的合成变压比(含定子与转子绕组间的变压比 k_1 和输出电压器的变压比 k_2,$k = k_1 k_2$)。

由式(3-3) 可知,旋转变压器的输出电压信号与给定的励磁电压信号频率相同,但相位和幅值均不同,如图 3-3 所示。在实际应用中,旋转变压器的转子与旋转机构同轴安装,定

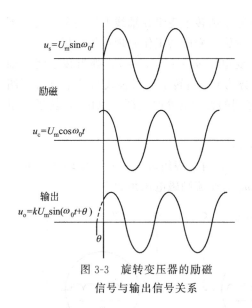

$$u_s = U_m \sin\omega_0 t$$

励磁

$$u_c = U_m \cos\omega_0 t$$

输出
$$u_o = kU_m \sin(\omega_0 t + \theta)$$

θ

图 3-3 旋转变压器的励磁
信号与输出信号关系

子固定安装。由图 3-3 可知，对于定子的正弦励磁电压 $u_s = U_m \sin\omega_0 t$，若其转子从基准位置开始有了 θ 的角位移，则旋转变压器的输出电压 u_o 相对于 u_s 也会存在相位差 θ，所以，将这个相位差经过信号处理提取出来便可得到旋转机构的旋转角度位置（由于同轴安装，旋转机构的旋转位置与旋转变压器转子旋转位置一致）。

3.2.1.2 旋转变压器的信号处理

由上可知，旋转变压器对旋转机构进行位置信号采集时，其有效信息存在于旋转变压器输出电压的相位中，而相位信号是无法直接被处理器获取的，需要经过信号处理过程。旋转变压器信号处理的工作方式有鉴相型和鉴幅型两种。

鉴相工作方式下，直接测量旋转变压器输出信号的相位，再由式(3-3) 推算出转子相对于定子的转角 θ，即可测出旋转机构的位置信息。

鉴幅工作方式下，在旋转变压器定子的两相绕组中分别加上一对同频、同相但不同幅值的交流电压

$$u_s = U_m \sin\varphi \sin\omega_0 t$$
$$u_c = U_m \cos\varphi \sin\omega_0 t$$

式中，φ 为旋转变压器的电相角。这两相电压在转子绕组中产生感应电动势，再经过输出变压器得到旋转变压器的输出

$$u_o = kU_m \sin\varphi \sin\omega_0 t \sin\theta + kU_m \cos\varphi \sin\omega_0 t \sin\theta = kU_m \sin\omega_0 t \sin(\varphi + \theta)$$

实际应用中，可改变定子绕组励磁电压幅值中的 φ，使得 φ 跟随 θ 的变化而变化，而在输出端将 u_o 控制为零，此时即有关系式 $\varphi = -\theta$。由 φ 值便可得到旋转机构的位置信息。

旋转变压器的位置信号输出可用旋转变压器数字解码芯片（Resolver Decoder Chip, RDC）实现，旋转变压器数字解码芯片组成的位置检测电路可将旋转变压器检测到的转子位置信号转化为数字信号并输出，提供给运动控制系统处理器使用。常用的旋转变压器数字解码芯片有 AD2S99、AD2S80A、AD2S1210 等，下面以 AD2S1210 为例介绍旋转变压器信号处理电路的设计方案。

AD2S1210 具有 16 位数字精度，它集成了可编程信号发生器功能，可向旋转变压器定子绕组输入 2~20kHz 的正弦/余弦信号，最大测量转速可达 3125r/min。由 AD2S1210 组成的一种旋转变压器信号处理电路如图 3-4 所示。其中 S1、S2、S3、S4 是图 3-1(a) 中的两相定子绕组两端，R1 和 R2 分别是图 3-1(b) 中的转子绕组两端；芯片向转子绕组输入的电压需进行放大（如图 3-4 励磁信号放大电路所示），芯片的数据接口有 3 个（下行数据接口 SDO、上行数据接口 SDI 和时钟接口 SCLK）；采用 SPI 总线协议传输串行数据可与处理器进行位置信号传输等双向的数据通信，处理器还可通过片选等控制接口对 AD2S1210 的工作进行控制。AD2S1210 还利用 A0 和 A1 接口进行工作模式的选择，当 A0/A1＝0/0 时输出位置信号，当 A0/A1＝0/1 时输出转速信号。

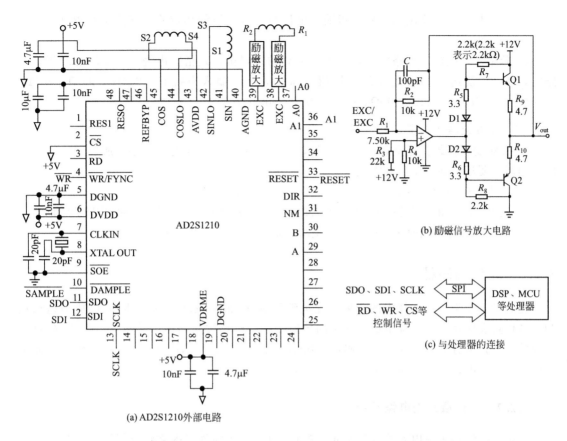

图 3-4　基于 AD2S1210 的旋转变压器信号处理电路示意图

可以看出，上述信号处理方案中，由转子绕组接励磁信号，此时在定子的两相正交绕组会产生与转子励磁信号有一定相位关系的两个正交正弦波信号，可根据定子绕组的两个正弦波信号的超前与滞后关系来判别旋转的方向。这种旋转方向的判别方法对于正交编码器、光栅尺、磁栅尺、感应同步器等增量式的位置传感器也同样适用。

3.2.1.3　旋转变压器的选用

旋转变压器分为正/余弦旋转变压器与线性旋转变压器两种，其中正/余弦旋转变压器主要的应用场合有：坐标变换、角度数据传输与转换、移相器、三角运算等；而线性旋转变压器则一般用于旋转机构机械角的线性采集。

（1）旋转变压器主要技术参数的选择

① 额定电压。额定电压是指外部电源加载在励磁绕组上的电压额定值，目前市面上的旋转变压器的额定电压有：12V、16V、26V、36V、60V、90V、110V、115V、220V 等。

② 额定频率。额定频率是指旋转变压器励磁电压的频率。在对额定频率进行选择时应综合考虑成本、测速性能要求等因素，一般情况下低频旋转变压器使用方便、价格相对低廉，但测速性能较差；而高频旋转变压器则具有较好的测速性能，但成本较高。

③ 变比。变比是指在励磁一方的励磁绕组上加载额定频率的额定电压时，与励磁绕组轴线平行时的非励磁一方的开路输出电压与励磁电压的比值，市面上的旋转变压器变比有：0.15、0.56、0.65、0.78、1 和 2 等。

④ 输出相位移。输出相位移是指输出电压与输入电压的相位差，该值越小越好，一般在 3～12 之间。

⑤ 开路输入阻抗。开路输入阻抗也称空载输入阻抗，是指输出绕组（非励磁绕组）开路时，从励磁绕组一端看的等效阻抗值。标准的开路输入阻抗有：200Ω、400Ω、600Ω、1000Ω、2000Ω、3000Ω、4000Ω、6000Ω 和 100000Ω 等。

（2）使用旋转变压器时的其他注意事项

① 旋转变压器越接近空载状态下工作，其输出电压的畸变就会越小，所以旋转变压器的输出阻抗要尽量地小于负载阻抗。

② 在使用旋转变压器前要进行调零操作，避免读数误差。

③ 仅用一相绕组进行励磁时，另一相绕组应短接或者接入一个与励磁电源内阻相等的阻抗。

④ 采用两相绕组同时励磁时，两相绕组的负载阻抗应尽可能相等。

3.2.2 光电编码器

随着光电子学和数字技术的发展，光电编码器（Photoelectric Encoder）已成为运动控制系统位置和转速检测过程中最为常用的传感器。编码器按照输出脉冲与对应位置（角度）之间的关系，可分为增量式光电编码器（Incremental Photoelectric Encoder）和绝对式光电编码器（Absolute Photoelectric Encoder）两种。

3.2.2.1 增量式光电编码器

增量式编码器主要由光源（如发光二极管等）、旋转圆盘（内含转盘缝隙，可视为动光栅）、遮光板（定光栅）及光敏元件等部分组成。在旋转圆盘的码道上均匀地刻制一定数量的光栅（旋转缝隙），编码器与电动机转轴连接，电动机旋转一周则编码器的旋转圆盘跟着旋转一周；在光栅的作用下，光源发出的光通路连续地开放或封闭，在光敏元件一端接收到的光信号也是不断地变化（有或者无），光敏元件的输出端可输出与频率和转速成正比的脉冲序列，根据这些脉冲序列可完成转速的计算，即每产生一个脉冲信号对应一定的位置增量，增量式编码器无法直接检测旋转机构的绝对角度。

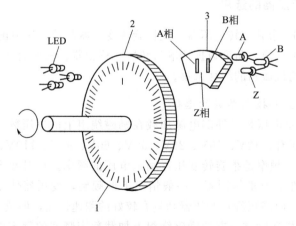

图 3-5 增量式光电编码器结构示意图

A 相，B 相，Z 相—遮光板缝隙；A，B，Z—光敏元件；LED—发光二极管（光源）；

1—旋转圆盘；2—转盘缝隙；3—遮光板

图 3-5 所示的增量式光电编码器的遮光板（固定的）用于获得旋转的方向和输出参考零位信号。

在遮光板上刻制有两条错开的定光栅，定光栅距离为动光栅节距的（整数＋1/4）倍，如图 3-5 中的 A 相和 B 相所示，同时有两个光敏元件——A 和 B 与其相对应，A 光敏元件接收 A 相定光栅输出的光信号，B 光敏元件接收 B 相定光栅输出的光信号，使得两个光敏元件在旋转圆盘旋转时输出相位差为 90°（即正交）的两组同频脉冲序列，如图 3-6 所示。当 A 相超前 B 相时，被测的旋转机构正转；B 相超前 A 相时，被测的旋转机构反转。

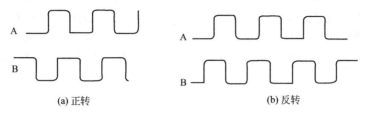

(a) 正转　　　　　　　　　　　　　(b) 反转

图 3-6　用于判断旋转方向的 A、B 两组脉冲序列

在增量式光电编码器中，一般还配有用于参考零位的标志脉冲或指示脉冲输出功能，即旋转圆盘每转动一周，发出一个标志脉冲，这个脉冲称为 Z 相。在旋转圆盘与遮光板上有对应的光栅，同时也配有对应的光敏元件用于电信号的输出。这个标志脉冲可用于累计量清零、指示机械位置或转动圈数计数等功能。

在实际的应用中，编码器可与倍频电路配合使用有效提高转速分辨率。若采用四倍频电路，在编码器脉冲捕获过程中对编码器 A 相和 B 相脉冲的上升沿和下降沿均进行捕获，这样每转过 1 个光栅节距可得到 4 个计数。比如美国德州仪器（Texas Instruments，TI）公司的 TMS320F2812 DSP 芯片集成了正交编码脉冲捕获电路（QEP），在合理配置后可用较少的程序指令完成编码器脉冲捕获、四倍频、转向判别等功能，并将最终的转速或位置信号存入相应的寄存器中。

接下来，将对增量式光电编码器性能指标及其内部的信号处理过程进行介绍。

（1）分辨率

分辨率是指检测装置能够检测到被测量的最小值。光电编码器的分辨率取决于编码器的旋转圆盘转动一周所能产生的脉冲数量多少，一般以脉冲数/转（Pulses/rotation，简写为 P/r）为单位，所以编码器旋转圆盘上的动光栅（转盘缝隙）数量决定了光电编码器的分辨率，动光栅的数量在实际应用中通常称为编码器的线数。编码器的线数越大，其分辨率也就越高。

（2）精度

精度与分辨率是两个不同的概念，以常用的千分尺为例，分辨率代表的是千分尺最多可以读到小数点后面几位，而精度与尺子的加工工艺和精确性及测量方法有关。编码器的分辨率取决于其线数的大小，而编码器的精度则取决于动光栅的加工准确性和旋转圆盘的旋转情况，总的来说，编码器的精度就是编码器输出信号对于被测真实位置/转速准确度的一种度量，它的单位是角度、角分或者角秒。

（3）输出稳定性

编码器在运行过程中存在以下的影响因素：

① 电子元器件的温度漂移；

② 编码器受外力作用产生的形变；

③ 光源特性的变化。

这些因素都影响着编码器的检测精度。而编码器能够保持规定检测精度的能力称为编码器的输出稳定性。编码器的输出稳定性决定了其配套的电路能够有规定的输出特性，在进行运动控制系统设计和使用过程中，该方面问题也是需要充分考虑的。

（4）响应频率

编码器的旋转圆盘高速旋转，产生高频率的光信号序列，此时光敏器件及相关的电路与之相匹配性也是信号能否得到准确测量的关键问题，若光敏器件及相关的电路无法与之匹配，则其输出电脉冲将会产生严重的畸变，甚至出现脉冲丢失，编码器便无法准确获取此时的转角位移信号。所以在线数一定的情况下，编码器所能测量的最高转速决定了其响应频率。

（5）编码器内输出信号的处理

由于光敏元件输出特性限制，其输出的信号电平低、脉冲波形不规则，电平值无法达到处理器获取门限，也无法适应远距离传输的衰减要求；不规则的波形可能导致处理器的误鉴别，影响控制精度。所以，在编码器内部需要对光敏元件的输出信号进行放大、整形，在性质不发生改变的情况下转换为方波或者正弦波。

增量式光电编码器具有结构简单、精度高的优点，但在使用过程中还需要特别注意以下两个问题：

① 数据丢失率高。增量式编码器无法直接记录历史计数信号，所以利用增量式编码器进行的位置测量都是基于其 Z 相（清零位置）信号的，一旦发生误操作或者掉电情况，若无相关的存储措施将导致基数丢失，需重新校正。

② 进行位置检测时，存在累计误差，使用过程中需进行误差校正（利用 Z 相）。

3.2.2.2　绝对式光电编码器

由上述可知，增量式编码器在进行位置测量时无法直接给出具体的位置信号，需要通过 Z 相参考位置在处理器芯片中进行计数从而获取位置信息。当编码器变动范围很小（小于 1 圈）或者突然掉电时，需基于处理器的内部记忆芯片来计算位置，特别是停电后，为了保证位置信号的准确性，编码器不能有任何晃动，而在输入电源恢复后的输出也不能有任何干扰或者脉冲丢失的情况。由于增量式编码器无法获取这些偏移量，因此将带来较大的测量误差；需要通过参考信号的校正来消除这种误差，而在参考信号传入前，误差将会一直存在。另外，由于同步电动机的控制要基于准确的位置信号，而增量式编码器在刚刚上电时无法向控制系统提供电动机转子的初始位置信息，可能导致同步电动机无法正常启动，这种情况可用以下方法解决：同步电动机启动时通入一个直流电，让同步电动机的转子强制转动到零相位位置，但该方法对电动机损害较大。所以在高精度的数控机床和工业机器人应用场景中，其对位置信号的准确性要求非常高，要求位置传感器具有绝对位置信号的采集功能，绝对式光电编码器的应用越来越广泛。

绝对式光电编码器的内部结构图如图 3-7 所示。其旋转圆盘（码盘）上刻有多个同心码道，每个码道上刻有按一定规律（不一定等分）排列的亮区和暗区（即透光和不透光部分），如图 3-8 和图 3-9 所示。在绝对式光电编码器中，其光敏元件与各个码道一一对应，与增量式编码器一样，其输出的电信号由光敏元件产生。

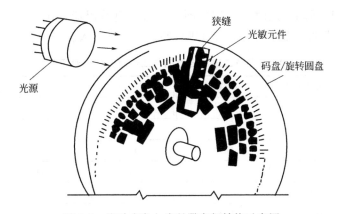

图 3-7　绝对式光电编码器内部结构示意图

根据绝对式编码器所用码制的不同，分为自然二进制码盘、循环二进制码盘（格雷码盘）等。图 3-8 是一个 6 位的自然二进制码盘，其最外圈码道（C_0）分成 $2^6 = 64$ 个亮暗间隔，最内圈码道有一半是暗区一半是亮区，所以每个角度对应于不同的编码，如，零位置对应于 000000（若设定暗区为 0，则全黑），第 23 个方位对应于编码 010111。所以，绝对编码器在测量时，只要根据码盘起始和终止位置的编码，便可完成角位移的确定，可忽略转动的中间过程。绝对式编码器的角度测量分辨率 α 由码盘的位数 n 决定，若 $n = 6$，则 $\alpha \approx 5.6°$；若 $n = 8$，则 $\alpha \approx 1.4°$；若需要达到 $1''$ 的分辨率，则码盘的位数至少需要达到 20 位。

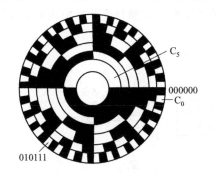

图 3-8　自然二进制码码盘

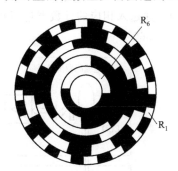

图 3-9　循环二进制码码盘

实际应用中，较少采用自然二进制码编码器，因为当自然二进制码的某一高位数码改变时，所有比它位低的数码可能同时改变，若存在刻制误差使某一高位提前或延后，则会造成非常大的测量误差。所以，常用循环二进制码代替自然二进制码。图 3-9 为一个 6 位循环二进制码的码盘。与自然二进制码一样，n 位的循环码码盘具有 2^n 种不同的编码，其最小分辨率 $\alpha \approx 360°/2^n$。

四位二进制自然码与二进制循环码的对照如表 3-2 所示。由该表可知，任何数变到相邻数时，都仅有一位编码发生变化；只要适当限制不同码道的制造和安装误差（高位码道更加严格），就不会产生太大的测量误差。所以，二进制循环码码盘与二进制自然码码盘相比，在生产实践中获得了更广泛应用。但循环码是一种无权码，译码相对较为困难。为了解决循环码的译码问题，一般先将其转换成二进制码，再进行译码。循环码转自然码的过程可采用数字逻辑电路完成，也可通过软件编程的方法完成。

现有的绝对式光电编码器多为单圈式的，它所能测量的旋转角度范围是 $0° \sim 360°$，不具备直接检测多圈转角的能力，所能测量的角位移范围也仅限于 $360°$ 以内；在一些运动控制场合，需要进行多圈运动，这时若使用单圈绝对式光电编码器，在转轴转动超过360°时与增量式光电编码器类似，需加入参考信号进行判别，容易引入误差。

表 3-2　四位二进制自然码与二进制循环码对照表

十进制数	二进制自然码	二进制循环码	十进制数	二进制自然码	二进制循环码
0	0000	0000	8	1000	1100
1	0001	0001	9	1001	1101
2	0010	0011	10	1010	1111
3	0011	0010	11	1011	1110
4	0100	0110	12	1100	1010
5	0101	0111	13	1101	1011
6	0110	0101	14	1110	1001
7	0111	0100	15	1111	1000

为了克服上述单圈绝对式光电编码器存在的问题，满足多圈运动控制系统位置检测的需求，可使用多圈绝对式编码器进行位置信号检测。多圈绝对式光电编码器的电路简图如图3-10 所示。这种多圈绝对式编码器实际上是一个单圈绝对式光电编码器和一个增量式磁性编码器的结合。其中，单圈绝对式光电编码器实现一圈之内绝对位置的高分辨率、高精度检测；而增量式磁性编码器用于检测转轴的旋转次数，转轴每旋转一周，磁增量编码器就输出一个脉冲，并送入相应的计数器进行计数，可见增量式磁性编码器每个脉冲输出对应于转轴的角位移是360°。

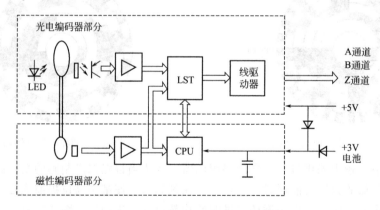

图 3-10　多圈绝对式光电编码器的电路简图

为了减少编码器出线数量，绝对式光电编码器的数据接口可设计为串行的，并遵守某种串行数据传输协议（如 SSI 串口协议等）输出测量数据。绝对位置信号经过绝对式光电编码器的采样并处理后，若采用串行接口传输将会出现较长的延迟时间，因此这种串行通信的方式不适应于高速控制的要求。若绝对位置信号是并行传输的，则可大幅度提高数据传输速度，但引线也大幅度增多（多少位的码盘就需要多少根信号线输出），这也限制了其在工程实践中的应用。

需要指出的是，有一些增量式的光电编码器，其内部设置一个电池和存储芯片，用于记忆参考位置，也可近似为绝对式编码器，但电池电量耗光或者掉电时，它还只是一个增量式编码器，所以这种编码器也称为伪绝对式编码器。这种形式的编码器在一些日本产的伺服系统中较为常见。

3.2.2.3　光电编码器的选用

虽然绝对编码器可直接进行位置信号的检测，从功能上要优于增量式编码器，但其结构复杂、成本更高，仅用于对位置和零位有严格要求的场合，单圈绝对编码器有经济型的 8 位精度到高精度的 16 位，甚至更高的精度，其价格也不等；多圈绝对编码器大部分为 25 位精度，其输出一般采用串行数据，常见的串行总线协议有：SSI、CAN、Profibus、Device Net 等。本节讨论更加常用的增量式光电编码器的选用要点。

增量式光电编码器选用基本要点如下。

① 选择分辨率（P/r）。在一般的调速系统中，根据不同的应用对象，可选用分辨率为 $500 \sim 5000$P/r 的编码器。在交流伺服控制系统中，一般采用分辨率为 2500P/r 的编码器。

② 输出相的个数。A 相、AB 相或 ABZ 相。

③ 输出信号为电压时，可直接接入处理器。增量式编码器的出线一般有：A、B、Z 相三根和电源两根；在接线时，为了保证脉冲信号能够被准确读取，需与处理器电源共地；集电极开路型（放大电路采用 NPN、PNP 型管输出时）输出，如 NPN 型一般要接上拉电阻其脉冲信号才能被处理器读取；推挽式输出也同样要注意上拉或下拉电阻的设置；长线驱动也称差分长线驱动，5V TTL 的正负波形对称，同时由于其正负电流方向相反，对外电磁场抵消，因此具有较强的抗干扰能力。普通编码器一般传输距离上限是 100m，若采用 24V HTL 型编码器，且输出有对称负信号，则其传输距离可达 $300 \sim 400$m，这种编码器的接法：六根信号线（A、A 反、B、B 反、Z、Z 反）接入处理器对应接口即可。

④ 供应电源有 DC 5V、12V、24V 等，要注意利用 12V 或 24V 电源供电时，电源电平若串入 5V 信号线路将会对编码器信号端产生不可逆的损坏，应避免。

⑤ 工作环境防护等级是否满足要求；外形及机械安装尺寸：中空孔型、单轴芯型、双轴芯型，定位止口，轴径及安装孔位等；安装空间体积；电缆出线方式。

⑥ 环境特性。根据使用场景的常温、低温、高温数据及现场是否有粉尘、铁屑、油污、棉絮、油气或其他特殊环境，选择适当防护等级的编码器产品。

3.2.3　直线光栅

3.2.3.1　光栅的概念、结构与分类

光栅分为物理光栅和计量光栅，它是一种利用光的透射、反射、干涉现象制成的一种光电检测装置。其中，物理光栅一般用于光谱分析等场合，它的光栅刻线较为精密，栅距（即两个刻线间的距离）一般介于 $0.002 \sim 0.005$mm 之间；而计量光栅一般用于高精度的位移检测，可在全闭环运动控制系统中用作位置和速度的高精度检测，它的光栅刻线较粗，栅距一般介于 $0.004 \sim 0.005$mm 之间。

光栅是一种采用物理或者化学的方法在一定形状的玻璃等透明材料上刻画出黑白相间、等距的条纹的条状器件，如图 3-11 所示，其中白条纹透光，黑条纹不透光。光栅上面的这些不透光的黑条纹称为栅线，图 3-11 中，栅线的宽度为 a，缝隙宽度为 b，一般取 $a=b$，而 $W=a+b$，这个 "W" 就是上述的栅距，有时栅距也称光栅常数或光栅节距，它是光栅的一个重要参数。

如图 3-12 所示，利用光栅组成的位置检测装置通常由以下几个部分组成：光源、长光栅（标尺光栅、测量光栅）、短光栅（指示光栅、读数光栅）和光电管。

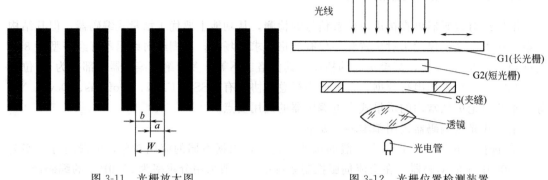

图 3-11　光栅放大图　　　　　　图 3-12　光栅位置检测装置

如上所示，运动控制系统中的光栅位置检测装置一般由计量光栅组成，而计量光栅按照不同的分类方法可分为：直线光栅和圆形光栅、增量式光栅和绝对式光栅、透射光栅和反射光栅等。而直线光栅根据其工作原理又可分为直线式透射光栅和莫尔条纹式光栅两类。

3.2.3.2　直线光栅尺的测量原理

（1）直线式透射光栅

透射光栅是指在表面上刻有黑白相间的（黑色不透光、白色透光）、等间距线纹的玻璃（或其他材料）。在玻璃表面上刻线纹一般采用的制造工艺有：表面加感光材料/金属镀膜、腐蚀、涂黑、刻蜡等。在透射光栅中，光源产生的入射光与光栅垂直，具有信号幅值大、信噪比高、结构简单等特点。透射光栅条纹密度一般可达 100 条纹/mm，即分辨率可达 0.01mm；透射光栅的长度可达 2m，适用于中小型运动控制系统。就检测原理而言，直线式透射光栅类似于将旋转增量式光电编码器展开为直线。

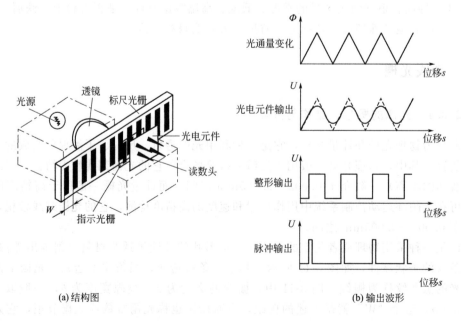

(a) 结构图　　　　　　　　　　　(b) 输出波形

图 3-13　直线式透射光栅原理图

直线式透射光栅的工作原理图如图 3-13 所示。从信号转换的角度看，它就是一种利用光电接收元件将光栅移动过程中产生的明暗变化的光转变为电信号的装置。其中，长光栅安装在被控机械的移动部件上，称为标尺光栅；而短光栅则是安装在被控机械的固定部件上，称为指示光栅。标尺光栅沿线纹垂直方向移动，光源发出的光线通过标尺光栅和指示光栅，由一个凸透镜将光线聚焦到光电接收元件，光电接收元件根据光通量大小输出电流信号。当标尺光栅的黑色线纹移动到与指示光栅的黑色线纹完全重合时，光电元件接收到的光通量最小；反之，标尺光栅的黑色线纹移动到与指示光栅的白色线纹完全重合时，光电元件接收到的光通量最大。所以，在移动过程中光电元件的输出电流呈现近似正弦波规律变化。电流通过放大、整形输入至处理器完成位置/速度信号的采集。指示光栅的线纹错开 1/4 的栅距，在经过鉴相电路后可进行移动方向的判别。直线式透射光栅只能透过单个的透明条纹，射入光电元件部分的光通量相对较小，其输出的电流较小，在光栅较细的场合尤为明显。

（2）莫尔条纹式光栅

两片上述的直线光栅呈一定角度叠放（所呈角度不应太大，也不能为 0°），如图 3-14 所示，俯视这两片光栅可看到一系列粗大的条纹，这些条纹称为莫尔条纹，基于莫尔条纹的直线光栅尺称为莫尔条纹式光栅。在运动控制系统中，莫尔条纹式光栅通过莫尔条纹、光电转换、鉴相、细化等环节实现位置/速度的测量，其原理也与增量式编码器类似。

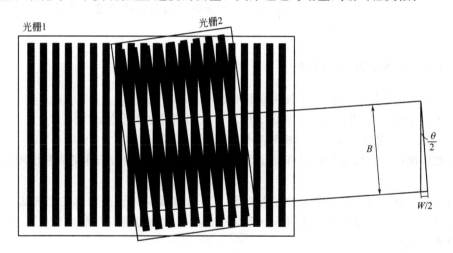

图 3-14　莫尔条纹

莫尔条纹要求两片光栅有以下性质：

① 两片光栅的栅距 W 相等；

② 黑线纹与白线纹的宽度均相等；

③ 两片光栅沿线纹方向保持一定的夹角 θ，θ 的值必须很小。

两片光栅所形成的莫尔条纹（包含亮条纹和暗条纹）均为菱形条纹，如图 3-14 所示；两个相邻亮条纹（或暗条纹）的间距即为莫尔条纹宽度 B，其与线纹的夹角 θ 之间的关系为：

$$B = \frac{W}{2\sin\left(\frac{\theta}{2}\right)} \approx \frac{W}{\theta} \tag{3-4}$$

莫尔条纹垂直于两块光栅线纹夹角 θ 的平分线，因为 θ 角很小，所以莫尔条纹近似垂直于光栅的线纹，故称为横向莫尔条纹。当两块光栅沿着垂直线纹的方向相对移动时，莫尔条纹沿着平行于线纹的方向移动，移动的方向取决于两块光栅夹角 θ 的方向和相对移动的方向。莫尔条纹有以下几个重要特性。

① 移动方向的鉴别。如图 3-14 所示，当光栅 2 向右移动时，莫尔条纹沿着光栅 1 的栅线向上移动；当光栅 2 向左移动时，莫尔条纹沿着光栅 1 的栅线向下移动。

② 误差的平均效应。莫尔条纹是由大量光栅线纹共同作用产生的，每个光栅线纹在制作过程中难免产生误差，这种误差可由大量的线纹平均，进而较小制造误差对测量结果的影响。若光栅越长，产生莫尔条纹的线纹就越多，这种误差平均效应就越大，对制造误差的抵消更有利。

③ 放大作用。两片光栅相对移动一个栅距 W，则莫尔条纹会有一个莫尔条纹宽度 B 的位置。由式(3-4)可知，在两片光栅的夹角 θ 很小的情况下，莫尔条纹宽度 B 远大于光栅的栅距 W，所以光栅的位移得到了放大。这种放大作用大大地减轻了电子放大电路的负担，使得位移信号的读取变得更加方便。若所用光栅的栅距 $W=0.03\text{mm}$，两片光栅的夹角 $\theta=0.2°$，则 $B\approx8.59\text{mm}$，位移信号放大了 286 倍。若 θ 非常接近于 0°，则莫尔条纹的宽度 B 大于或等于干涉面的宽度，这种情况下，两片光栅发生相对位移，干涉面上仅会亮带和暗带交替出现而不会看到明暗相间的条纹，这称为光纹莫尔条纹。以光纹莫尔条纹原理制成的光栅检测元件称为光电脉冲发生器。莫尔条纹式光栅输出的电脉冲经过一系列信号处理后，可用于高精度的运动控制系统中。

3.2.3.3 直线光栅尺的选择

直线光栅尺的适用领域如下（包括但不限于）：

① 车床、铣床、电火花机床、镗床、磨床、线切割等加工设备；

② 显微镜、影像测量仪、投影机等测量用仪器。

在数控机床中，直线光栅尺还可以起到误差补偿作用，为数控机床的高精度闭环控制提供保证。

光栅尺具有精度高、输出为数字信号等优点，可直接应用于高精度的闭环运动控制系统，但它价格昂贵、易受现场干扰影响（振动对光栅尺的测量准确性影响较大），所以对应用场合的要求较高。

按照分辨率进行划分，光栅尺有 $0.5\mu m$、$1\mu m$、$2\mu m$、$5\mu m$、$10\mu m$ 等；按供电电压进行划分，光栅尺有 $5\sim24\text{V}$ 等规格；按照输出信号进行划分，光栅尺有 HTL 方波（5V、12V、15V、24V）、TTL 方波、正弦电压信号、RS422 信号等类型。

此外根据用户需求，市面上，光栅尺产品一般提供各类安装附件以方便系统安装。

（1）光栅尺的安装注意事项

① 光栅尺在机床的安装基面安装时，应避免直接将光栅尺安装于粗糙不平的机床身上，更不能安装在打底涂漆的机床身上。标尺光栅及指示光栅（含光电元件、读数头等）分别安装在机床相对运动的两个部件上。用千分表检查机床工作台的标尺光栅安装面与导轨运动的方向平行度，要求平行度在 0.1mm/1000mm 以内。若经过调整还是无法达到这个平行度的要求，则需加工一个符合要求的光栅尺基座。

② 安装标尺光栅尺时，要注意：光栅长度超过 1.5m 时，不能安装两端头，应该在整个标尺光栅的尺身中安装有支撑；若有安装基座，在基座安装好后，可用一个卡子卡住尺身

中点（或几点），若不能安装卡子时，最好用玻璃胶粘住光栅尺身，使基座与标尺光栅之间固定良好。

③ 在安装指示光栅时，与标尺光栅类似，首先要保证安装的基面符合安装要求，在此前提下，调整指示光栅的安装，使得指示光栅与标尺光栅的平行度在 0.1mm/1000mm 以内，指示光栅与标尺光栅的间隙控制在 1～1.5mm 为宜。

④ 在完成光栅尺的安装后，必须在装有光栅尺的机床导轨上安装限位装置。限位装置主要作用有：避免加工过程中指示光栅与标尺光栅两端产生冲撞而损坏光栅尺；在选用光栅尺时，尽量选用超出机床加工尺寸 100mm 左右的光栅尺，以便于在安装时留有运动冗余，也避免了运动过程中的不必要冲撞。

（2）光栅尺使用注意事项

① 拔插光栅尺信号线插头时不允许带电操作；

② 光栅尺信号线接通前，需检查对外来电磁辐射的屏蔽是否良好；

③ 光栅尺避免安装在可能有剧烈振动或者碰撞的位置，避免出现光栅尺断裂等破坏。

3.2.4　运动控制系统中其他传感器简介

3.2.4.1　感应同步器

感应同步器分为直线型和旋转型两大类，是一种电磁式的位移检测元件。

（1）感应同步器工作原理

直线型感应同步器的结构原理图如图 3-15 所示，其主要由定尺和滑尺组成。定尺内部的感应绕组是均匀的单向绕制，绕组的节距为 2τ（τ 为极距，1 个 τ 通常为 1mm）。滑尺上有两组或是两组以上双数的励磁绕组，以两组励磁绕组为例，一组称为正弦绕组，另一组称为余弦绕组（两组以上绕组时，也有正弦绕组和余弦绕组，如励磁绕组有 4 组时，有两组是正弦绕组，另外两组是余弦绕组，相间排列），这两组励磁绕组的节距与定子相同，在空间

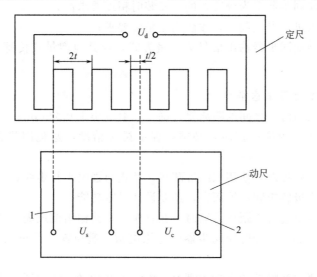

图 3-15　直线型感应同步器

1—正弦励磁绕组；2—余弦励磁绕组

上正余弦励磁绕组对应定子绕组的位置错开 1/4 的节距。所以在运行过程中，两个励磁绕组之间会有 90°电角度的相位差。在实际安装中，滑尺安装于被测对象的移动部件上，滑尺与定尺保持 0.2～0.25mm 的距离，且相互平行；运行过程中，电源向滑尺通入交流励磁电压，进而在滑尺中的励磁绕组产生励磁电流使得励磁绕组周围产生正弦变化的电磁场。由于电磁感应的作用，励磁绕组产生的电磁场在定尺绕组上感应出感应电压，若滑尺产生移动，由于电磁耦合强度的变化，定尺上的这个感应电压随着滑尺的移动而不断进行着有规律性的变化。由上述可看出，感应同步器的工作方式与旋转变压器类似。

（2）感应同步器的优点

① 精度高。感应同步器的输出信号由滑尺与定尺的相对运动产生，无机械转换环节，测量结果仅受自身制造工艺影响；另外，感应同步器一般具有较多的极对数，大量的电磁极数产生的平均效应可进一步提高感应同步器的测量精度。

② 抗干扰能力强。感应同步器在一个节距内是一个绝对测量装置，在任何时间内都可以给出仅与位置相对应的单值电压信号，因而瞬时作用的偶然干扰信号在其消失后不再有影响。平面绕组的阻抗很小，受外界干扰电场的影响很小。

③ 使用寿命长，维护简单。定尺和滑尺、定子和转子之间无机械接触，不存在摩擦、磨损等情况，所以使用寿命很长。对灰尘、油污及冲击、振动等不敏感，适用场合多、维护方便。

④ 可以用于长距离位移测量。可以根据测量长度的需要，将若干根定尺拼接。拼接后，总长度的精度可保持（或稍低于）单个定尺的精度。目前，几米到几十米的大型机床工作台位移的直线测量大多采用感应同步器来实现。

⑤ 工艺性好，成本较低，便于复制和成批生产。由于感应同步器具有上述优点，长感应同步器目前被广泛地应用于大位移静态与动态测量中，例如用于三坐标测量机、程控数控机床及高精度重型机床及加工中测量装置等。

（3）感应同步器的缺点

① 输出信号弱，需要进行复杂的信号处理，配套的信号处理设备复杂，价格较高；

② 实际中，感应同步器多为分装式的，安装时精度要求高；

③ 使用时，必须进行参数调整，才能满足精度要求；

④ 单通道多极感应同步器输出信号为增量方式，与其他增量式传感器一样必须进行寻零操作。

（4）感应同步器使用注意事项

① 安装时，定尺与滑尺之间的距离要准确，一般应小于 0.25mm；

② 感应同步器在长距离拼接时，必须要保证拼接精度，避免因拼接问题导致的测量误差；

③ 信号线必须正确接地，使用双绞屏蔽线，禁止与强电平行走线；

④ 对于单通道多极感应同步器而言，还要设计寻零功能；

⑤ 若输出的信号要进行长距离传输时，在感应同步器输出侧还需加装前置放大电路；

⑥ 开机启用前，必须检查感应同步器的绝缘电阻，避免铁屑等进入感应同步器而产生短路等不利情况；

⑦ 在安装时，要注意附近的大功率器件，若必须安装在大功率器件附近时，必须采用屏蔽等措施抑制大功率器件产生的电磁干扰。

3.2.4.2　磁栅尺

磁栅尺是一种通过计算磁波数进行测量的检测元件，它具有精度高、复制简单和安装方便等优点，对环境的要求不高，可在油污、粉尘较多的场合使用，稳定性较高。

磁栅尺的原理与普通磁带的录音、放音原理类似，信号处理方式则类似于旋转变压器。其结构原理图如图 3-16 所示。

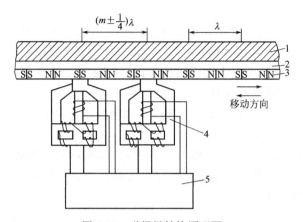

图 3-16　磁栅尺结构原理图

1—磁尺基体；2—抗磁镀层；3—磁性涂层；4—磁头；5—控制电路

3.2.4.3　激光干涉仪

激光干涉仪是一种高精度的位移检测装置，目前主要应用于数控机床中，一般作伺服定位精度、重复定位精度的检验；在半闭环的伺服系统中，激光干涉仪一般作为螺距误差补偿或其他各类位移传感器（感应同步器、磁栅尺、光栅尺等）测量误差补偿的校验基准。激光干涉仪一般利用光的干涉原理和多普勒效应进行位置的检测，与普通光相比，激光具有相干性高、方向性好、单色性高、亮度高等优点，所以激光干涉仪的测量精度非常高，适用于在长距离、高精度的位置检测场合。在精密的机床中，高精度的激光干涉测量系统的精密位置测量是机床性能的决定性因素。但在一般的运动控制场合下，由于激光干涉仪的昂贵造价，应用还不是非常广泛。

3.2.4.4　电容式传感器

电容式传感器一般为一种平板电容器，在忽略边缘效应情况下，其电容值的计算公式为

$$C = \varepsilon A / d \tag{3-5}$$

式中，ε 为介电常数；A 为极板面积；d 为极板间距（极距）。

由上式可知，平板电容器的电容值由三个变量决定：介电常数、极板面积、极距。在实际应用中，可将其中两个变量固定不变，改变另一个变量的取值来改变电容器的电容值。所以，电容式传感器类型可分为三种：变介电常数式、变面积式及变极距式。在运动控制系统中，可用变极距式电容传感器进行位置、转速、加速度信号采集，但它仅适用于测量微米数量级的位移，所以这种传感器适用于精密的微米级伺服系统；变极距式电容传感器的极距 d 与电容值成反比，目前市面上的电容传感器有模拟量输出和数字量输出两种，它们均可经过处理得到被测对象的位移或者速度信息。

电容式传感器的优点：

① 灵敏度极高。由于微小的变化也会导致电容值较大的变化，所以电容式传感器灵敏度极高。如一种变极距式电容压力传感器中，其电容极板直径 1.27cm，在电容极板上施加的供电电压为 10V，极板间距 2.54×10^{-3}cm，仅需施加一个 3×10^{-5}N 的力便可让极板产生位移。所以，电容式传感器在测量微小的力、微小的振动加速度、微小的位移方面有着天然的优势。

② 信噪比大。

③ 动态特性好。电容式传感器运动零件不多、自身质量小，且具有很高的固有频率，在加入高频测量电路后，电容式传感器可用于高频动态参数的测量。

④ 效率高，能量损耗小。电容式传感器工作时一般仅改变电容极板的面积或间距，在电容的变化过程中不会产生热量损耗。

⑤ 结构简单，适应性好。电容式传感器的主体由两块金属极板及其中间的绝缘层构成，结构非常简单，能够适应振动、辐射等恶劣环境。

⑥ 若将被测对象视为电容的一个极板，则可实现非接触式的测量。

电容传感器的缺点：变极距式的输入和输出之间存在非线性关系，处理起来较为复杂；电缆的分布对电容影响较大。

3.2.4.5 霍尔传感器

基于霍尔效应的传感器统称为霍尔传感器。霍尔效应由美国物理学家霍尔于 1879 年在金属材料中发现，但霍尔效应在金属材料中较弱，因而在发现初期并没有得到很好的利用。随着半导体技术的不断发展，由于半导体材料的霍尔效应显著，科学家们开始研制基于霍尔效应和半导体材料的霍尔元件，这种霍尔元件组成的霍尔传感器具有体积小、结构简单、可靠性高、无触点、频率响应宽（从直流到微波）、使用寿命长、易于集成电路化和微型化等特点。目前，霍尔传感器已在测控技术、信息处理和自动控制等领域得到了广泛应用。

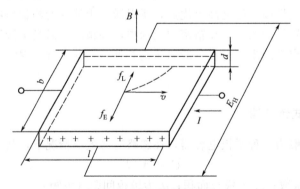

图 3-17 霍尔效应原理图

在磁场中，静止载流导体中的电流方向与磁场方向不一致时，载流导体上垂直于电流和磁场的方向上会产生一定的电动势，这种现象就是霍尔效应。如图 3-17 所示，载流导体中金属或半导体材料中的自由电子在电场作用下做定向运动（形成电流），此时每个电子在洛伦兹力 f_L 的作用下形成电子积累；随着电子的不断积累，正负电荷的分离形成了霍尔电场；而在载流导体中进行定向运动的自由电子还会受到与洛伦兹力方向相反的电场力 f_E 的作用，自由电子在洛伦兹力 f_L 和电场力 f_E 的共同作用下会达到一个平衡，这个平衡便会形成一个稳定的霍尔电势，这个霍尔电势与电流和磁场的大小存在线性的关系。

利用霍尔效应研制出来的霍尔传感器可用于电流和磁场的测量，在运动控制系统中的典型应用有：①霍尔开关传感器检测无刷直流电动机的转子磁极位置，进而控制无刷直流电动机的运动；②霍尔线性传感器在高精度伺服系统中可完成微小位移的检测；③霍尔传感器还可以用于执行电动机电流的测量。

3.2.4.6　电荷耦合图像传感器

在电荷耦合图像传感器中，核心器件是电荷耦合器件（Charge-Coupled Device，CCD），CCD 从本质上讲是一种能将光学图像信号转换成模拟电信号的固体光电转换器件。由 CCD 构成的电荷耦合图像传感器具有质量轻、体积小、功耗小、结构简单、成本低等优点，早已成功地应用于可视电话、广播电视和无线电传真中。近年来，经过数字化后的电荷耦合图像传感器在缺陷的检查、长度的测量、文字图像的识别、光谱的测量、航空航天摄影、传真等领域得到了广泛应用。

CCD 工作时，首先对光信号（或电信号）进行电荷取样，并把取样的电荷转移、存储在 CCD 相应的势阱中，然后在推进时钟脉冲的作用下，使电极下势阱的深度作相应的变化，从而使这些代表信息的电荷包，定向地转移到 CCD 的输出端，变成相应的电信号输出。CCD 的主要性能参数有：灵敏度、转移效率、光谱响应特性、调制传递函数、不均匀性和噪声等。

在运动控制系统中，电荷耦合图像传感器可用于目标点捕获、形变检测、位置信号检测等方面。由于 CCD 图像传感器是一种非接触式的传感器，因此由其构成的电荷耦合图像传感器也都是非接触式的传感器，特别适用于超高压、高温等不适合进行接触测量的场合。

3.2.4.7　测速发电机

由法拉第电磁感应定律可知，导线在磁场中切割磁感线，感应出的电动势 $E=Blv$（B 为导线所在区域的磁感应强度，l 为导线有效长度），若 B 和 l 恒定，则感应电动势 E 与导线切割磁感线的速度呈线性关系。测速发电机（Tacho Generator，TG）就是利用上述原理对转动机构的机械转速进行测量的，测速发电动在测速时，其感应电动势 E 可近似地认为是 Kv（其中，K 为一常数）。安装时，用联轴器将测速发电机的转轴与被测转动机构的转轴相连，转动机构转动带动测速发电机转动，测速发电机将转速信号转化为电压信号输出，这时要求测速发电机的输出电压与转速成正比。

按照输出电压的形式，测速发电机可分为交流测速发电机与直流测速发电机，而交流测速发电机又分为同步测速发电机和异步测速发电机。由于同步测速发电机的输出电压频率随着转速的变化而发生变化，电压信号捕捉困难，因此一般情况下不做精确测量使用；异步测速发电机由于其较好的测速性能，是目前使用最为广泛的一种测速发电机；直流测速发电机存在机械换向问题（如无线电干扰、产生火花等），使用寿命有限，但其输出电压不受负载的影响，具有测速简单、抗干扰性强的优点，在实际生产中也得到了广泛的使用。

位置伺服系统中，若设置有光电编码器和测速发电机两种传感器，则其转速信号可通过两种形式进行反馈；通过光电编码器的脉冲信号得到近似的转速信号，而通过测速发电机得到正比于电动机转速的模拟电压信号。由于测速发电机具有实时性好、线性度高、灵敏度高等优点，在被测电动机转速很低的情况下也能够得到平滑的电压输出，所以在高精度的位置伺服系统中，一般使用测速发电机构建速度环，而利用光电编码器构建位置环。

此外，测速发电机也存在一定的缺陷。在恒速下，输出电压也会随温度的变化而发生变化，因此测速发电机的调速精度受到一定限制，其调速精度一般不会高于额定转速的 0.1%。

3.2.4.8　力/力矩传感器

力/力矩传感器可以测量出微小位移或形变；力/力矩传感器有压阻式、电阻应变式、霍尔式、电容式、电感式、压电式等形式。

电阻应变式是力/力矩传感器中最为常见的一种形式，它是利用金属应变片的应变效应完成力/力矩感应的。应变效应是指导体在外力的作用下产生机械变形，其电阻值发生相应的变化的过程。应用时，通常将细小的金属应变片贴于弹性体上，用如图 3-18 所示的桥式电路进行测量。

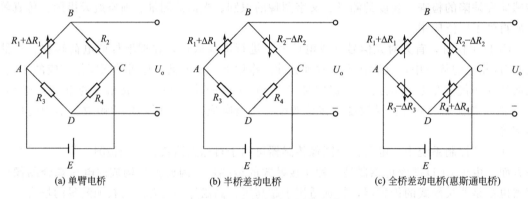

(a) 单臂电桥　　　　　　(b) 半桥差动电桥　　　　　　(c) 全桥差动电桥(惠斯通电桥)

图 3-18　应变片桥式测量电路

在运动控制系统中，电动机的输出力矩与绕组力矩电流成正比，所以在一些场合可利用力/力矩传感器进行电动机绕组电流的测量。

3.2.5　运动控制系统中的速度检测与滤波

3.2.5.1　速度检测方法

由第 2 章可知，转速的反馈是一个闭环的运动控制系统不可或缺的部分。以测速发电机为代表的模拟测速装置具有价格优廉、结构简单、测量实时性高、无需复杂的信号处理等优点，在以调速为主要目的的运动控制系统中应用非常广泛。由上节可知，高性能的伺服系统，为了在低速区间获取实时的转速信号，也可采用测速发电机＋编码器方案进行转速和位置信号采集。

模拟系统存在器件温度漂移、线路复杂、控制精度低、控制功能单一等缺点，相比之下，随着控制理论与电力电子技术的发展，数字运动控制系统具有可靠性高、抗干扰能力强、硬件结构简单、控制功能易调、精度高等优势，在目前的生产应用中，已基本取代模拟运动控制系统。将测速发电机等模拟测速装置应用于数字系统中，必须经过一个数字化的过程将反馈的模拟信号转化为数字信号。在数字化的大背景下，具有低惯量、高分辨率、高精度、低噪声的数字测速元件已成为运动控制系统转速信号采集的主流方案。

从原理上讲，位置信号的微分即为速度信号，因此大多数用于位置测量的传感器都具有速度测量的功能，而光电编码器是其最典型的代表。旋转电动机中，光电旋转编码器安装于转轴上，其转动产生的脉冲序列可用于位置和转速信号的获取。旋转编码器常用的数字测速方法有：M 法、T 法和 M/T 法，下面分别予以介绍。

（1）M 法测速

设一定的时间间隔 T_c 内编码器输出的脉冲个数为 M_1（一般以脉冲下降沿触发计数，也可上升沿触发），这个脉冲个数除以时间间隔经过换算即可得到这个时间段内电动机的平均转速，这种测速方法称为 M 法测速。如图 3-19 所示，由于 M_1 除以 T_c 得到的物理量实际上是编码器的输出脉冲频率，因此 M 法又称为频率法。设编码器随着电动机转子旋转一周产生的脉冲数为 Z，则电动机的转速为

$$n = \frac{60M_1}{ZT_c} \tag{3-6}$$

式（3-6）中，因为 T_c 的单位是 s，而转速 n 的单位是 r/min（转/分），所以要乘以一个系数 60；因为 Z 和 T_c 均为常数，所以转速 n 与测得的脉冲个数 M_1 成正比。由于在时间 T_c 内的编码器输出的脉冲个数并不总是整数个的（即编码器还未输出或者即将输出下一个脉冲时，时间已经到了），因此电动机高速运转时 M_1 大，量化误差小，而转速降低其量化误差增大，若转速过低使得 M_1 小于 1（即时间 T_c 内编码器连一个脉冲都不输出），则这两方法都将失效。所以 M 法测速更适用于高速运转电动机的测速，在高速段，M 法具有较高的精度和分辨率。

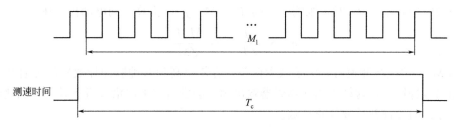

图 3-19　M 法测速

（2）T 法测速

如图 3-20 所示，处理器生成一个频率为 f_0 的高频时钟脉冲，编码器的两个相邻脉冲（两个相邻下降沿或两个相邻上升沿）的间隔内，对这个高频时钟脉冲进行计数，由此来计算电动机转速的方法称为 T 法测速。此时，测速时间为编码器输出一个脉冲的周期，故 T 法又可称为周期法。设编码器一个脉冲的周期为 T_t，这个脉冲时间间隔内的高频时钟脉冲个数为 M_2，则有 $T_t = M_2/f_0$。利用 T 法进行测速，得到的电动机转速计算公式为

$$n = \frac{60}{ZT_t} = \frac{60f_0}{ZM_2} \tag{3-7}$$

与 M 法相反，T 法进行测速时，电动机转速越高其脉冲计数 M_2 越小，量化误差越大。若电动机转速降低，则这个误差逐渐变小，所以 T 法测速适用于低速段，在低速时有较高的精度和分辨率。

（3）M/T 法测速

为了克服 M 法和 T 法测速范围的局限性，可将 M 法和 T 法结合起来，如图 3-21 所示，T_c 时间间隔内同时检测编码器输出的脉冲数 M_1 与高频时钟脉冲数 M_2，这种方法称为 M/T 法测速。

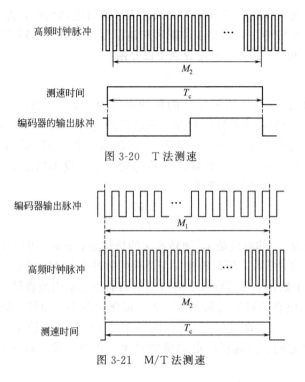

图 3-20　T 法测速

图 3-21　M/T 法测速

当高频时钟频率为 f_0 时，则测速时间 $T_c = M_2/f_0$，推算得到电动机转速

$$n = 60\frac{M_1}{ZT_c} = 60\frac{M_1 f_0}{ZM_2} \tag{3-8}$$

采用 M/T 法进行测速时，为了减少误差，应使得高频时钟脉冲计数器的开启和关闭与编码器输出脉冲同步，这样可以让编码器输出脉冲触发沿（下降沿或者上升沿）到达时，两个计数器才同时允许开始或停止计数。

M/T 法的计数变量 M_1 和 M_2 均随电动机转速的变化而发生变化，电动机高速时类似于 M 法测速，而低速时类似于 T 法测速；相对于单独的 M 法和 T 法，M/T 法的测速适用范围得到了较大的扩展。它是目前最为常用的一种电动机测速方法。

（4）数字测速主要问题

M/T 法测速集合了 M 法和 T 法的优势，可在较宽的转速范围内得到精确的测速值，是目前最普遍的编码器测速方法。对于伺服系统而言，实时性是其最重要的性能要求，光电编码器在伺服系统中为系统提供转速反馈时，虽然可具备较高的测量精度，但为了满足实时性的要求，其检测时间 T_c 必须与速度环的采样时间一致。然而，在电动机低速转动时，M/T 法的测速时间相对较长，若转速低于一定的限制时，需加大系统速度环的采样时间，这将会对系统的动态稳定性及其他动态性能产生不利的影响。所以，在应用 M/T 法测速时，还要先明确速度环的最大采样时间，进而明确电动机的最低速限制值。

由上可知，M 法测速是一种求一定测速时间内的平均速度的方法，其所测得的转速值可近似地视为测量时间中间时刻的转速值，所以 M 法测速会有 1/2 测速时间的延时。在高精度的伺服系统中使用 M 法时，可采用以下方法解决实时性问题：提高速度环采样频率、提高旋转光电编码器的分辨率、采用相应的算法来逼近实际转速以减小延时（如最小二乘法、泰勒级数展开法、后向差分展开法等）。

3.2.5.2　测速噪声

运动控制系统中，采用增量式旋转光电编码器进行测速时，噪声信号是不可避免的。如：

由于编码器的制造工艺影响，高速 M 法测速时，测速时间内的脉冲计数总会有 ±1 个脉冲的误差；低速 T 法测速时，一个编码器脉冲周期内的高频脉冲计数也总会有 ±1 个脉冲的误差。

反馈通路上还可能存在的其他噪声干扰。

上述噪声对调速系统的性能会产生不利影响。在模拟系统中，通常采用 RC 滤波器等硬件滤波电路来滤除这些噪声；而在数字系统中，通常采用的是数字滤波的方法（如软件低通滤波器、卡尔曼滤波等）将噪声信号尽可能地滤除。

3.2.5.3　速度环节低通滤波器设计

在数字式运动控制系统中，可通过编程方法方便地实现低通滤波器（Low-Pass Filter，LPF）的设计，用于模拟 RC 滤波电路的低通滤波功能。

低通滤波器是一阶滞后的系统，其传递函数为：

$$G(s) = \frac{1}{T_\omega s + 1} \tag{3-9}$$

转速反馈中添加了滤波环节（即转速反馈滤波环节），由于滤波器的滞后特性，给转速信号的反馈带来一定的延迟。为了克服这一延迟，在参考信号输入通道中加入与转速反馈滤波环节时间常数相同的一阶惯性环节（称为给定滤波环节），进而达到与反馈通道时间上的匹配。在转速环中，转速反馈滤波环节与给定滤波环节合称为速度滤波环节，如图 3-22 所示。

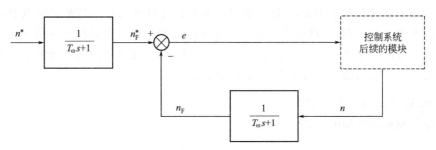

图 3-22　运动控制系统速度滤波环节

图中，n_F^* 为滤波后的转速给定值，n_F 为滤波后实际转速。

3.3　运动控制系统的数字化

模拟的运动控制系统具有控制信号流向直观、物理概念清晰等特点，但其所有控制律均由模拟器件完成，线路复杂、可调性差，且控制效果受器件温度漂移等指标影响较大。

数字式的运动控制系统通常以微处理器为核心，在处理器中写入软件程序，可实现复杂的运算和逻辑判断，省去了模拟系统中复杂的逻辑器件连接，具有硬件电路标准化程度高、造价低、受器件温度漂移等外界因素影响小、系统调整灵活等优势。与模拟系统相比，数字运动控制系统在信号处理过程中还需要进行以下处理。

① 对模拟信号进行离散化处理。以一定的采样频率采集模拟信号，将连续的模拟信号变成一连串的离散化数值。在具有一定周期的采样时刻对模拟的连续信号进行实时采样，形成一连串的脉冲信号。

② 对离散信号进行数字化。根据离散信号的幅值，对获得的一连串离散信号进行编码，最终将模拟信号转换为数字信号，这个过程称为模数转换（A/D 转换）。

模数转换后获得的数字信号是一种时间和量值上不连续的信号，量化误差难以避免，早期的数字系统中使用保持器解决该问题，但保持器提高了系统传递函数分母的阶次，系统的稳定裕量随之减少，甚至产生不稳定的情况。近年来，随着集成电路技术的飞速发展，微处理器的运算速度和位数不断提高，上述的量化误差对系统的影响已经变得越来越小。

若控制系统的采样时间间隔远远小于被控系统的最小时间常数，可将数字化的离散系统视为连续系统，在控制过程中只要把连续系统的各种规律、方法进行离散化即可。这种连续域的离散化设计方法有：匹配 z 变换法、频率特性拟合法、脉冲响应不变法、一阶差分近似法、阶跃响应不变法、突斯汀（Tustin）变换法等。

3.3.1 量化与编码

传感器采集到的信号一般为模拟量，在输入到处理器进行处理前需要对其进行量化，在量化需要保证不溢出的情况下，达到最高的精度。

脉冲编码调制（Pulse Code Mediation，PCM）是模拟量转换为数字量最为常用的方法之一。它的理论基础是香农采样定理，对模拟量进行采样，经过量化和编码将模拟量转换成数字量。

（1）香农采样定理

香农采样定理又称为奈奎斯特采样定理，本节直接给出结论，若想了解其具体推导过程，可查阅参考文献 [18]。对连续的模拟信号进行周期采样，若采样频率大于或者等于这个模拟信号的最高频率或是该信号带宽的 2 倍，则这个采样值就包含有原始模拟信号的全部信息，在进行合适的低通滤波后可重构出原始的模拟信号。

（2）PCM 量化与编码过程

设原始的模拟信号如图 3-23 所示。

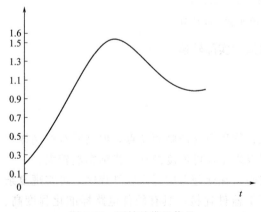

图 3-23　原始的模拟信号

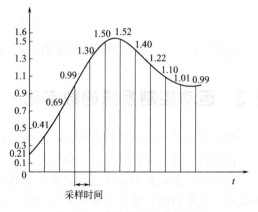

图 3-24　模拟信号的采样过程

① 采样。根据采样频率，间隔相应的采样时间采集模拟信号，得到一系列的模拟量，如图 3-24 所示。

② 量化。采样得到的模拟量按照一定的量化级进行取整操作，得到一系列的取整的离散值。图 3-25 以 16 个量化级数为例对采样的模拟信号进行取整。

③ 编码。对量化后离散的模拟量进行数字化，得到一系列的二进制数，得到数字信号，如图 3-26 所示。

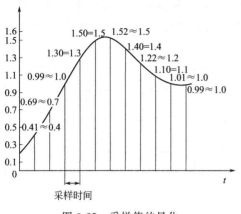

图 3-25　采样值的量化　　　　　　　　图 3-26　量化编码

经过上述 PCM 量化、编码过程后，得到一系列二进制数：0010、0100、0111、1010、1101、1111、1111、1110、1100、1011、1010、1010。

3.3.2　采样频率的选择

选择合适的采样频率对于数字运动控制系统而言是非常重要的。若选取较高的采样频率，则数字离散系统较为接近连续系统，而在采样周期内要完成信号的采集、转换、控制算法的实现、控制信号的输出等操作，可能因采样周期太短，各项操作还未完成就要进入下一次采样和控制周期，进而导致系统失控；同时，为了匹配较高的采样频率也会使得处理器成本随之增加。所以，采样频率的选择不是越高越好，通常采用香农采样定理决定系统的采样频率，即系统的采样频率 f_{sam} 与信号的最高频率 f_{max} 满足关系式 $f_{sam} \geqslant 2f_{max}$ 即可，此时原信号的频率不会产生明显的畸变，系统性能可得到保证。

但在实际应用中，很多信号（特别是非周期性信号）的最高频率难以确定。所以，在一般情况下可利用系统的最小时间常数 T_{min} 或控制系统的截止频率 ω_c 来确定采样频率，即采样周期 $T_{sam} \geqslant T_{min}/(4\sim10)$ 或者采样角频率 $\omega_{sam} \geqslant (4\sim10)\omega_c$。

3.3.3　数字运动控制系统的输入与输出变量

数字运动控制系统中的输入和输出量主要有：

① 系统给定参考值。

② 不同信号采集装置的检测反馈值，即系统运行中的实际状态量，包括转速、电压和电流等。需要指出的是，转速、电压和电流的检测除了用于控制系统不同环路的反馈控制外，还可用于系统的保护、故障诊断等功能的实现。

③ 数字运动控制系统中，根据结构的不同，其输出变量形式也不同，一般可分为两类：第一种是输出开关量（PWM波）直接对功率器件进行控制，这也是目前最为常用的方法；第二种是直接利用 D/A 转换器将控制量转换为模拟量来控制功率器件。

数字控制系统中，输入量和输出量可以是模拟量，也可以是数字量。数字量是一种将模拟量进行了量化和编码后的变量，可以直接在处理器中进行数字运算。若采用模拟量输入，则必须经过 A/D 转换器将其转换为数字量，方可在处理器中参与运算。处理器输出变量在未进行处理前均为数字量，若需要模拟输出量，则必须经过 D/A 转换方可得到模拟量。模拟量和数字量的输入和控制框图如图 3-27 所示。使用 A/D 转换器时，需要注意它是单极性还是双极性的，若采用的是单极性的 A/D 转换器，则在进行模数转换时还应注意其极性转换。

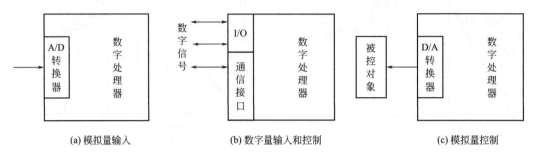

(a) 模拟量输入　　　　　(b) 数字量输入和控制　　　　　(c) 模拟量控制

图 3-27　模拟量和数字量的输入和控制

3.3.4　数字 PI 调节器的实现

第 2 章所述的电流调节器 ACR 和转速调节器 ASR 必须经过数字化才能够在数字调速系统中应用。而 ACR 和 ASR 采用的一般是 PI 调节器，所以本节将对数字 PI 调节器的实现展开介绍。

数字 PI 调节器常见的实现方法有增量式算法和位置式算法两种。

设 PI 调节器的传递函数为

$$G_{pi}(s) = \frac{U(s)}{E(s)} = \frac{K_p \tau s + 1}{\tau s}$$

式中，K_p 为调节器比例环节的比例系数；τ 为调节器积分环节的积分时间常数；$E(s)$ 为给定参考量与反馈量之间的偏差；$U(s)$ 为 PI 调节器的输出。在时域内，其表达式可写成

$$u(t) = K_p e(t) + \frac{1}{\tau}\int e(t)\mathrm{d}t = K_p e(t) + K_i \int e(t)\mathrm{d}t \tag{3-10}$$

式中，$K_i = 1/\tau$ 为积分系数。

① 数字 PI 调节器位置实现算法。将式（3-10）离散化成差分方程，T_{sam} 为采样周期，用位置式算法表示，其第 k 次采样的输出为

$$u(k) = K_p e(k) + K_i T_{sam} \sum_{i=1}^{k} e(i) = K_p e(k) + u_i(k) = K_p e(k) + K_i T_{sam} e(k) + u_i(k-1) \tag{3-11}$$

利用位置式算法实现的数字 PI 调节器中，比例环节仅与当前的偏差有关，而积分环节则与系统过去所有偏差的累积有关。

② 数字 PI 调节器增量式算法。由式（3-11），有

$$\Delta u(k) = u(k) - u(k-1) = [K_p e(k) + K_p T_{sam} e(k) + u_i(k-1)] - [K_p e(k-1) + u_i(k-1)]$$
$$= K_p[e(k) - e(k-1)] + K_i T_{sam} e(k)$$

可推得增量式数字 PI 调节器算法

$$u(k) = K_p[e(k) - e(k-1)] + K_i T_{sam} e(k) + e(k-1) \tag{3-12}$$

增量式数字 PI 调节器在实现时，仅需知道当前偏差、上一采样时间的偏差和上一采样时间的输出即可，即仅需在计算机中保存上一次采样时的偏差和输出值就可以了。与位置式数字 PI 调节器相比，节省了大量的内存空间。同时，增量式 PI 调节器算法只需设置输出限幅，而位置式算法必须同时设置积分限幅和输出限幅。所以，增量式 PI 调节器具有计算工作量小、所需内存空间小等特点，更适合数字处理芯片计算，还能在一定程度上避免产生积分饱和，在实际生产中得到了广泛的应用。

PI 调节器的参数设置将直接影响系统的性能指标。高性能的调速系统中，系统运行不同阶段的某一种固定参数的 PI 调节器难以协调静、动态性能指标。模拟 PI 调节器由于其物理条件固定，参数难以调节，因此在进行设计时只能根据性能指标的要求折中选取。而数字 PI 调节器可充分利用数字处理芯片逻辑判断及数值运算能力强的优势，衍生出各种 PI 调节器的改进形式，如分段 PI 算法、积分分离法及模糊 PI 算法等智能算法，进而提高系统的控制性能，还可以打破模拟 PI 调节器只能在线性或者近线性系统中应用的限制，在各种非线性系统中进行自适应控制，甚至是智能控制，大大拓展了 PI 调节器的适用范围。

思考题与习题

3-1　运动控制系统对位置检测元件的主要要求有哪些？

3-2　位置检测元件可分为哪几类？

3-3　简述旋转变压器的特点、结构及工作原理。

3-4　简述脉冲编码器的分类、特点。

3-5　简述旋转式增量式正交光电脉冲编码器的特点、结构及工作原理。

3-6　提高绝对式脉冲编码器精度的方法有哪几种？

3-7　一个 17 码道的循环码码盘，其最小分辨率为多少？若每个 θ 所对应的圆弧长度为 0.001mm，问码盘直径有多大？

3-8　简述光栅的特点、结构及工作原理。

3-9　莫尔条纹的特点和作用有哪些？

3-10　解释名词：①莫尔条纹；②接触式码盘；③循环码。

3-11　一个旋转编码器每圈码线为 1024，倍频系数为 4，高频时钟脉冲频率 $f_0 = 1MHz$，旋转编码器输出的脉冲个数和高频时钟个数均采用 16 位计数器，M 法和 T 法的测速时间均为 0.01s，试求当转速 $n = 1500 r/min$ 和 $n = 150 r/min$ 时，M 法和 T 法的测速分辨率和最大误差。

3-12　简述数字 PI 调节器的实现过程，并列出其数字化公式。

第 **4** 章

运动控制系统中的脉宽调制

运动控制系统中，脉宽调制技术可用于直流系统，也可用于交流系统。由公共直流电源或者蓄电池给不同的直流传动设备供电时，为了满足传动设备的需要，通常要将固定的直流电压转变为不同的电压等级，如电动汽车、地铁列车等。而脉冲宽度调制（PWM）可通过功率器件，将幅值恒定的直流电压变换为频率一定、宽度可调的方波脉冲电压，通过对脉冲宽度的调节改变输出电压平均值，这种利用 PWM 技术在直流系统中完成电压值调节的装置称为直流 PWM 变换器，而由直流 PWM 变换器向直流电动机供电的系统称为脉冲宽度调制直流调速系统，即 PWM-M 调速系统。

交流系统中，由第 2 章可知，其交流电动机的变频调速实际上是对一个电压和频率均可控的交流电源进行控制，而这种可控的交流电源一般是由电力电子器件组成的静止式功率变换装置，这种功率变换装置一般被称为变频器。如图 4-1 所示，变频器按交流电的产生方式不同可分为交-直-交变频器和交-交变频器两种。在交-直-交变频器中，首先将交流电通过整流电路变为直流电，再将直流电通过一个可控的逆变器变为可控的交流电，这种方式又称为间接变频；交-交变频则是通过直接变频的方式将电压和频率恒定的交流电变为电压和频率均可控的交流电，与间接变频相比，这种变频方式无需直流环节，所以又称为直接变频。

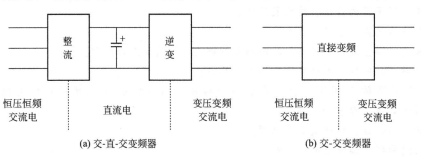

(a) 交-直-交变频器　　　　　　　(b) 交-交变频器

图 4-1　变频器结构示意图

早期，晶闸管（SCR）是组成变频器的主要部件，作为一种半控型器件，由其组成的晶闸管变频器具有以下缺点：①门极无法直接关断，换相时需加强换流装置，主回路结构复杂；②由于晶闸管开关速度较慢，因此变频器的开关频率较低，且输出的电压波形具有较大的谐波分量。

随着电力电子技术的发展，目前所使用的变频器绝大部分是由全控型器件组成的，全控型器件与半控型的晶闸管相比，它可通过门极直接控制器件的关断，开关速度较快，主回路结构较为简单，输出电压质量较好。常用的全控型器件有：绝缘栅双极型晶体管（IGBT）、电力场效应晶体管（Power-MOSFET）等。

合理地控制电力电子器件的通断，可以让变频器输出一个具有期望电压值和期望频率的交流电源。在交流系统中，PWM 技术可以实现电力电子器件的合理控制。PWM 技术产生一系列可控的方波信号，通过对这些方波的频率、宽度等参数控制能够让受控的逆变器输出期望的交流电源。

传统的交流 PWM 技术是通过正弦波来调制等腰三角波，使电路输出与期望电源等效的电信号，这种 PWM 技术称为正弦脉冲宽度调制技术（SPWM）。随着对 PWM 技术研究的深入，出现了许多性能更优的 PWM 技术，如电流跟踪 PWM（CFPWM）控制技术、电压空间矢量 PWM（SVPWM）控制技术等。

本章 4.1 节及 4.2 节分别对直流 PWM 变换器及可逆直流调速系统进行介绍；后面几节将对几种常见的交流 PWM 技术展开介绍。

4.1　直流脉宽调制变换器

直流脉宽调制（PWM）变换器的电路形式多种多样，第 2 章 2.2.3 节介绍的三相桥式全控整流电路也是一种 PWM 变换器，本节将对直流 PWM 变换器的电路结构、工作原理及控制特性等进行更详尽的阐述。

4.1.1　直流 PWM 变换器的电路结构与工作原理

（1）单象限 PWM 变换器

图 4-2(a) 为单象限 PWM 变换器，当 VT 导通时（导通时间为 t_{on}），输出电压 $u_d = U_s$；当 VD 导通时，$u_d = 0$，则一个斩波周期 T_c 内，PWM 变换器输出的平均电压 U_d 为

$$U_d = \frac{t_{on}}{T_c} U_s$$

设 D 为 PWM 波的占空比，有 $D = t_{on}/T_c$，且 $0 \leqslant D \leqslant 1$，则上式可写为 $U_d = DU_s$。

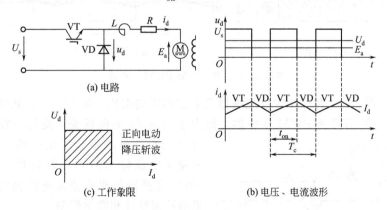

(a) 电路

(c) 工作象限

(b) 电压、电流波形

图 4-2　单象限 PWM 变换器电路、工作波形及工作象限

由于 $0 \leqslant D \leqslant 1$，因此输出电压 u_d 有 $0 \leqslant u_d \leqslant U_s$，同时 $U_s \geqslant 0$，且 $I_d \geqslant 0$，则图 4-2(a) 所示的单象限 PWM 变换器电路仅工作于第 Ⅰ 象限。

（2）Ⅰ、Ⅱ 二象限 PWM 变换器

Ⅰ、Ⅱ 二象限 PWM 变换器电路如图 4-3(a) 所示。分析电路可知，当 VT1 或者 VD1 导通时，$u_d = 0$；当 VT2 或者 VD2 导通时（导通时间为 t_{on}），$u_d = U_s$；在一个斩波周期 T_c

内，其输出电压平均值与单象限 PWM 变换器相同。

当 u_d 大于电动机反向电动势 E_a 时，如图 4-3(b) 左图所示，$I_d>0$，电路工作于第 Ⅰ 象限，PWM 变换器工作方式为降压斩波（Buck）方式，直流电动机处于正向电动状态。如图 4-3(c) 所示，此时直流电动机不断吸收直流电源 U_s 所输出的电能。

当 u_d 小于电动机反向电动势 E_a 时，如图 4-3(b) 右图所示，$I_d<0$，电路工作于第 Ⅱ 象限，PWM 变换器工作方式为升压斩波（Boost）方式，直流电动机处于正向再生制动状态。如图 4-3(c) 所示，此时直流电源 U_s 吸收直流电动机电枢反向电动势 E_a 输出的电能。

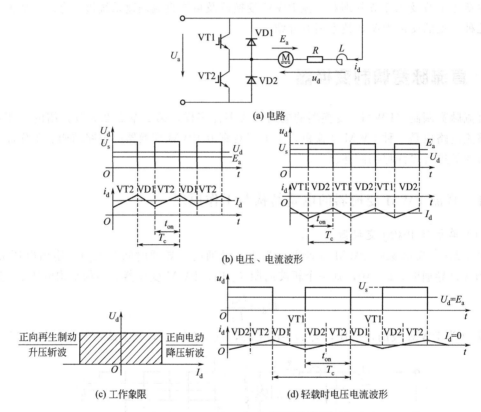

(a) 电路

(b) 电压、电流波形

(c) 工作象限

(d) 轻载时电压电流波形

图 4-3　Ⅰ、Ⅱ二象限 PWM 变换器

图 4-3(a) 所示的二象限 PWM 变换器只能输出正向电压，即 $U_d>0$，此时直流电动机正向运转，是一种不可逆 PWM 变换器。但由于电流 I_d 流向可变，使得在轻载或者空载（$I_d=0$）时电流不会发生断续 [图 4-3(d)]，避免了电流输出的非线性特性。这种二象限 PWM 变换器与相控整流电路相比，具有更理想的控制特性和数学模型。

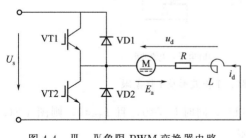

图 4-4　Ⅲ、Ⅳ象限 PWM 变换器电路

（3）Ⅲ、Ⅳ二象限 PWM 变换器

Ⅲ、Ⅳ二象限 PWM 变换器电路如图 4-4 所示。

当 VT1 或者 VD1 导通时（导通时间为 t_{on}），$u_d=-U_s$；当 VT2 或者 VD2 导通时，$u_d=0$。当变换器输出电压绝对值 $|u_d|$ 大于电动机反向电动势 $|E_a|$ 时，有 $I_d<0$，电路工作于Ⅲ象限，为反向降压斩波（Buck），直流电

动机工作于反向电动状态；当变换器输出电压绝对值 $|u_d|$ 小于电动机反向电动势 $|E_a|$ 时，有 $I_d > 0$，电路工作于 IV 象限，为反向升压斩波（Boost），直流电动机工作于反向再生制动状态。与 I、II 二象限 PWM 变换器相同，III、IV 二象限 PWM 变换器轻载或空载时电流也不会发生断续。

（4）四象限 PWM 变换器

将图 4-3(a) 和图 4-4 的 PWM 变换器电路结合，可得到一个 H 桥式的四象限 PWM 变换器，如图 4-5 所示。

分析图 4-5(a) 所示的电路图，当 VT3 导通、VT4 截止时，对 VT1 和 VT2 进行 PWM 控制，则该电路与图 4-3(a) 电路类似，电路可工作于 I、II 象限；当 VT3 截止、VT4 导通时，对 VT1 和 VT2 进行 PWM 控制，则该电路与图 4-4 电路类似，电路可工作于 III、IV 象限。由于图 4-5(a) 是对称的，因此将 VT1 和 VT2 分别导通/截止，分别利用 PWM 波控制 VT3 和 VT4 电路也可以工作于对应的象限。

图 4-5 所示的四象限 PWM 变换器可能的工作方式如表 4-1 所示。其中"O"表示开关管的导通，"X"表示开关管的截止，"P"表示开关管由 PWM 控制。一个全控型开关管 VT 与一个二极管 VD 反并联连接形成一个拓扑开关。

图 4-5(a) 所示的电路工作于单象限或者二象限方式时，其输出电压 u_d 均为单方向的。

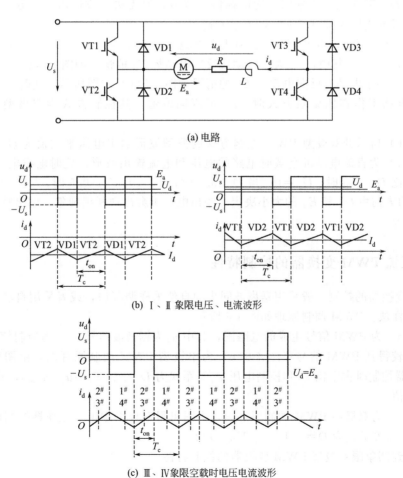

(a) 电路

(b) I、II 象限电压、电流波形

(c) III、IV 象限空载时电压电流波形

图 4-5　H 桥式四象限 PWM 变换器

表 4-1　H 桥式四象限 PWM 变换器工作方式

工作象限		VT1	VD1	VT2	VD2	VT3	VD3	VT4	VD4	电枢电流	调制方式
单象限方式	I	X	P	P	X	O	X	X	X	电流可能断续	单极型PWM控制
		X	X	O	X	P	X	X	P		
	II	P	X	X	P	X	O	X	X		
		X	X	X	O	X	P	P	X		
	III	O	X	X	X	X	P	P	X		
		P	X	X	X	P	X	O	X		
	IV	X	O	X	X	P	X	X	P		
		X	P	P	X	X	X	X	O		
二象限方式	I	P		P		O		X		电流连续	
	II	X		O		P		P			
	III	O		X		P		P			
	IV	P		P		X		O			
四象限方式		P		P		P		P			双极型PWM控制

调节占空比 D，可完成输出电压平均值幅值的调节，但无法完成输出电压方向调节。故单象限和二象限方式均为单极型 PWM 控制方式。

如图 4-5（b）所示，当 $1^{\#}$ 和 $4^{\#}$ 拓扑开关导通时，有 $u_d=-U_s$；当 $2^{\#}$ 和 $3^{\#}$ 拓扑开关导通时，有 $u_d=U_s$。其中，u_d 大于电动机反向电动势 E_a 的情况如图 4-5（b）右图所示，此时 $I_d>0$；u_d 小于电动机反向电动势 E_a 的情况如图 4-5（b）左图所示，此时 $I_d<0$。所以，图 4-5（a）电路工作在四象限方式时，u_d 可双向取值，其控制方式为双极型 PWM 控制方式。

图 4-5（b）所示的双极型 PWM 控制方式的典型波形输出电压平均值为 $U_d=(2D-1)U_s$；图 4-5（c）为直流电动机空载时电路的电压和电流输出波形，此时电枢电流 i_d 不会断续。当占空比 $D=0.5$ 时，$U_d=0$；当 $D<0.5$ 时，$U_d<0$；$D>0.5$ 时，$U_d>0$；输出电流平均值 I_d 的方向由 U_d 和 E_a 的大小决定；输出电流不会出现断续现象，输出特性不会出现非线性的情况。

4.1.2　直流 PWM 变换器的控制特性

PWM 变换器的控制一般采用锯齿波同步的自然采样调制法，或者采用自然采样调制原理的规则采样法。PWM 调制原理如图 4-6 所示。

图 4-6（a）为 PWM 信号生成的电路图，其中 u_t 为锯齿波信号，u_{ct} 为控制信号，这两个信号互相比较得到 PWM 信号；图 4-6（b）为单极型 PWM 调制原理图，由图可得单极型 PWM 变换器控制时占空比 D 和控制电压 u_{ct} 关系式为 $D=t_{on}/T_c=u_{ct}/u_{tmax}$，式中 U_{tmax} 为锯齿波的峰值。

图 4-6（c）为双极型 PWM 调制原理图，由图可得双极型 PWM 变换器控制时占空比 D 和控制电压 u_{ct} 关系式为 $D=(1+u_{ct}/U_{tmax})/2$。

进而得到四象限双极型 PWM 变换器的控制特性

$$U_d=\frac{U_s}{U_{tmax}}u_{ct}=K_s u_{ct}$$

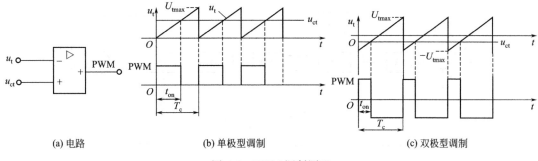

图 4-6　PWM 调制原理

4.2　可逆直流调速系统

由上可知，PWM 变换器分为可逆和不可逆两类，而可逆 PWM 变换器又分为双极式、单极式等多种。对于不可逆 PWM 变换器和单极式可逆 PWM 变换器，直流调速系统电压方程如下

$$\begin{cases} U_s = R_a i_d + L_a \dfrac{\mathrm{d}i_d}{\mathrm{d}t} + E & (0 \leqslant t < t_{on}) \\[3mm] 0 = R_a i_d + L_a \dfrac{\mathrm{d}i_d}{\mathrm{d}t} + E & (t_{on} \leqslant t < T_c) \end{cases} \tag{4-1}$$

对于双极式可逆 PWM 变换器，直流调速系统电压方程如下

$$\begin{cases} U_s = R_a i_d + L_a \dfrac{\mathrm{d}i_d}{\mathrm{d}t} + E & (0 \leqslant t < t_{on}) \\[3mm] -U_s = R_a i_d + L_a \dfrac{\mathrm{d}i_d}{\mathrm{d}t} + E & (t_{on} \leqslant t < T_c) \end{cases} \tag{4-2}$$

式(4-1) 和式(4-2) 中，U_s 为电源电压，设 U_d 为一个 PWM 控制周期内直流电动机电枢两端的平均电压，则 i_d 为此周期内通过电枢绕组的平均电流，R_a 和 L_a 分别为电枢绕组的阻值和电感值。由 1.4 节可知，直流电动机的平均电磁转矩 $T_e = C_m i_d$，电枢回路中，电感两端的电压 $L_a(\mathrm{d}i_d/\mathrm{d}t)$ 在一个周期内的平均值为 0，设 PWM 波的占空比为 D，并经过一些简单的算式变换，可得 PWM-M 调速系统的机械特性

$$n = \frac{DU_s}{C_e} - \frac{R_a i_d}{C_e} = n_0 - \frac{R_a i_d}{C_e}$$

或

$$n = \frac{DU_s}{C_e} - \frac{R_a}{C_e C_m} T_e = n_0 - \frac{R_a}{C_e C_m} T_e$$

式中，n_0 为理想空载转速。

单闭环脉宽调制调速控制系统的原理框图如图 4-7 所示，其中 UPW 为脉宽调节器、GM 为调制波发生器、DLD 为逻辑延时环节、GD 为全控型电力电子器件驱动器，这些都是 PWM 调速系统所特有的，FA 为限流保护环节。

脉宽调制器（UPW）是一种电压-脉冲变换装置，它由转速调节器 ASR 输出的控制电压 U_{ct} 控制，将调制波发生器产生的调制波与输入的控制信号进行调制，输出与控制电压信号成正比的脉冲电压信号，以便于对电力电子器件进行控制。

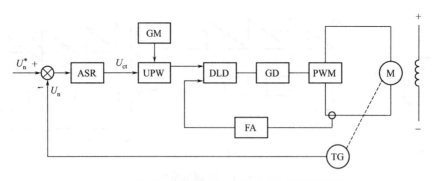

图 4-7　单闭环脉宽调制调速控制系统的原理框图

逻辑延时环节（DLD）是为了避免可逆 PWM 变换器中上下桥臂同时导通产生电源短路现场而设置的。逻辑延时环节（DLD）中可引入限流保护环节（FA），一旦桥臂电流超过允许的最大电流，FA 就使得桥臂上的两个开关管同时截止，起到对开关管的限流保护作用。

全控型电力电子器件驱动器（GD）用于对控制电路产生的 PWM 信号进行功率放大，以便于驱动主电路开关管工作。需要指出的是，脉宽调制调速控制系统中每个开关管都需设置一个驱动器，同时该驱动器还必须能够让开关管迅速地导通和截止。

4.2.1　直流调速系统的可逆运行与可逆电路

电动机的可逆运行实际上就是要让电动机输出的电磁转矩可逆，即电动机的电磁转矩方向可变。由公式(1-6)可知，直流电动机的电磁输出转矩方向由磁场方向和电枢电压的极性共同决定，所以改变直流电动机可逆运行的方法有两种：①磁场方向不变，改变电枢电压极性；②电枢电压极性不变，改变励磁电流方向。前者称为电枢可逆系统，而后者称为磁场可逆系统；它们对应的 V-M 控制系统的可逆电路也有两种，即电枢反接可逆电路、励磁反接可逆电路。

（1）电枢反接可逆电路

电枢反接可逆电路可利用两组晶闸管装置反并联供电组成，框图如图 4-8 所示。另外，图 4-5(a) 所示的 H 桥式 PWM 变换器也可实现电枢电压可逆控制。

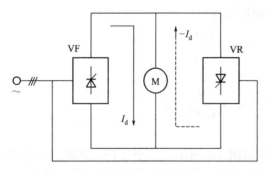

图 4-8　两组晶闸管装置反并联的可逆电路框图

图 4-8 中，VF 和 VR 两组晶闸管装置分别由两套触发器控制。当由 VF 向直流电动机供电时，提供正向电枢电流 I_d，电动机正转；当 VR 向直流电动机供电时，提供反向电枢电流 $-I_d$，电动机反转。在可逆电路中，两组晶闸管装置的连接也有两种方式——反并联和交叉连接，如图 4-9 所示。这两种连接方式的主要区别有：反并联电路中两组晶闸管装置由一个交流电源供电，需要四个限流电抗器；交叉连接电路中的两组晶闸管装置由两个独立的交流电源供电，需要两个限流电抗器。这种由两组晶闸管供电的电枢可逆电路具有切换速度快、控制简单灵活等优点，在正反转频繁切换场合应用广泛，是直流电动机可逆系统的主要实现方式。

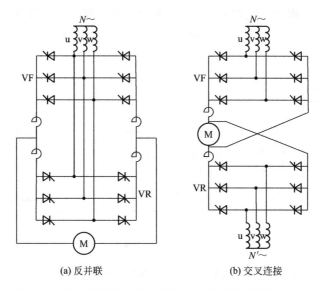

(a) 反并联　　　　　　　　(b) 交叉连接

图 4-9　两组晶闸管装置供电可逆电路的两种不同连接方式

（2）励磁反接可逆电路

励磁反接可逆电路中，一组晶闸管装置负责向直流电动机的电枢供电并实现调速，而由另外两组晶闸管装置反并联后向励磁绕组供电，其连接方式与电枢反接可逆电路类似，同样也可以采用反并联和交叉连接方式实现可逆电路，其原理框图如图 4-10 所示。

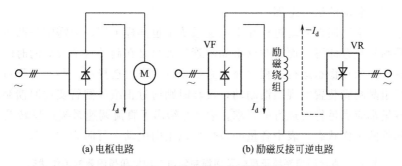

(a) 电枢电路　　　　　　　　(b) 励磁反接可逆电路

图 4-10　励磁反接电路原理框图

在直流调速系统中采用励磁反接电路实现可逆运行的主要优点：励磁功率仅占电动机额定功率的 1%～5%，故此时励磁回路仅需两组低容量晶闸管装置，而高容量晶闸管仅需一组，在大功率场合，这种方案将大大降低系统成本。

但由于励磁绕组电感较大，励磁电流的反向过程要比电枢电流慢很多；同时，在反向过程中，励磁电流从额定值降到零值的过程中，若电枢电流依然存在则会出现弱磁加速过程，在工程实践中，这种情况是必须避免的。所以，励磁反接可逆电路仅适用于快速性要求低、正反转转换不频繁的大功率可逆系统（如电力机车、卷扬机等）。

（3）回馈制动

回馈制动是让电动机快速减速或者停车最经济有效的方法，它是一种将制动期间所释放的能量通过晶闸管装置回馈回电网的方法。在电动机进入回馈制动状态时，晶闸管装置工作在逆变状态。

由于在制动过程中电动机的转速方向是不会改变的，要实现回馈制动，需改变电动机的电磁输出转矩方向——即改变电枢电流方向（避免弱磁加速，不采用改变磁场方向的方法）。由上述可知，改变电枢电流的方向可采用两组晶闸管装置供电的可逆电路实现，如图 4-11 所示。

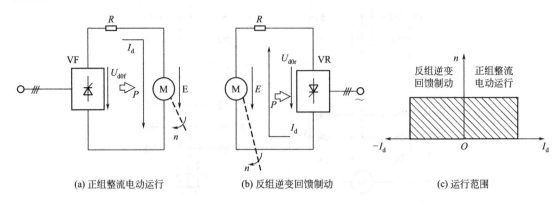

(a) 正组整流电动运行　　　　(b) 反组逆变回馈制动　　　　(c) 运行范围

图 4-11　具有回馈制动的直流调速系统电路及运行范围

图 4-11(a) 中，正组晶闸管装置 VF 整流状态运行并向电动机供电，VF 输出电压为 U_{d0f}，方向如图所示，电动机吸收 VF 传递过来的电能运转。图 4-11(b) 中，当电动机进入制动状态时，可通过控制电路让反组晶闸管装置 VR 工作，并使其处于逆变状态，输出电压为 U_{d0r}，制动状态下电动机反电动势 E 的方向未变；当 E 略大于 $|U_{d0r}|$ 时，产生反向电流 $-I_d$ 从而实现回馈制动，而电动机所释放的电能通过 VR 反馈给了电网。图 4-11(c) 给出了电动运行和回馈制动的运行范围。

可以注意到，上述回馈制动过程在不可逆系统中也同样可用，只需配备两组反并联或者交叉连接的晶闸管装置即可。而此时反组晶闸管装置只是在制动这个较短的时间内向电动机提供反向电流，并未在稳态运行过程中介入系统，其功率可选择小一些。对于可逆系统，在正转时通过反组晶闸管装置实现回馈制动，反转时则通过正组晶闸管实现回馈制动，两组晶闸管装置的容量都应满足稳态运行的要求。表 4-2 给出了直流调速系统正反转及回馈制动时电动机和晶闸管的工作状态，表中各量的极性均以正向电动运行时为 "＋"。

表 4-2　直流调速系统正反转及回馈制动时电动机和晶闸管的工作状态

系统工作状态	正向运行	正向制动	反向运行	反向制动
电枢电压极性	＋	＋	－	－
电枢电流极性	＋	－	－	＋
电动机旋转方向	＋	＋	－	－
电动机运行状态	电动	回馈制动	电动	回馈制动
晶闸管组别及状态	正组整流	反组逆变	反组整流	正组逆变
机械特性所在象限	I	II	III	IV

4.2.2　可逆直流调速系统环流问题简介

直流调速系统可逆电路中的环流是指不经过电动机或者负载，直接在两组晶闸管装置之间流通的短路电流。反并联电路中的环流如图 4-12 所示，其中 I_d 为负载电流，I_c 为环流电流，R_n 为晶闸管装置内阻。

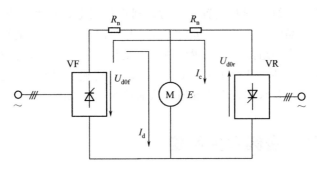

图 4-12　反并联电流中的环流示意图

（1）环流的优缺点

优点：①在晶闸管可承受的范围内，适量的环流可以让 V-M 系统在空载或者轻载时保持一定的电流，减小电流的断续对系统静态及动态性能的影响；②在可逆系统中，保持少量的环流可让电流无换向死区，进而加快换向过程。

缺点：环流在一定程度上增加晶闸管及变压器的负载，若环流电流过大，则可能损坏晶闸管。

所以，在工程应用中必须充分发挥环流的优点，同时尽量抑制环流对系统的不良影响。

（2）环流的分类

环流可分为静态环流和动态环流两大类。

静态环流：晶闸管装置在一定的触发延迟角下稳态工作时，可逆电路中产生的环流称为静态环流。而静态环流分为直流平均环流和瞬时脉动环流。

直流平均环流为两组晶闸管装置之间的电势差产生的环流，当正组晶闸管装置 VF 与反组晶闸管装置 VR 都处于整流状态时，正组整流电压 U_{d0f} 和反组整流电压 U_{d0r} 正负对接，此时产生的直流电源短路电流即为直流平均环流。瞬时脉动环流为整流电压与逆变电压瞬时值不等产生的环流。

动态环流：系统处于动态过程中，可逆电路中出现的环流称为动态环流。

（3）环流的消除与抑制

在此，直接给出环流消除的方法，若要了解其具体原理请查阅参考文献［12］。

设整流组晶闸管装置的触发脉冲相位与逆变组晶闸管装置的触发脉冲相位分别为 α 和 β。

直流平均环流的消除方法为：使整流组的触发延迟角大于或等于逆变组的逆变角，即 $\alpha \geqslant \beta$。

抑制瞬时脉动环流的方法为：在环流回路中串入环流电抗器（或均衡电抗器），如图 4-9 所示，且要求电抗器可以将瞬时脉动环流中的直流分量限制在额定电流的 5%～10% 之间。

（4）无环流可逆直流调速系统

有环流可逆直流调速系统利用可逆电路中适当的环流，可实现快速、平滑的响应过程，但为了避免过大环流对系统产生的不利影响，通常需要设置几个环流电抗器，这将大幅度增加调速系统的成本、体积以及能量损耗。生产实践中，若生产工艺对系统过渡特性中的平滑性要求不高时，一般采用无直流环流和瞬时脉动环流的无环流可逆直流调速系统。而无环流按照实现原理的不同，可分为逻辑无环流系统和错位无环流系统。

逻辑无环流系统：一组晶闸管装置工作时，利用控制电路让另一组晶闸管装置完全阻断，在逻辑上确保两组晶闸管装置不会同时工作，从根源上切断环流通路。

错位无环流系统：当一组晶闸管装置整流时，则让另一组晶闸管装置处于待逆变状态，两组晶闸管装置的触发脉冲错开的相位差应大于 $150°$，待逆变晶闸管装置触发脉冲到达时，其晶闸管器件处于反向阻断状态，无法导通，从而杜绝了环流的产生。

4.3 交流 PWM 变频器主回路

图 4-13 是一种三相交流 PWM 变频器中最常见的主回路结构，其中①部分是一种不可控的三相整流桥，它可将三相的交流电整流为电压幅值恒定的直流电；②部分是一种三相逆变器，可将直流电逆变为交流电，通过对逆变器中的 6 个全控型电力电子器件的通断进行控制，可输出期望的交流电；③部分是滤波环节，它的作用是减小直流电的电压脉动。这种主回路结构组成的变频器具有控制便捷、结构简单等优点，若采用 PWM 控制方法进行控制，其输出的谐波分量也会比较小；但当电动机工作在回馈制动状态时，主回路无法将能量回馈至电网，造成直流侧电压上升，产生泵升电压，可能损坏变频器。

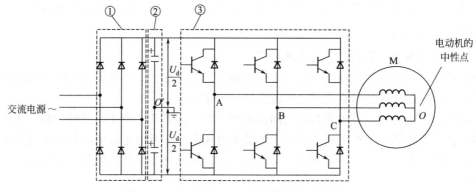

图 4-13　交-直-交 PWM 变频器主回路结构图

在大功率的中、高压场合，变频器一般采用多电平的 PWM 逆变器实现，关于多电平的 PWM 逆变器的介绍可参考文献 [19，20]。

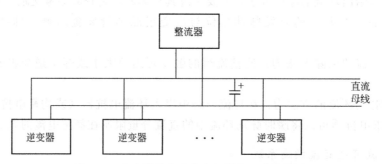

图 4-14　直流母线方式的变频器主回路结构图

随着运动控制技术应用领域的不断延伸，变频器的应用也随之变得更加广泛。在生产实践中，为了减少整流部分的器件数量，可利用直流母线实现多逆变装置之间的能量平衡，提高整流效率，具体实现方法：将多个逆变装置接到同一个直流母线上，而这个直流母线的直流电由一个整流装置整流生成，如图 4-14 所示。若执行电动机处于制动状态，则制动过程产生的回馈能量可通过直流母线传送至其他逆变器及负载中，有效地抑制了泵升电压。

4.4　交流 PWM 控制技术

4.4.1　正弦波脉宽调制（SPWM）技术

正弦波脉宽调制（SPWM）技术已在先修课程"电力电子技术"中详细介绍了，本节仅作简要介绍。

SPWM 中，通过调制波与载波的交点来确定输出的电压是高电平还是低电平，从而产生方波信号，利用此方波信号来确定逆变器中开关器件的通断时刻。其中，调制波为频率与期望的输出电压波形相同的正弦波，载波为频率比期望波高得多的等腰三角波。

图 4-13 所示的变频器主回路输出电压的状态共有 8 种，设 S_A、S_B、S_C 分别为输出的 A、B、C 三相的开关状态，"$S_A=1$"表示 A 桥臂的上桥臂导通，下桥臂截止；"$S_A=0$"表示 A 桥臂的下桥臂导通，上桥臂截止；S_B 和 S_C 亦然。PWM 有单极性和双极性两种，在双极性 PWM 变频器中，其逆变器的三相输出电压 u_A、u_B、u_C 以直流电源中性点 O' 为参考点（图 4-13），u_{AO}、u_{BO}、u_{CO} 为被控电动机的三相电压，以电动机中性点 O 为参考点，O 点相对于电源中性点 O' 电压为：

$$u_O=(u_{AO}+u_{BO}+u_{CO})/3$$

由于 $u_{AO}+u_{BO}+u_{CO}\neq0$，故点 O' 和点 O 的电位不相等，详见参考文献 [21]。另外，单极性 PWM 控制方式的参考点为直流电源的负极。

基于三相 PWM 逆变器的双极性 SPWM 波的仿真波形如图 4-15 所示。图中，u_{ra}、u_{rb}、u_{rc} 分别为正弦调制波的三相电压波形，u_t 为等腰三角载波，u_A、u_B、u_C 为以 O' 为参考点的三相输出相电压波形，u_{AB} 为输出的线电压波形，其中相电压幅值为 $U_d/2$，线电压幅值为 U_d；u_{AO} 为输入电动机 A 相绕组的相电压波形，其脉冲电平幅值有 $\pm2U_d/3$、$\pm U_d/3$ 和 0 五种。

由上述可知，调制波与高频载波的交点决定了逆变器中开关器件的通断时刻，这种控制方法又称为"自然采样法"。在实际应用中，可用正弦波信号发生器、三角波信号发生器及电压比较器方便地实现这种 SPWM 控制。也可采用软件编程的方式实现 SPWM 控制，但由于调制波和载波交点的不确定性，软件编程实现时，运算较为复杂，需进行适当的简化，简化的方法有"规则采样法"[21,22]等。

SPWM 中，调制度是其一项重要参数，它是指正弦调制波与三角载波的幅值之比。SPWM 通常采用三相分别调制的方法完成 SPWM 控制，若调制度为 1 时，逆变器输出相电压为 $U_d/2$，线电压为 $\sqrt{3}U_d/2$，此时直流电压利用率仅为 0.8669[21]。此时，若想提高直流电压利用率只能将调制度提高，但调制度一旦大于 1，便会产生波形失真，增加电压谐波分量。为了在波形不失真的情况下提高直流电压利用率，可采用三次谐波注入法[23,24]或电压空间矢量 PWM（SVPWM）调制实现脉冲宽度调制。

由图 4-13 可知，若同一桥臂的上下开关器件同时导通，会产生短路现象，所以同一桥臂的上下开关器件是绝对不能同时导通的。所以在实际应用中，必须引入死区时间[22]，以保证图 4-13 所示的主回路不会短路。目前许多专用的运动控制芯片均集成了带死区时间的 PWM 发生器，它发出的控制信号经放大后可完成功率开关器件的驱动。

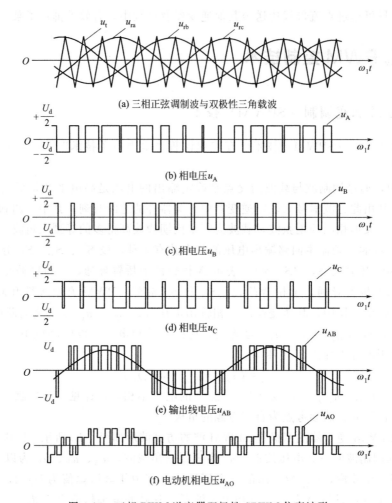

图 4-15　三相 PWM 逆变器双极性 SPWM 仿真波形

4.4.2　消除指定次数谐波的 PWM（SHEPWM）控制技术

上述的 SPWM 变频器的输出电压不可避免地会带有一定的谐波分量，这些谐波分量会带来电动机的转矩和转速脉动，为了尽量减小这种影响，可通过计算图 4-16 中各脉冲 α_1、α_2、α_3、α_4、$\cdots$、α_{2m}（m 是一个输出周波内的脉冲个数）这些起始相位和终了相位的方法，来消除指定次数的谐波，这种方法称为消除指定次数谐波 PWM（Selected Harmonics Elimination PWM，SHEPWM）控制技术，它是 SPWM 基础上的一个衍生。

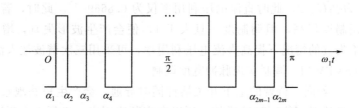

图 4-16　变压变频器输出的相电压 PWM 波形

对图 4-16 的 PWM 波形做傅里叶分析可得出其 k 次谐波相电压幅值，在这里直接给出

表达式

$$U_{km} = \frac{2U_d}{k\pi} \left[1 + 2\sum_{i=1}^{m} (-1)^i \cos k\alpha_i \right]$$ (4-3)

式中，U_d 为直流母线电压值；α_i 为 PWM 波中第 i 个脉冲起始或终了时刻的相位角（奇数为起始时刻，偶数为终了时刻）。

为了消除第 k 次谐波分量，理论上可令式(4-3)中的 $U_{km}=0$（$k>1$），同时令基波分量 $U_{1m}=$ 期望值，联立方程解出 α_i 即可。图 4-15(b) 为 PWM 逆变器输出的 A 相相电压，它具有半个周期对称的性质，所以在对其波形进行研究时仅研究其半个周期即可；在半周期内逆变器输出的相电压波形有 m 个 α 值，所以除了要消除的 k 次谐波分量的幅值以及已确定的基波分量期望值外，还需要另找 $m-2$ 个方程进行联立方可解出所有的 α 值，而所选的方程也代表了可消除的谐波分量。例如，若 $m=6$，要消除的谐波分量次数为 3，则还可消除 3 个不同次数的谐波分量，取影响较大的 5、7、11、13 次谐波，令这些谐波分量的电压值为 0，再令"$U_{1m}=$ 期望值"，得到方程组：

$$\begin{cases} U_{1m} = 2U_d[1 - 2\cos\alpha_1 + 2\cos\alpha_2 - 2\cos\alpha_3 + 2\cos\alpha_4 - 2\cos\alpha_5 + 2\cos\alpha_6]/\pi = 期望值 \\ U_{3m} = 2U_d[1 - 2\cos3\alpha_1 + 2\cos3\alpha_2 - 2\cos3\alpha_3 + 2\cos3\alpha_4 - 2\cos3\alpha_5 + 2\cos3\alpha_6]/3\pi = 0 \\ U_{5m} = 2U_d[1 - 2\cos5\alpha_1 + 2\cos5\alpha_2 - 2\cos5\alpha_3 + 2\cos5\alpha_4 - 2\cos5\alpha_5 + 2\cos5\alpha_6]/5\pi = 0 \\ U_{7m} = 2U_d[1 - 2\cos7\alpha_1 + 2\cos7\alpha_2 - 2\cos7\alpha_3 + 2\cos7\alpha_4 - 2\cos7\alpha_5 + 2\cos7\alpha_6]/7\pi = 0 \\ U_{11m} = 2U_d[1 - 2\cos11\alpha_1 + 2\cos11\alpha_2 - 2\cos11\alpha_3 + 2\cos11\alpha_4 - 2\cos11\alpha_5 + 2\cos11\alpha_6]/11\pi = 0 \\ U_{13m} = 2U_d[1 - 2\cos13\alpha_1 + 2\cos13\alpha_2 - 2\cos13\alpha_3 + 2\cos13\alpha_4 - 2\cos13\alpha_5 + 2\cos13\alpha_6]/13\pi = 0 \end{cases}$$

上述 6 个方程中，共有 α_1、α_2、α_3、α_4、α_5、α_6 六个待求参数，即 6 个待求的开关时刻相位角；它是一个非线性的方程组，利用计算机求解时通常采用数值计算方法（如牛顿法、抛物线法等），完成求解后再利用 $\alpha_{2m}(\alpha_{12})=2\pi-\alpha_1$，$\alpha_{2m-1}(\alpha_{11})=2\pi-\alpha_2$ … 求出 α_7、α_8、α_9、α_{10}、α_{11}、α_{12}。这种 SHEPWM 方法虽可消除指定次数的谐波分量，但可能带来更大的高次谐波；对于电动机来说有些高次谐波对其运行性能的影响并不会很大，所以总体来说，这种 SHEPWM 控制技术具有较好的谐波消除作用。

由上述分析可知，SHEPWM 控制方法计算过程复杂度较大，一次计算时间可能接近或者超出系统的控制周期，不宜在每次控制时都进行计算。在实际应用中，一般由计算机离线计算出各相位角并存入处理器内存中，在控制过程中调用即可。

4.4.3　电流跟踪 PWM（CFPWM）控制技术

上述 SPWM 控制技术的目标是将逆变器的输出电压控制为接近正弦波，而其输出电流则由于负载性质及变化的原因，一般不会是一个正弦波的形态。对于交流电动机而言，为保证稳态时的电磁输出转矩恒定、脉动现象尽量小，输入其三相绕组的电流应尽量地接近正弦波，所以在进行逆变器输出控制时，以电流控制为目标比电压控制更加合适。

以电流为控制目标的 PWM 控制技术称为电流跟踪 PWM（Current Follow PWM，CFPWM），其主要思路为：以图 4-13 所示的主回路为基础，添加一个电流闭环控制环节，让实际的输出电流能够快速地跟随给定的电流，从而使得电动机在稳态时的三相定子电流尽可能地接近给定电流（正弦波），这样可获得更好的转矩和转速输出。

图 4-17 是以 PWM 变压变频器中 A 相交流电为例的一种电流跟踪 PWM 控制方法原理图，它包含了一个环宽为 $2h$ 的滞环比较器作为电流控制器，所以这种 PWM 控制方法称为

电流滞环跟踪 PWM（Current Hysteresis Band PWM，CHBPWM）。设给定电流为 i_A^*，将其与实际输出电流 i_A 进行比较，若存在偏差 Δi_A，且 $|\Delta i_A| > h$ 时，滞环比较器 HBC 控制 A 相上下桥臂开关器件工作。B 相和 C 相亦然。

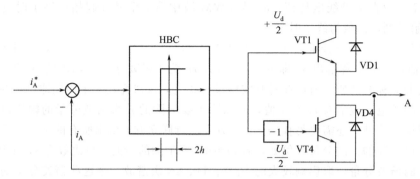

图 4-17　电流跟踪 PWM 控制方法原理图（A 相为例）

采用电流滞环跟踪 PWM 控制时，变频器输出的电流和电压波形如图 4-18 所示（以 A 相为例）。图中，在 $t_0 \sim t_2$ 时间段内的工作过程如下：t_0 时刻，$i_A < i_A^*$ 且 $\Delta i_A = i_A^* - i_A \geqslant h$，滞环比较器 HBC 输出电平为正，上桥臂开关器件 VT1 导通，u_A 输出正电压，i_A 增大。当 $i_A = i_A^*$ 时，由于滞环的作用 u_A 仍为正，因此 i_A 继续增大，直到 t_1 时刻，此时 $i_A - i_A^* = h$，HBC 输出电平变为负值，VT1 截止，经过死区时间后驱动 VT4，但此时 VT4 不会马上导通，在电动机绕组的电感性质作用下，电流不会反向，绕组中的电流 i_A 通过 VD4 续流，而 VT4 受到反向钳位作用而无法导通，输出的电压 u_A 变为负值，i_A 开始减小，直至 t_2 时刻，此时 $i_A^* - i_A = h$，HBC 输出电平又变为正值，重复上述过程。在电流的正半波中，VT1 和 VD4 交替工作，使得 i_A 能够跟随 i_A^*，两者偏差被控制在 $\pm h$ 范围内。稳态时，给定的 i_A^* 为正弦波，而电动机的实际电流 i_A 以锯齿状跟随 i_A^*，达到接近正弦波的目的。在负半波中，其工作过程与正半波类似，只是交替工作的器件变为 VT4 和 VD1。

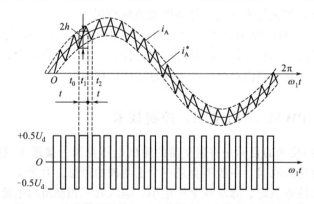

图 4-18　电流滞环跟踪 PWM 控制中 A 相电流与电压波形

不难看出，电流滞环跟踪 PWM 的控制精度与滞环比较器的环宽有关，同时还会受到开关器件最大开关频率的制约。滞环宽度 $2h$ 较大时，开关器件的开关频率低，电流输出失真较大，谐波分量较多；反之，滞环宽度较小时，开关器件的开关频率高，但电流输出更接近于正弦波，谐波分量较少。所以在实际应用中，应在器件开关频率允许的情况下，使得滞环宽度尽量小。

电流滞环跟踪 PWM 控制方法具有易于实现、精度高、响应快等优点，但实际应用中可能存在开关器件的开关频率不确定无法得到最优控制的问题；可在局部范围内限定开关频率或者使用具有恒定开关频率的电流控制器来克服这个问题，只是这样就无法保证最优电流波形的输出了。

　　具有电流滞环跟踪 PWM 控制功能的变频器在交流调速系统中应用时，改变电流的给定值即可实现调速，不用再去调节逆变器的输出电压。由第 2 章可知，这个电流的给定值由其外环转速环提供，这样系统就可以根据负载的需要自动地改变给定电流值了。

4.5　电压空间矢量 PWM 控制技术

　　上述的 SPWM 控制技术以输出电压尽量接近正弦波为目的；而电流跟踪的 PWM 控制技术则是以输出电流尽量接近正弦波为目的，与 SPWM 控制技术相比，在电动机稳态过程中的电磁输出转矩脉冲有所减小，控制性能更佳，但交流电动机在稳态过程中最理想的状态是三相绕组通入的正弦波电流能够在电动机内部空间中形成圆形的旋转磁场，进而使得电磁输出转矩恒定。考虑直接以磁链为控制对象，形成"磁链跟踪控制"的 PWM 控制技术，在这种 PWM 控制技术中，将电动机和逆变器视为一体对逆变器进行控制，其目标就是将磁链控制为圆形的旋转磁场。这种"磁链跟踪控制"的 PWM 控制技术的主体思路为：根据磁链轨迹在空间中的位置，输出不同的电压空间矢量，所以这种方法一般称为"电压空间矢量（Space Vector PWM，SVPWM）控制"。

4.5.1　空间矢量的定义

　　交流电动机定子绕组的电压、电流及其生成的磁链都不是恒定的，它们都会随着时间的变化而变化，若将它们的值与它们所在的相对于三相绕组轴线的空间位置综合考虑，则这些变量均可定义为空间矢量。图 4-19 是一个电压空间矢量的示意图。图中，A、B、C 分别为电动机定子三相绕组的轴线（静止三相 ABC 坐标轴），空间上三个轴线相差 120°（即：$2\pi/3$ 的弧度），而绕组内加载的三相定子电压 u_{AO}、u_{BO}、u_{CO} 在空间上也有 $2\pi/3$ 弧度的相位差。这样可定义出三个电压空间矢量 $\boldsymbol{u}_{AO}$、$\boldsymbol{u}_{BO}$、$\boldsymbol{u}_{CO}$。当 $u_{AO}>0$ 时，$\boldsymbol{u}_{AO}$ 与 A 轴同向；当 $u_{AO}<0$ 时，$\boldsymbol{u}_{AO}$ 与 A 轴反向。$\boldsymbol{u}_{BO}$ 与 $\boldsymbol{u}_{CO}$ 亦然。

$$\boldsymbol{u}_{AO}=ku_{AO}$$

$$\boldsymbol{u}_{BO}=ku_{BO}e^{j\gamma}$$

$$\boldsymbol{u}_{CO}=ku_{CO}e^{j2\gamma}$$

式中，$\gamma=2\pi/3$，k 为待定系数。

定子电压合成矢量为

$$\boldsymbol{u}_s=\boldsymbol{u}_{AO}+\boldsymbol{u}_{BO}+\boldsymbol{u}_{CO}=ku_{AO}+ku_{BO}e^{j\gamma}+ku_{CO}e^{j2\gamma} \tag{4-4}$$

当 $u_{AO}>0$、$u_{BO}>0$、$u_{CO}<0$ 时，定子电压合成矢量如图 4-19 所示。

类似地，定子电流及其所产生的磁链的空间矢量 $\boldsymbol{\iota}_s$ 和 $\boldsymbol{\phi}_s$ 分别为

$$\boldsymbol{\iota}_s=\boldsymbol{\iota}_{AO}+\boldsymbol{\iota}_{BO}+\boldsymbol{\iota}_{CO}=ki_{AO}+ki_{BO}e^{j\gamma}+ki_{CO}e^{j2\gamma} \tag{4-5}$$

$$\boldsymbol{\phi}_s=\boldsymbol{\phi}_{AO}+\boldsymbol{\phi}_{BO}+\boldsymbol{\phi}_{CO}=k\psi_{sAO}+k\psi_{BO}e^{j\gamma}+k\psi_{CO}e^{j2\gamma} \tag{4-6}$$

由式（4-4）和式（4-5）可得空间矢量功率表达式为

$$p'=Re(\boldsymbol{u}_s\boldsymbol{\iota}_s')=Re[k^2(u_{AO}+u_{BO}e^{j\gamma}+u_{CO}e^{j2\gamma})(i_{AO}+i_{BO}e^{-j\gamma}+i_{CO}e^{-2j\gamma})] \tag{4-7}$$

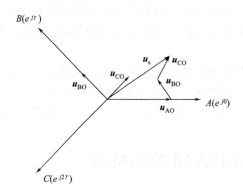

图 4-19　电压空间矢量

$\boldsymbol{\iota}_s$ 和 $\boldsymbol{\iota}_s'$ 是一对共轭矢量，将式(4-17)展开，得

$$
\begin{aligned}
p' &= Re(\boldsymbol{u}_s \boldsymbol{\iota}_s') \\
&= Re[k^2(u_{AO}+u_{BO}e^{j\gamma}+u_{CO}e^{j2\gamma})(i_{AO}+i_{BO}e^{-j\gamma}+i_{CO}e^{-2j\gamma})] \\
&= k^2(u_{AO}i_{AO}+u_{BO}i_{BO}+u_{CO}i_{CO})+k^2 Re[(u_{BO}i_{AO}e^{j\gamma}+u_{CO}i_{CO}e^{j2\gamma}+u_{AO}i_{BO}e^{-j\gamma}+ \\
&\quad u_{CO}i_{BO}e^{j\gamma}+u_{AO}i_{CO}e^{-2j\gamma}+u_{BO}i_{CO}e^{-j\gamma})]
\end{aligned}
$$

若电动机三相平衡，则 $i_{AO}+i_{BO}+i_{CO}=0$，$\gamma=2\pi/3$，得

$$
\begin{aligned}
&Re[(u_{BO}i_{AO}e^{j\gamma}+u_{CO}i_{CO}e^{j2\gamma}+u_{AO}i_{BO}e^{-j\gamma}+u_{CO}i_{BO}e^{j\gamma}+u_{AO}i_{CO}e^{-2j\gamma}+u_{BO}i_{CO} \\
&e^{-j\gamma})] \\
&=(u_{BO}i_{AO}\cos\gamma+u_{CO}i_{AO}\cos2\gamma+u_{AO}i_{BO}\cos\gamma+u_{CO}i_{BO}\cos\gamma+u_{AO}i_{CO}\cos2\gamma+u_{BO}i_{CO} \\
&\cos\gamma) \\
&=-(u_{AO}i_{AO}+u_{BO}i_{BO}+u_{CO}i_{CO})\cos\gamma=(u_{AO}i_{AO}+u_{BO}i_{BO}+u_{CO}i_{CO})/2
\end{aligned}
$$

由此可得

$$
p'=\frac{3}{2}k^2(u_{AO}i_{AO}+u_{BO}i_{BO}+u_{CO}i_{CO})=\frac{3}{2}k^2 p \tag{4-8}
$$

根据电动机三相瞬时功率相等原则，应有空间矢量功率 $p'=$ 三相瞬时功率 p，应使 $3k^2/2=1$，即 $k=\sqrt{2/3}$。空间矢量表达式为

$$
\boldsymbol{u}_s=\sqrt{2/3}(u_{AO}+u_{BO}e^{j\gamma}+u_{CO}e^{j2\gamma}) \tag{4-9}
$$

$$
\boldsymbol{\iota}_s=\sqrt{2/3}(i_{AO}+i_{BO}e^{j\gamma}+i_{CO}e^{j2\gamma}) \tag{4-10}
$$

$$
\boldsymbol{\phi}_s=\sqrt{2/3}(\psi_{AO}+\psi_{BO}e^{j\gamma}+\psi_{CO}e^{j2\gamma}) \tag{4-11}
$$

若定子三相电压平衡，则三相电压合成矢量为

$$
\begin{aligned}
\boldsymbol{u}_s &= \boldsymbol{u}_{AO}+\boldsymbol{u}_{BO}+\boldsymbol{u}_{CO}=\sqrt{2/3}\left[U_m\cos(\omega_1 t)+U_m\cos\left(\omega_1 t-\frac{2\pi}{3}\right)e^{j\gamma}+U_m\cos\left(\omega_1 t-\frac{4\pi}{3}\right)e^{j2\gamma}\right] \\
&= \sqrt{2/3}\,U_m e^{j\omega_1 t}=U_s e^{j\omega_1 t} \tag{4-12}
\end{aligned}
$$

式中，ω_1 是电源的角频率；$\boldsymbol{u}_s$ 是一个以 ω_1 为角速度旋转的幅值为相电压幅值 $\sqrt{3/2}$ 倍的电压空间合成矢量，若电压的合成矢量中，某一相电压达到最大值时，$\boldsymbol{u}_s$ 便落在该相的轴线上。交流电动机稳态运行时，若供电电压三相平衡，则电流空间矢量 $\boldsymbol{\iota}_s$ 和磁链空间矢量 $\boldsymbol{\phi}_s$ 幅值恒定，并以角速度 ω_1 在空间内恒速旋转。

4.5.2　电压与磁链空间矢量的关系

以三相异步电动机为例，三相定子绕组对称且由三相对称的正弦交流电源供电，此时定子电压空间矢量方程式可表示为

$$\boldsymbol{u}_s = R_s \boldsymbol{\iota}_s + \frac{\mathrm{d}\psi_s}{\mathrm{d}t} \tag{4-13}$$

当电动机非低速运行时，定子绕组的电阻所造成的压降可忽略不计，定子电压空间矢量与磁链空间矢量存在以下近似关系

$$\boldsymbol{u}_s \approx \mathrm{d}\boldsymbol{\psi}_s / \mathrm{d}t \tag{4-14}$$

或

$$\boldsymbol{\psi}_s \approx \int \boldsymbol{u}_s \mathrm{d}t$$

由于电动机由三相对称正弦电源供电时，稳态时，电动机定子磁链幅值恒定，在空间内磁链空间矢量以恒速旋转，因此该磁链矢量顶端的运动轨迹呈圆形（简称为磁链圆）。定子磁链矢量可写成矢量表达式

$$\boldsymbol{\psi}_s = \psi_s e^{j(\omega_1 t + \varphi)} \tag{4-15}$$

式中，ψ_s 为定子磁链矢量幅值；φ 为定子磁链矢量的空间初始角度。

式(4-15) 两边对 t 求导得

$$\boldsymbol{u}_s \approx \frac{\mathrm{d}}{\mathrm{d}t}\left[\psi_s e^{j(\omega_1 t + \varphi)}\right] = j\omega_1 \psi_s e^{j(\omega_1 t + \varphi)} = \omega_1 \psi_s e^{j(\omega_1 t + \frac{\pi}{2} + \varphi)} \tag{4-16}$$

由式(4-16) 可知，磁链幅值$|\boldsymbol{\psi}_s|$近似等于定子电压与电源角频率之比 u_s/ω_1，$\boldsymbol{u}_s$ 与 $\boldsymbol{\psi}_s$ 正交（即 $\boldsymbol{u}_s$ 方向为磁链圆的切线方向），如图 4-20 所示。所以磁链矢量 $\boldsymbol{\psi}_s$ 在空间内旋转一周，电压矢量 $\boldsymbol{u}_s$ 也按磁链圆的切线方向运动 360°，如图 4-21 所示，电压矢量的轨迹也是一个圆。基于上述分析，对电动机磁链轨迹的控制问题可近似地转化为电压矢量轨迹的控制问题。

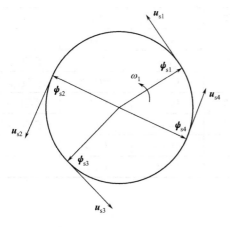

图 4-20　旋转磁场与电压空间矢量的运动轨迹

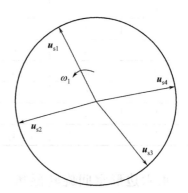

图 4-21　电压矢量圆轨迹

4.5.3　PWM 逆变器输出的基本电压矢量

由式(4-9) 得

$$\boldsymbol{u}_{\mathrm{s}} = \boldsymbol{u}_{\mathrm{AO}} + \boldsymbol{u}_{\mathrm{BO}} + \boldsymbol{u}_{\mathrm{CO}} = \sqrt{2/3}\,(u_{\mathrm{AO}} + u_{\mathrm{BO}}e^{j\gamma} + u_{\mathrm{CO}}e^{j2\gamma})$$
$$= \sqrt{2/3}\,[(u_{\mathrm{A}} - u_{\mathrm{OO'}}) + (u_{\mathrm{B}} - u_{\mathrm{OO'}})e^{j\gamma} + (u_{\mathrm{C}} - u_{\mathrm{OO'}})e^{j2\gamma}]$$
$$= \sqrt{2/3}\,[u_{\mathrm{A}} + u_{\mathrm{B}}e^{j\gamma} + u_{\mathrm{C}}e^{j2\gamma} - u_{\mathrm{OO'}}(1 + e^{j\gamma} + e^{j2\gamma})]$$
$$= \sqrt{2/3}\,(u_{\mathrm{A}} + u_{\mathrm{B}}e^{j\gamma} + u_{\mathrm{C}}e^{j2\gamma}) \tag{4-17}$$

式中，$\gamma = 2\pi/3$；$1 + e^{j\gamma} + e^{j2\gamma} = 0$；$u_{\mathrm{A}}$、$u_{\mathrm{B}}$、$u_{\mathrm{C}}$ 是 PWM 逆变器三相输出电压，其参考点是图 4-13 中的直流电源中性点 O'；u_{AO}、u_{BO}、u_{CO} 是电动机三相绕组的输入电压，其参考点为图 4-13 中的电动机三相绕组中性点 O。点 O' 与点 O 的电位不一定相等，但由式 (4-17) 可知，其成电压矢量的是相等的，故三相合成电压空间矢量与参考点是没有关系的。

图 4-13 所示的 PWM 变频器主回路中的逆变器共有 8 种工作状态，当 $(S_{\mathrm{A}}, S_{\mathrm{B}}, S_{\mathrm{C}}) = (1, 0, 0)$ 时，$(u_{\mathrm{A}}, u_{\mathrm{B}}, u_{\mathrm{C}}) = (U_{\mathrm{d}}/2, -U_{\mathrm{d}}/2, -U_{\mathrm{d}}/2)$，代入式 (4-9) 得

$$\boldsymbol{u}_1 = \sqrt{2/3}\,U_{\mathrm{d}}(1 - e^{j\gamma} - e^{j2\gamma})/2 = \sqrt{2/3}\,U_{\mathrm{d}}(1 - e^{j\frac{2\pi}{3}} - e^{j\frac{2\pi}{3}})/2$$
$$= \sqrt{2/3}\,U_{\mathrm{d}}\left[\left(1 - \cos\frac{2\pi}{3} - \cos\frac{4\pi}{3}\right) - j\left(\sin\frac{2\pi}{3} + \sin\frac{4\pi}{3}\right)\right]/2 = \sqrt{2/3}\,U_{\mathrm{d}} \tag{4-18}$$

同理，当 $(S_{\mathrm{A}}, S_{\mathrm{B}}, S_{\mathrm{C}}) = (1, 0, 1)$ 时，$(u_{\mathrm{A}}, u_{\mathrm{B}}, u_{\mathrm{C}}) = (U_{\mathrm{d}}/2, -U_{\mathrm{d}}/2, U_{\mathrm{d}}/2)$，得

$$\vec{u}_6 = \sqrt{2/3}\,U_{\mathrm{d}}(1 - e^{j\gamma} + e^{j2\gamma})/2 = \sqrt{2/3}\,U_{\mathrm{d}}(1 - e^{j\frac{2\pi}{3}} + e^{j\frac{4\pi}{3}})/2$$
$$= \sqrt{2/3}\,U_{\mathrm{d}}\left[\left(1 - \cos\frac{2\pi}{3} + \cos\frac{4\pi}{3}\right) + j\left(-\sin\frac{2\pi}{3} + \sin\frac{4\pi}{3}\right)\right]/2$$
$$= \sqrt{2/3}\,U_{\mathrm{d}}(1 + j\sqrt{3})/2 = \sqrt{2/3}\,U_{\mathrm{d}}e^{j\frac{\pi}{3}} \tag{4-19}$$

依此类推，可得 8 个基本电压矢量，如表 4-3 所示。其中 $\boldsymbol{u}_1 \sim \boldsymbol{u}_6$ 为 6 个有效的电压矢量，它们的均幅值为 $\sqrt{2/3}\,U_{\mathrm{d}}$，互差 $\pi/3$ 相位差；另外，$\boldsymbol{u}_0$ 和 $\boldsymbol{u}_7$ 是两个零矢量，基本电压空间矢量图见图 4-22。

表 4-3　基本空间电压矢量

项目	S_{A}	S_{B}	S_{C}	u_{A}	u_{B}	u_{C}	$\boldsymbol{u}_{\mathrm{s}}$
$\boldsymbol{u}_0$	0	0	0	$-U_{\mathrm{d}}/2$	$-U_{\mathrm{d}}/2$	$-U_{\mathrm{d}}/2$	0
$\boldsymbol{u}_1$	1	0	0	$U_{\mathrm{d}}/2$	$-U_{\mathrm{d}}/2$	$-U_{\mathrm{d}}/2$	$\sqrt{2/3}\,U_{\mathrm{d}}$
$\boldsymbol{u}_2$	1	1	0	$U_{\mathrm{d}}/2$	$U_{\mathrm{d}}/2$	$-U_{\mathrm{d}}/2$	$\sqrt{2/3}\,U_{\mathrm{d}}e^{j\frac{\pi}{3}}$
$\boldsymbol{u}_3$	0	1	0	$-U_{\mathrm{d}}/2$	$U_{\mathrm{d}}/2$	$-U_{\mathrm{d}}/2$	$\sqrt{2/3}\,U_{\mathrm{d}}e^{j\frac{2\pi}{3}}$
$\boldsymbol{u}_4$	0	1	1	$-U_{\mathrm{d}}/2$	$U_{\mathrm{d}}/2$	$U_{\mathrm{d}}/2$	$\sqrt{2/3}\,U_{\mathrm{d}}e^{j\pi}$
$\boldsymbol{u}_5$	0	0	1	$-U_{\mathrm{d}}/2$	$-U_{\mathrm{d}}/2$	$U_{\mathrm{d}}/2$	$\sqrt{2/3}\,U_{\mathrm{d}}e^{j\frac{4\pi}{3}}$
$\boldsymbol{u}_6$	1	0	1	$U_{\mathrm{d}}/2$	$-U_{\mathrm{d}}/2$	$U_{\mathrm{d}}/2$	$\sqrt{2/3}\,U_{\mathrm{d}}e^{j\frac{5\pi}{3}}$
$\boldsymbol{u}_7$	1	1	1	$U_{\mathrm{d}}/2$	$U_{\mathrm{d}}/2$	$U_{\mathrm{d}}/2$	0

4.5.4　正六边形空间旋转磁场

作用时间 Δt 是指一个电压矢量所作用的时间，这里我们令 6 个有效电压矢量按 $\boldsymbol{u}_1 \sim \boldsymbol{u}_6$ 顺序作用，且作用时间相等，均为

$$\Delta t = \frac{\pi}{3\omega_1} \tag{4-20}$$

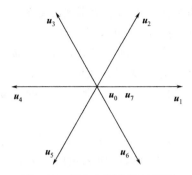

图 4-22　基本电压空间矢量图

由上式定义，每个有效电压矢量都在空间中作用了 $\pi/3$ 弧度，6 个有效电压矢量恰好能完成一个周期的作用。在某一个 Δt 时间段内，$\boldsymbol{u}_s$ 取 6 个有效电压矢量的其中一个，将式 (4-14) 用增量表达，得

$$\Delta \boldsymbol{\psi}_s = \boldsymbol{u}_s \Delta t \tag{4-21}$$

结合表 4-3 及式 (4-21) 可得，Δt 时间段内定子磁链空间矢量 $\boldsymbol{\psi}_s$ 的增量为

$$\Delta \boldsymbol{\psi}_s(k) = \boldsymbol{u}_s(k) \Delta t = \sqrt{2/3} U_d \Delta t = \sqrt{2/3} U_d \Delta t e^{j\frac{(k-1)\pi}{3}} \qquad k=1,2,3,4,5,6 \tag{4-22}$$

由上式可得，定子磁链空间矢量 $\boldsymbol{\psi}_s$ 的运动轨迹为

$$\boldsymbol{\psi}_s(k+1) = \boldsymbol{\psi}_s(k) + \Delta \boldsymbol{\psi}_s(k) = \boldsymbol{\psi}_s(k) + \boldsymbol{u}_s(k) \Delta t \tag{4-23}$$

图 4-23 为定子磁链矢量增量 $\Delta \boldsymbol{\psi}_s(k)$ 与电压矢量 $\boldsymbol{u}_s(k)$ 和时间增量 Δt 的关系。

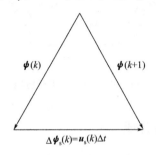

$\boldsymbol{\psi}(k)$　　$\boldsymbol{\psi}(k+1)$

$\Delta \boldsymbol{\psi}_s(k) = \boldsymbol{u}_s(k) \Delta t$

图 4-23　定子磁链矢量增量 $\Delta \boldsymbol{\psi}_s(k)$ 与
电压矢量 $\boldsymbol{u}_s(k)$ 和时间增量关系图

交流电源的一个周期内，6 个有效电压矢量各作用一次，且作用时间均为 Δt，此时产生的 6 个磁链空间矢量增量 $\Delta \boldsymbol{\psi}_s$ 首尾相接，如图 4-24 所示，定子磁链空间矢量 $\boldsymbol{\psi}_s$ 形成一个封闭的正六边形。由正六边形的性质可知：

$$|\boldsymbol{\psi}_s(k)| = |\Delta \boldsymbol{\psi}_s(k)| = |\boldsymbol{u}_s(k)| \Delta t = \sqrt{2/3} U_d \Delta t = \sqrt{2/3} U_d \pi/(3\omega_1) \tag{4-24}$$

由式 (4-24) 可推出，将定子磁链空间矢量顶端的轨迹控制为正六边形时，具有以下性质：

① 定子磁链的幅值大小与直流母线电压 U_d 成正比；

② 定子磁链的幅值大小与电源角频率 ω_1 成反比。

基频（电动机额定角频率）以下调速时，为保证电动机尽量输出无脉动的电磁转矩，定子磁链应尽量保持恒定。当直流电压 U_d 恒定时，若改变 ω_1 值，则 $|\boldsymbol{\psi}_s(k)|$ 势必发生变化。为了保持 $|\boldsymbol{\psi}_s(k)|$ 不变，必须有 (U_d/ω_1) 的值不变，所以此时若要实现变频调速，必须改

变直流母线电压 U_d 的值，这将会大大增加系统实现的复杂度。

为了解决上述问题，可在控制过程中引入零矢量（即 $\boldsymbol{u}_0$ 和 $\boldsymbol{u}_7$），由式（4-21）可知，当 $\boldsymbol{u}_s = 0$ 时，无论这个电压矢量作用多长时间，其磁链增量 $\Delta\boldsymbol{\psi}_s$ 均为 0，此时定子磁链空间矢量 $\boldsymbol{\psi}_s$ 会保持在原位置不动。若有效电压矢量作用时间为 Δt_1，零矢量作用时间为 Δt_0，且有 $\Delta t_0 + \Delta t_1 = \Delta t$，$\omega_1 \Delta t = \omega_1 (\Delta t_0 + \Delta t_1) = \pi/3$，则在 $\pi/3$ 的弧度内，定子磁链空间矢量增量 $\Delta\boldsymbol{\psi}_s(k)$ 为：

$$\Delta\boldsymbol{\psi}_s(k) = \boldsymbol{u}_s(k)\Delta t_1 + \boldsymbol{0}\Delta t_0 = \sqrt{2/3}\,U_d \Delta t_1 e^{j\frac{(k-1)\pi}{3}} \qquad k = 1,2,3,4,5,6 \qquad (4\text{-}25)$$

在 Δt_1 时间段中，$\boldsymbol{\psi}_s$ 顶端沿上述有效电压矢量的方向移动；而在 Δt_0 时间段中，$\boldsymbol{\psi}_s$ 保持不动，此时正六边形的定子磁链幅值为：

$$|\boldsymbol{\psi}_s(k)| = |\Delta\boldsymbol{\psi}_s(k)| = |\boldsymbol{u}_s(k)|\Delta t_1 = \sqrt{2/3}\,U_d \Delta t_1 \qquad (4\text{-}26)$$

保持直流母线电压 U_d 不变，欲控制 $|\boldsymbol{\psi}_s(k)|$ 保持恒定，可将 Δt_1 控制为常数，而在变频时 ω_1 减小，$\Delta t = \pi/(3\omega_1)$ 会增大，零矢量的作用时间 $\Delta t_0 = \Delta t - \Delta t_1$ 也会随之变大。这样便实现了变频调速时在直流母线电压 U_d 保持恒定的情况下，磁链幅值的恒值控制。

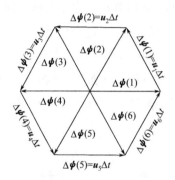

图 4-24　正六边形定子磁链轨迹

4.5.5　预期电压空间矢量的合成

上述每个有效电压矢量在一个开关周期内只工作一次，这种方式产生的是一个正六边形的旋转磁场，而正弦波供电时电动机最理想的状态是其内部的磁场呈圆形旋转，正六边形与圆形相差甚远。所以，以上述方法对交流电动机进行控制时，电磁输出转矩和转速脉动依然较大。那么，在只有这 6 个有效电压矢量的情况下，如何生成一个圆形（或近似圆）磁场呢？这需要应用到电压矢量的合成原理，即计算出形成一个圆形磁场所需的下一时刻/控制时间内最理想的电压矢量 $\boldsymbol{u}_{\text{ref}}$ 后，再利用平行四边形法则，将 6 个有效电压矢量中的 2 个相邻的电压矢量合成 $\boldsymbol{u}_{\text{ref}}$，这个 $\boldsymbol{u}_{\text{ref}}$ 称为预期电压空间矢量[27]。

如图 4-25 所示，以 6 个有效电压矢量为界线，将电压矢量空间划分为 6 个扇区，每个扇区对应的弧度为 $\pi/3$，当计算出的预期电压空间矢量落在其中一个扇区中时，可利用该扇区边界的两个有效电压矢量（基本电压矢量）合成这个预期电压空间矢量 $\boldsymbol{u}_{\text{ref}}$；在实现过程中，同一个开关周期（即上述的 Δt）内将两个基本电压矢量分别作用一段时间等效地输出 $\boldsymbol{u}_{\text{ref}}$。

若预期电压空间矢量 $\boldsymbol{u}_{\text{ref}}$ 落在第 I 扇区，如图 4-26 所示，$\boldsymbol{u}_{\text{ref}}$ 可由两个基本电压矢量 $\boldsymbol{u}_1$ 和 $\boldsymbol{u}_2$ 线性地合成。图中，θ 为 $\boldsymbol{u}_{\text{ref}}$ 与扇区起始边的夹角，按照矢量合成法则，$\boldsymbol{u}_1$ 和 $\boldsymbol{u}_2$ 分别

作用 t_1 和 t_2 时间，设开关周期为 T_0，则有

$$\boldsymbol{u}_{\text{ref}} = t_1 \boldsymbol{u}_1 / T_0 + t_2 \boldsymbol{u}_2 / T_0 = t_1 \sqrt{2/3} U_d / T_0 + t_2 \sqrt{2/3} U_d e^{j\frac{\pi}{3}} / T_0 \tag{4-27}$$

由正弦定理可得

$$\frac{t_2 \sqrt{2/3} U_d / T_0}{\sin\left(\frac{\pi}{3} - \theta\right)} = \frac{t_1 \sqrt{2/3} U_d / T_0}{\sin\theta} = \frac{\boldsymbol{u}_{\text{ref}}}{\sin\frac{2\pi}{3}} \tag{4-28}$$

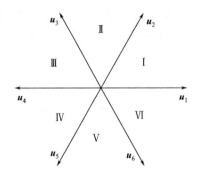

图 4-25　电压空间矢量的六个扇区　　　　图 4-26　预期电压矢量的合成

由式（4-28）解得

$$t_1 = \frac{\sqrt{2}\,\boldsymbol{u}_{\text{ref}} T_0}{U_d} \sin\left(\frac{\pi}{3} - \theta\right) \tag{4-29}$$

$$t_2 = \frac{\sqrt{2}\,\boldsymbol{u}_{\text{ref}} T_0}{U_d} \sin\theta \tag{4-30}$$

一般有 $t_1 + t_2 < T_0$，其余的时间可用零矢量（$\boldsymbol{u}_0$ 或 $\boldsymbol{u}_7$）来填补，即零矢量的作用时间为

$$t_0 = T_0 - t_1 - t_2 \tag{4-31}$$

预期电压空间矢量的两个基本矢量作用时间之和满足

$$\frac{t_1 + t_2}{T_0} = \frac{\sqrt{2}\,|\boldsymbol{u}_{\text{ref}}|}{U_d} \left[\sin\left(\frac{\pi}{3} - \theta\right) + \sin\theta \right] = \frac{\sqrt{2}\,|\boldsymbol{u}_{\text{ref}}|}{U_d} \cos\left(\frac{\pi}{6} - \theta\right) \leqslant 1 \tag{4-32}$$

由式（4-32）可知，当 $\theta = \pi/6$ 时，$t_1 + t_2 = T_0$ 最大，输出的最大电压空间矢量幅值为

$$|\boldsymbol{u}_{\text{ref}}|_{\max} = U_d / \sqrt{2} \tag{4-33}$$

由式（4-16）可知，交流电动机中加载三相平衡的定子相电压 u_{AO}、u_{BO}、u_{CO} 时，其合成矢量的幅值为相电压幅值（峰值）U_m 的 $\sqrt{2/3}$，即：$|\boldsymbol{u}_s| = \sqrt{2/3} U_m$，所以，定子相电压基波最大峰值为

$$U_{\text{mmax}} = \sqrt{2/3}\,|\boldsymbol{u}_s|_{\max} = U_d / \sqrt{3} \tag{4-34}$$

而基波线电压最大峰值为

$$U_{\text{lmmax}} = \sqrt{3} U_{\text{mmax}} = U_d \tag{4-35}$$

与 SPWM 控制方法进行对比，其基波线电压最大峰值为 $U'_{\text{lmmax}} = \sqrt{3} U_d / 2$，两者的比值

$$U_{\text{lmmax}} / U'_{\text{lmmax}} = 2 / \sqrt{3} \approx 1.15 \tag{4-36}$$

可知，基于 SVPWM 控制技术的逆变器输出的线电压基波幅值较 SPWM 提高了约 15%。

以上的分析过程亦可推广到其他各个扇区。

4.5.6 SVPWM 的实现

计算得到的预期电压空间矢量 u_{ref} 确定了两个相邻基本电压矢量，即零矢量在一个开关周期内的作用时间，在 SVPWM 实现时，还需确定这几个电压矢量的作用顺序。一般情况下，基本电压矢量的作用顺序要遵循开关损耗小、谐波分量小两个原则，即保证开关器件尽量少的开关次数的同时，PWM 输出波形尽量保持对称。下面以第 I 扇区为例，介绍常见的两种 SVPWM 实现方法。

（1）零矢量集中的实现方法

这种方法先将两个基本电压矢量 u_1 和 u_2 的作用时间进行二等分，并按照对称原则分别放置在开关周期的首尾两端，然后将零矢量放置于开关周期的中间，并按照开关次数最少原则选择零矢量（u_0 和 u_7）。

零矢量集中的 SVPWM 实现也有两种形式，如图 4-27 所示。在图 4-27(a) 中，不同矢量的作用顺序和作用时间为：u_1（时间 $t_1/2$）→u_2（时间 $t_2/2$）→u_7（时间 t_0）→u_2（时间 $t_2/2$）→u_1（时间 $t_1/2$），选择的零矢量为 u_7；而图 4-27(b) 中，不同矢量的作用顺序和作用时间为：u_2（时间 $t_2/2$）→u_1（时间 $t_1/2$）→u_0（时间 t_0）→u_1（时间 $t_1/2$）→u_2（时间 $t_2/2$），选择的零矢量为 u_0。

图 4-27 可以看出，在一个开关周期中，由一个矢量变为另一个矢量，其开关器件只有一相发生变化，这样可以使得开关次数尽量减少，开关损耗降至最低。实际应用中，集成了电动机控制功能的 DSP 芯片一般都有 SVPWM 功能，它能够根据基本矢量的作用顺序以开关损耗最小原则选择零矢量及其作用时间[25,26]。

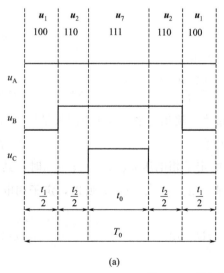

(a)

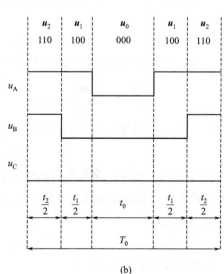

(b)

图 4-27 零矢量集中的 SVPWM 实现方法

（2）零矢量分散的实现方法

零矢量分散的 SVPWM 实现方法，顾名思义其零矢量作用时间不是集中的，它被划分为 4 等分，在开关周期的首尾两端各放置一个零矢量，在开关周期中间放置两个零矢量，而两个基本电压矢量 u_1 和 u_2 则同样被二等分，并放置在零矢量之间，根据开关损耗最小原则选择零矢量（首尾为 u_0，中间为 u_7）。如图 4-28 所示，这种 SVPWM 实现方法中，各电压矢量的作用顺序和作用时间为：u_0（时间 $t_0/4$）→u_1（时间 $t_1/2$）→u_2（时间 $t_2/2$）→u_7（时间 $t_0/2$）→u_2（时间 $t_2/2$）→u_1（时间 $t_1/2$）→u_0（时间 $t_0/4$）。

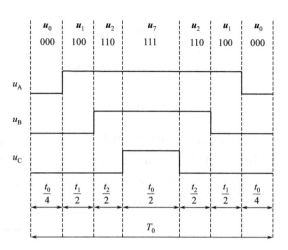

图 4-28　零矢量分布的 SVPWM 实现方法

零矢量分散的 SVPWM 实现方法，每个开关周期首尾均放置了零矢量，所以从一个预期电压空间矢量切换至另一个预期电压空间矢量时，开关器件也只有一相发生变化，但在一个周期内其开关状态变化 6 次，比零矢量集中的方法要多两次。

4.5.7　SVPWM 控制的定子磁链分析

将对应弧度为 π/3 的定子磁链矢量轨迹分为 N 个等距区间，每个等距区间对应的时间为 $T_0 = \pi/(3\omega_1 N)$，此时定子磁链空间矢量顶端的轨迹是一个正 $6N$ 边形；与前述的正六边形相比，这个正 $6N$ 边形与圆形更为接近，能有效地减小转矩脉动，且 N 越大效果越好。当 $N=4$ 时，所期望的定子磁链空间矢量顶端的轨迹如图 4-29 所示，在每个区间内定子磁链空间矢量的增量计算公式为 $\Delta\boldsymbol{\psi}_s(k) = \boldsymbol{u}_s(k)T_0$，但这个 $\boldsymbol{u}_s(k)$ 不是基本电压矢量，须由相邻的两个基本电压矢量合成。以 $\Delta\boldsymbol{\psi}_s(0)$ 为例，在 $\boldsymbol{\psi}_s(0)$ 顶端给出 6 个基本电压矢量，此时施加不同的电压矢量，磁链空间矢量会有不同的增量，而 $\boldsymbol{u}_s(0)$ 产生了 $\Delta\boldsymbol{\psi}_s(0)$，$\boldsymbol{u}_s(0)$ 可由基本电压矢量 $\boldsymbol{u}_1$ 和 $\boldsymbol{u}_6$ 合成，其计算公式为

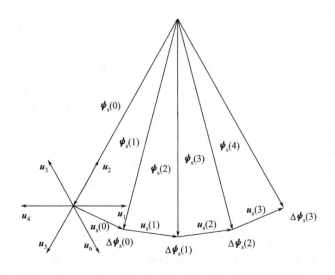

图 4-29　$N=4$ 时定子磁链空间矢量顶端期望轨迹

$$\boldsymbol{u}_s(0) = \frac{t_1}{T_0}\boldsymbol{u}_6 + \frac{t_2}{T_0}\boldsymbol{u}_1 = \frac{t_1}{T_0}\sqrt{\frac{2}{3}}U_d e^{j\frac{5\pi}{3}} + \frac{t_2}{T_0}\sqrt{\frac{2}{3}}U_d \tag{4-37}$$

此时，定子磁链空间矢量的增量为

$$\Delta\boldsymbol{\psi}_s(0) = \boldsymbol{u}_s(0)T_0 = t_1\boldsymbol{u}_6 + t_2\boldsymbol{u}_1 = t_1\sqrt{\frac{2}{3}}U_d e^{j\frac{5\pi}{3}} + t_2\sqrt{\frac{2}{3}}U_d \tag{4-38}$$

采用零矢量分散的 SVPWM 实现方法，按开关损耗较小的原则，各基本电压矢量的作用顺序和作用时间为：$\boldsymbol{u}_0$（时间 $t_0/4$）$\rightarrow\boldsymbol{u}_1$（时间 $t_2/2$）$\rightarrow\boldsymbol{u}_6$（时间 $t_1/2$）$\rightarrow\boldsymbol{u}_7$（时间 $t_0/2$）$\rightarrow\boldsymbol{u}_6$（时间 $t_1/2$）$\rightarrow\boldsymbol{u}_1$（时间 $t_2/2$）$\rightarrow\boldsymbol{u}_0$（时间 $t_0/4$）。因此，在 T_0 时间内，定子磁链空间矢量顶端的移动轨迹分为以下七步完成

$$\Delta\boldsymbol{\psi}_s(0,*)\begin{cases} \text{①}\Delta\boldsymbol{\psi}_s(0,1) = 0 \\ \text{②}\Delta\boldsymbol{\psi}_s(0,2) = \dfrac{t_2}{2}\boldsymbol{u}_1 \\ \text{③}\Delta\boldsymbol{\psi}_s(0,3) = \dfrac{t_1}{2}\boldsymbol{u}_6 \\ \text{④}\Delta\boldsymbol{\psi}_s(0,4) = 0 \\ \text{⑤}\Delta\boldsymbol{\psi}_s(0,5) = \dfrac{t_1}{2}\boldsymbol{u}_6 \\ \text{⑥}\Delta\boldsymbol{\psi}_s(0,6) = \dfrac{t_2}{2}\boldsymbol{u}_1 \\ \text{⑦}\Delta\boldsymbol{\psi}_s(0,7) = 0 \end{cases} \tag{4-39}$$

如图 4-30 所示，当 $\Delta\boldsymbol{\psi}_s(0,*) = 0$ 时，定子磁链空间矢量停止不动；$\Delta\boldsymbol{\psi}_s(0,*) \neq 0$ 时，定子磁链空间矢量的顶端沿着电压矢量的方向运动。$\Delta\boldsymbol{\psi}_s(1)$ 与 $\Delta\boldsymbol{\psi}_s(0)$ 工作过程相同，而 $\Delta\boldsymbol{\psi}_s(2)$ 是由基本电压矢量 $\boldsymbol{u}_1$ 和 $\boldsymbol{u}_2$ 合成的。当 $N=4$ 时，在 $\pi/3$ 弧度内，定子磁链空间矢量顶端的运动轨迹如图 4-31 所示。

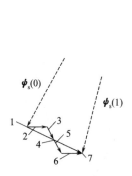

图 4-30　定子磁链矢量运动的七步轨迹

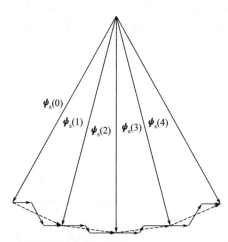

图 4-31　$N=4$ 时实际的定子磁链矢量顶端运动轨迹

若定子磁链空间矢量是落于其他的 $\pi/3$ 区域内，则其顶端的运动轨迹分析过程与上述类似，只是不同区域用于合成预期电压空间矢量的基本电压矢量不尽相同。在 $0\sim2\pi$ 整个范围内，定子磁链空间矢量顶端的运动轨迹如图 4-32 所示。可以看出，实际的定子磁链空间矢

量顶端的运动轨迹是在期望的磁链圆周围波动的，而取的 N 越大，则 T_0 越小，其运动轨迹与磁链圆越接近，但此时开关器件的开关频率增大。受器件开关频率的限制，N 必然是有限的，所以在实际应用中，定子磁链空间矢量顶端的运动轨迹只能尽量地接近圆而不可能是一个真正的圆。

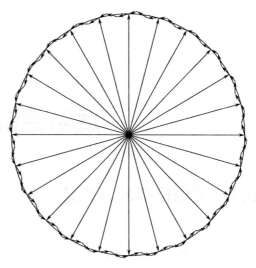

综上，SVPWM 控制方法的特点有：

① 逆变器共有 8 个基本电压矢量，其中 6 个有效电压矢量和两个零矢量；在一个旋转周期内，每个有效电压矢量只作用一次的方法只能生成正六边形的旋转磁链，谐波分量较大，会导致较大的转矩脉动。

② 用相邻的两个有效电压矢量，可合成任意的预期电压空间矢量，使磁链空间矢量的顶

图 4-32　定子磁链矢量轨迹

端轨迹接近于圆；开关周期 T_0 越小，旋转磁场越接近于圆，但功率器件的开关频率随之增大。

③ SVPWM 可利用电压空间矢量生成三相 PWM 波，有利于软件实现。

④ 与传统的 SPWM 相比，SVPWM 控制方式的输出线电压可提高 15%。

思考题与习题

4-1　两电平 PWM 逆变器主回路，采用双极性调制时，用"1"表示上桥臂开通，"0"表示上桥臂截止，共有几种开关状态？写出其开关函数。根据开关状态写出其电压空间矢量表达式，画出空间电压矢量图。

4-2　若三相电压分别为 u_{AO}、u_{BO}、u_{CO}，则如何定义三相定子电压空间矢量 u_{AO}、u_{BO}、uu_{CO} 和合成矢量 u_s？写出它们的表达式。

4-3　忽略定子电阻的影响，讨论定子电压空间矢量 u_s 与定子磁链 ψ_s 的关系。当三相电压 u_{AO}、u_{BO}、u_{CO} 为正弦对称时，写出电压空间矢量 u_s 与定子磁链空间矢量 ψ_s 的表达式，画出各自的运动轨迹草图。

4-4　采用电压空间矢量 PWM 调制方法，若直流电压 U_d 恒定，则如何协调输出电压与输出频率的关系？

4-5　两电平 PWM 逆变器主回路的输出电压矢量是有限的，若预期电压矢量 u_{ref} 的幅值小于 $\sqrt{2/3}U_d$，空间角度 θ 任意，则如何用有限的 PWM 逆变器输出电压矢量来逼近这个预期电压矢量？

4-6　简述 SVPWM 的特点。

第 5 章

运动控制系统中的智能控制

5.1 模糊控制原理概述

模糊控制系统是以模糊数学、模糊语言形式表示，以模糊逻辑规则推理为理论基础的一种自动控制系统；作为一种新型智能的数字控制系统，它是采用计算机控制技术的闭环系统。与其他自动控制系统相比，模糊控制系统的核心便是其智能模糊控制器，所以模糊控制系统也属于智能控制系统的一种。

模糊控制理论是实现模糊控制技术的理论，而模糊控制技术是一种多学科相互渗透（模糊数学、计算机技术、人工智能等）、具有较强理论性的技术。

5.1.1 模糊控制系统的组成与特点

5.1.1.1 模糊控制系统的组成

根据上述模糊控制系统的定义，模糊控制系统的组成应该与普通计算机控制系统类似，其组成框图如图 5-1 所示。由该图可知，模糊控制系统的组成部件包括了传感器、输入/输出（I/O）接口、模糊控制器、执行机构和被控对象等。

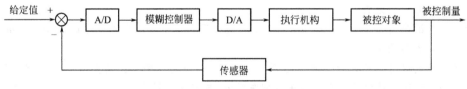

图 5-1 模糊控制系统组成框图

（1）模糊控制器

自动控制系统的核心是其控制器，同样的，模糊控制系统的核心便是模糊控制器。控制对象的差异、系统静态和动态性能要求的差异、控制策略的差异构成了不同类型的控制器。例如：基于经典控制理论的控制器采用运算放大器结合阻容网络构成 PID 控制器，前馈环节构成不同的串联校正器，反馈环节构成不同的并联校正器；基于现代控制理论的控制器，有自适应控制器、鲁棒控制器、解耦控制器、非脆弱控制器、状态观测器等；而基于模糊控制理论的控制器采用了模糊知识表示和规则推理的语言型模糊控制器，有无这种模糊控制器也是判断一个系统是否是模糊控制系统的标志。

（2）I/O 接口

在绝大多数工程实际中，传感器采集输出的大多数信号（包含状态变量、被控对象输出变量等）是模拟信号。所以，模拟控制系统中，需配置有模/数（A/D）和数/模（D/A）转换器。与一般的全数字控制系统或者混合控制系统不同的是，模糊控制系统的 A/D 和 D/A 转换器的输入和输出数据并非直接使用，而是需要进行"模糊化"和"解模糊化"后使用，这就要求 A/D 和 D/A 转换器需有适用于模糊逻辑处理的相应环节，这种环节称为模糊控制器的 I/O 接口。

（3）执行机构

与一般的自动控制系统类似，模糊控制系统的执行机构除了步进电动机、直流电动机、交流电动机、伺服电动机等电气机构以外，还可以是气动调节阀、液压马达等气动/液压装置。

（4）被控对象

模糊控制系统中的被控对象与一般的运动控制系统类似，可以是各类不同的生产机械和设备，甚至是社会性的或者生物系统。需要指出的是，在模糊控制系统中，被控对象可以是确定的，也可以是模糊的；可以是单变量系统，也可以是多变量系统；可以是线性的，也可以是非线性的；可以是时变的，也可以是定常的。同时，还适用于强耦合和干扰等多种情形。而模糊系统对于那些难以建立精确的数学模型的复杂对象，控制效果更加明显。

（5）传感器

传感器已在第 3 章中做了详细介绍，模糊运动控制系统的传感器与一般运动控制系统传感器并无差别，不再赘述。需要重点强调的是，传感器的精度会直接影响到整个系统的控制精度，因此，在传感器选型时，应根据性能要求选择合适的传感器。在模糊控制系统中，传感器采集的数据需要及时反馈至输入端，以便于对模糊控制器的控制规则和控制量进行及时调整，避免影响系统性能。

5.1.1.2　模糊控制系统的特点

下列给出模糊控制系统的主要优势。

① 模糊控制系统无需知道其控制对象精确的数学模型，这使得模糊控制系统适用于那些难以建立精确数学模型的复杂对象。

② 模糊控制器中使用的知识表示、模糊规则和合成推理都是基于专家知识的成熟经验，它们也不都是一成不变的；在控制过程中，系统可通过学习不断地更新上述经验知识及规则、推理等，所以模糊控制系统是具有智能性和自学习性的系统。

③ 与神经网络等机器学习系统相比，模糊控制系统无需大量的样本进行学习，避免了大量学习样本的获取，而在很多时候学习样本的获取是困难的，其获取成本甚至高于系统设计成本。

模糊控制技术作为控制科学一个新兴的研究方向，吸引了众多学者参与研究；基于模糊控制系统的众多优点，模糊控制系统的研究和应用将不停向前推进；模糊控制理论，特别是模糊规则和合成推理等方面将得到进一步的完善。

5.1.2　模糊控制基本原理

模糊控制系统的基本原理框图如图 5-2 所示。图中，将模糊控制器用方框重点标出，其中模糊规则是由计算机或者微处理器的程序实现的。整个模糊控制系统的控制过程表示如下：

① 传感器采集被控制量的精确值；② 传感器采集信号与给定值比较得到误差信号 E；③误差信号 E 输入模糊控制器；④对误差信号 E 进行模糊化处理；⑤误差信号 E 变为模糊量，并用相应的模糊语言表示；⑥得到误差信号 E 的模糊语言集合子集 e；⑦根据模糊控制规则 R，对模糊子集 e 进行推理；⑧合成模糊规则进行决策并得出模糊控制量 u；⑨解模糊化。

⑧得出的 u 可表示为

$$u = ER \tag{5-1}$$

上式中，模糊控制量 u 还是一个模糊量，而这个模糊量是无法对被控对象进行精确控制的。这就需要对模糊控制量 u 进行解模糊化处理，使其变为精确量。在得到控制量的数字精确值后，必要时进行 D/A 转换将数字控制量变为模拟控制量，输入执行机构完成对被控对象的控制。

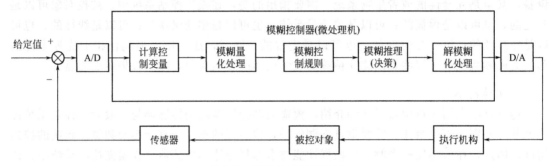

图 5-2　模糊控制原理框图

综上，模糊控制过程可总结为以下五个步骤。

① 计算控制变量：上述过程①、②。

② 模糊化：上述过程③、④。

③ 确定模糊关系：⑤、⑥。

④ 模糊推理（决策）：上述过程⑦、⑧。

⑤ 解模糊：上述过程⑨。

5.1.3　模糊控制系统的分类

与大部分控制系统一样，从不同角度进行分析，模糊控制系统可分为不同的类型。表 5-1 列举了几种典型的分类方法及分类结果。

表 5-1　模糊控制系统的分类

分类依据	分类结果
系统控制信号的时变性	恒值模糊控制系统、随动模糊控制系统
模糊控制器推理规则的线性化	线性模糊控制系统、非线性模糊控制系统
系统输入/输出变量的数量	单变量模糊控制系统、多变量模糊控制系统

模糊控制器的理论基础是目前较新的模糊推理理论，其结构及数学模型具有特殊性。模糊控制器的算法因推理方法及实现形式的不同而不同。不同的算法在实际应用中根据实际需求进行选择。

（1）典型模糊控制系统

模糊控制系统经典结构的输入信号有两个——偏差、偏差变化率。经典模糊控制系统的结构框图如图 5-3 所示。

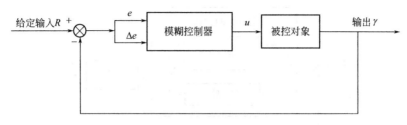

图 5-3　典型模糊控制系统

如图 5-3 所示，模糊控制系统主要包括给定输入信号 R、反馈环节、反馈信号、反馈信号与给定输入信号的加法器、双输入模糊控制器和被控对象等几个部分。它们的工作过程如下：

① 给定输入给出了模糊控制系统控制指令或者参考信号。

② 双输入模糊控制器根据两个输入信号——偏差 e、偏差变化率 Δe 完成模糊推理，产生控制输出 u。

③ 被控对象由模糊控制器控制，在控制输出 u 的控制下输出结果 γ。

④ 被控对象的输出 γ 通常与给定输入 R 是不同概念的变量，无法直接进行比较，但它们存在一定的转换关系；反馈环节将输出量 γ 转换成与给定输入 R 同概念的变量，并反馈回加法器与给定输入 R 进行比较。

⑤ 加法器将给定输入 R 和反馈信号进行比较，输出偏差 e，并由偏差信号 e 计算出偏差变化率 Δe 输入到双输入模糊控制器中。

随着模糊控制理论的不断发展，在经典模糊控制系统的基础上，不断有新的模糊控制系统结构被学者提出，目前比较常见的有：多控制器的模糊控制系统、自组织模糊控制系统、神经网络模糊控制系统等。

（2）多控制器的模糊控制系统

多控制器的模糊控制系统可分为复合模糊控制系统和变结构模糊控制系统两种。

复合模糊控制系统中的复合模糊控制器包括了模糊控制器和数字控制器两个部分。

变结构模糊控制系统包含两个或两个以上的模糊控制器。

① 复合模糊控制系统。复合模糊控制系统就是一种含有复合模糊控制器的模糊控制系统。而复合模糊控制器中包含了 PI 控制器等数字控制器和模糊控制器，并将它们结合起来。

模糊控制器存在静差，同时容易在中心语言值附近产生振荡，它属于非线性控制器。可将模糊控制器与 PI 控制器等线性控制器相结合，对被控对象进行控制来解决这个问题。

模糊控制器实现系统的非线性智能控制；PI 控制器（或其他线性数字控制器）在偏差趋近于 0 时介入，用于克服模糊控制器在这个时候产生的振荡，并消除静态误差。其结构如图 5-4 所示。

复合模糊控制器中的模糊控制器和 PI 控制器分属两个独立的通道内，它们不会同时工作，而是通过一定的规律进行切换，在同一个时刻仅有一个控制器在工作。当系统偏差较大时（超过系统的设定，如模糊变量值大于零挡），系统在运行时模糊控制器工作，即图 5-4 中，切换器 K 切换至 1 端；当系统偏差较小时（小于系统的设定，如模糊变量值位于零挡），系统运行中由 PI 控制器工作产生控制量，即图 5-4 中，切换器 K 切换至 2 端。所以，可以看成是精度低时模糊控制器工作产生控制量来控制被控对象；而需要控制精度较高时，PI 控制器工作。

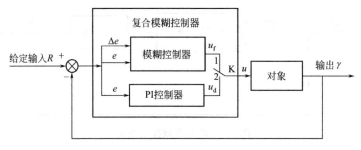

图 5-4　复合模糊控制器系统的结构

② 变结构模糊控制系统。变结构模糊控制器内部由多个简单的模糊控制器组成，其系统结构框图如图 5-5 所示。其中不同模糊控制器的控制规则和控制参数皆不相同，在每个简单模糊控制器前端均有一个选择开关，系统可根据偏差情况选择不同的模糊控制器工作，以达到最佳的控制效果。

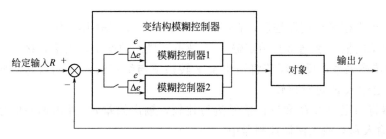

图 5-5　变结构模糊控制系统结构框图

需要指出的是，与复合模糊控制器一样，变结构模糊控制器内部的简单模糊控制器也是不会同时工作的。目前，由于变结构模糊控制系统结构简单、控制效果好，在实践中得到了广泛的应用。一般情况下，变结构模糊控制系统中的不同模糊控制器具有类似的结构、类似的控制算法，但是其参数要根据需要进行调整，略有不同。

（3）自组织模糊控制系统

自组织模糊控制系统能够根据系统的反馈对模糊控制器的参数进行有组织的校正，所以自组织模糊控制系统也称为自校正模糊控制系统。

自校正模糊控制器是自组织模糊控制系统的关键部件，在改善和提高控制系统品质和性能这个目标的驱使下，它能够在系统运行过程中对模糊控制器自身的有关参数进行自我调整，直到控制系统输出的性能指标达到要求为止。所以，自校正模糊控制器主要应用在性能要求较高的场合，衡量自校正模糊控制系统的性能指标与其他数字控制系统类似。

图 5-6 给出了自组织模糊控制系统的结构框图。与经典模糊控制系统相比，自组织模糊控制系统的结构中多了性能测量单元和校正机制环节。

自组织模糊控制系统中自校正模糊控制器的校正方法是整个系统的关键，其校正方法主要有三种：①隶属函数校正法；②比例因子校正法；③模糊控制规则校正法。

隶属函数校正法。在实际的应用中，对隶属函数结构的校正是非常困难的，也是没有必要的，所以该方法主要是对隶属函数的语言变量取值范围进行调节。一般情况下，重新定义

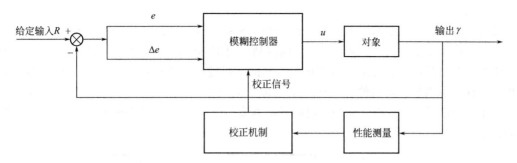

图 5-6　自组织模糊控制系统结构

隶属函数语言变量的取值范围在计算周期内会增加一些不必要的计算量（并非每个周期都有校正过程，在没有校正的时候，还是需要运行相关变量的修改过程），如果想要减小这些不必要的计算量，其校正的实时性又难以保证；同时，在采用矩阵推理方式进行控制器设计时，改变了隶属函数语言变量的取值范围，其模糊关系也需重新计算。所以隶属校正法局限性明显，应用较少。

比例因子校正法。比例校正法通过改变比较器产生的偏差 e 和偏差变化率 Δe 及控制器输出控制量 u 的比例因子实现。不同的被控对象或者被控对象处于不同的状态时，模糊控制器的两个输入的控制贡献度对控制效果具有较大的影响，根据被控对象及其状态的不同改变输入量之间的比例因子，进而改变其对控制效果的贡献度达到系统校正的目的；另外，对控制效果的影响最直接的就是控制器解模糊化后的输出控制量 u 了，根据被控对象的状态改变其比例因子同样可达到系统校正的目的。设控制器输入偏差 e 的比例因子为 K_1，偏差率 Δe 的比例因子为 K_2，而输出控制量 u 的比例因子为 K_3。K_1、K_2 和 K_3 三个比例因子在普通的模糊系统中相等，且都等于 1，而在自组织模糊控制系统中，它们是三个独立的参数，且都满足 K_1，K_2，$K_3 \in [0，1]$。

三个比例因子的修改，可改变系统的静态和动态特性。其过程为：

① 给出 K_1、K_2 和 K_3 三个比例因子的初始值，一般取 $K_1 = K_2 = K_3 = 1$；

② 根据运行情况计算出系统的性能指标；

③ 根据性能指标的情况对比例因子进行修改，让性能指标达到系统要求。

比例因子校正实际上也是对比例因子 K_1、K_2 和 K_3 的寻优过程，可采用的方法有：线性规则法、梯度法、模型搜索法或者遗传算法、蚁群算法等智能算法。

模糊控制规则校正法。模糊控制规则校正法常见的实现方法有：

① 经过关系矩阵处理后的控制规则变成一个控制表，仅对控制表进行校正。即，改变控制表后，相同的输入量在经过不同控制表后，产生的控制量 u 是不同的。该方法实现起来较为简单。

② 给控制器中的不同控制规则给予一定的适合度，校正时改变不同控制规则的适合度，让推理规则执行后的控制结果按照校正的方向产生变化。

（4）神经网络模糊控制系统

神经网络模糊控制系统是一种特殊的自组织模糊控制系统，其模糊控制器是一种神经网络模糊控制器，它可以根据系统的性能要求，改变神经网络各神经元的权值，达到性能优化的目的。

神经网络的概念将在本章第 5 节进行介绍，本节仅对其在模糊控制系统中的作用进行介绍。

　　基于神经网络优越的自学习功能，结合神经网络组成神经网络模糊控制器，其结构框图如图5-7所示。在图5-7中，神经网络模糊控制器内部的结构是神经元结构，各个神经元的权值由神经网络学习机构在运行过程中、不断的学习过程中进行更新，从而改变模糊控制器的特性。神经网络学习机构的输入包括了系统的输出 γ、实际偏差 e、偏差变化率 Δe 以及该时产生的控制量 u，它的输出是一组权系数修改信号 f，用于神经网络模糊控制器内神经元的权系数。

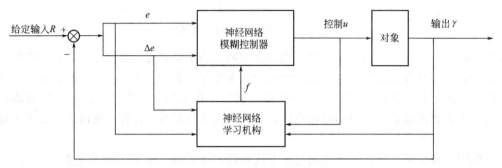

图 5-7　神经网络模糊控制系统结构

　　随着人工智能学科的发展，神经网络作为实现人工智能的一个重要工具，也将得到更好的发展和应用，相信将来，基于神经网络的模糊控制系统将更加成熟，更多地应用到工程实践中去。

5.2　模糊控制器

　　模糊控制器是模糊控制系统的核心，如上所述，模糊控制器的类型决定了模糊控制器的分类，而模糊控制器的结构，其中的模糊控制规则、推理算法及模糊决策方法决定了模糊控制性能的优劣。

　　模糊控制器（Fuzzy Controller，FC）又称为模糊逻辑控制器（Fuzzy Logic Controller，FLC），其内部的模糊控制规则是由基于模糊理论的模糊条件语句完成描述的，所以，模糊控制器是一种语言控制器，又被称为模糊语言控制器。

5.2.1　模糊控制器的组成

　　模糊控制器的结构如图5-8所示，其主要包括了模糊化接口、模糊推理机、模糊控制知识库（含模糊数据库和规则库两部分）、解模糊化接口几个部分。

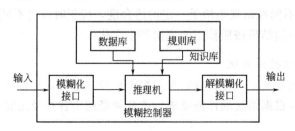

图 5-8　模糊控制器结构

（1）模糊化接口

模糊化接口将控制器的输入量进行模糊化，转变为模糊矢量，只有这种模糊矢量才能被模糊推理机识别完成模糊推理过程。在实际工程应用中，模糊化的等级数不宜过于精密，否则将体现不出模糊量的优势，还将大大地增加推理过程和模糊化过程的计算量。

（2）模糊数据库

相关量所有模糊子集（即基于论域等级的离散化后，变量对应值的集合）的隶属度矢量值均存放于模糊数据库中。若论域为连续域，则该模糊数据库可称为隶属度函数。该模糊数据库为推理机进行推理过程提供数据。需要指出的是，输入和输出变量测量结果的数据集不会存在于该数据库内。

（3）规则库

模糊控制器的规则库是基于专家知识或者熟练人员的经验经过语言化合成的，它是一种人的直觉推理的语言化表现形式。语言化的模糊规则库通常由一系列逻辑关系词连接而成，如 if—then、else、also、end、or、and 等。

（4）推理机

推理机的功能是根据输入的模糊矢量，由模糊控制规则完成模糊关系方程的求解，并最终输出模糊控制量。推理机可在模糊控制器中通过软件算法实现，也可由具有一定推理功能的定制化硬件芯片实现。

在模糊逻辑推理理论中，模糊推理是一个最基本的问题，其实现方法很多，但是在模糊控制器中考虑到模糊推理的时间复杂度要尽量低，一般采用运算量较小、较为简单的推理方法。下面以 Zadeh 近似推理展开介绍。Zadeh 近似推理包含有正向推理和逆向推理两类，对于规则 "if E is A then U is B"，见表 5-2。模糊控制一般采用正向推理，控制器的输入（前提 1）已知，根据模糊关系式（前提 2）求其输出控制量（结论部）；而逆向推理一般用于知识工程学领域的专家系统中，如医学领域中模糊诊断，绝大多数情况下，是由病人表现出来的病情症状（结论部），通过模糊关系尺去推知（诊断）病人所患疾病[28]。

表 5-2　Zadeh 近似推理[28]

推理 \ 类型	正向推理	逆向推理
前提 1	E 是 A'	U 是 B'
前提 2	若 E 是 A，则 U 是 B	若 E 是 A，则 U 是 B
结论	U 是 B'	E 是 A'
其中模糊关系	$A \times B$	$A \times B$

模糊控制中的推理与知识工程中的模糊推理是不同的。

① 模糊控制中，其实际输入不是模糊值而是数值，需要进行模糊化过程；而知识工程中由于使用的生产规律不同，允许输入量模糊表示。

② 模糊控制中的推理为单级推理，而知识工程中一般都是多级推理。

5.2.2　模糊控制器的结构

在一般自动控制系统中，具有一个输入变量和一个输出变量的系统称为单变量控制系统，而两个或者两个以上输入/输出变量的系统称为多变量控制系统。

同样的，模糊控制系统也可以类似地定义出单变量模糊控制系统和多变量模糊控制系统。与一般自动控制系统不同的是，由于模糊控制器的输入一般要有偏差、偏差变化及偏差变化的变化率，因此，在模糊控制系统中同一个变量的偏差、偏差变化或者偏差变化率输入到模糊控制器中也视为是一个变量的输入，定义为单变量模糊控制系统[29]。

（1）单变量模糊控制器

如图 5-9 所示，在单变量模糊控制系统中，模糊控制器输入量的个数称为模糊控制器的维数。

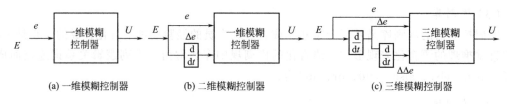

(a) 一维模糊控制器　　　　(b) 二维模糊控制器　　　　(c) 三维模糊控制器

图 5-9　单变量模糊控制器

① 一维模糊控制器：一维模糊控制器的输入变量一般为受控变量给定值与受控变量实际值的偏差量 e。模糊控制器中仅采用偏差量，这样受控过程的动态特性很难得到反映，此时系统的动态性能很难得到保证，难以得到令人满意的动态性能表现。这种一维的模糊控制器一般仅在被控对象为一阶系统时使用。其结构如图 5-9(a) 所示。

② 二维模糊控制器：二维模糊控制器的两个输入量一般为受控变量给定值与受控变量实际值的偏差量 e 和其变化率 Δe，其中偏差变化率 Δe 能够准确地反映出系统控制过程中的动态特性，与一维模糊控制器相比，二维模糊控制器的动态控制性能更佳。目前，二维模糊控制器是最常用的模糊控制器。其结构如图 5-9(b) 所示。

③ 三维模糊控制器：三维模糊控制器的三个输入量一般为受控变量给定值与受控变量实际值的偏差量 e、偏差变化率 Δe 和偏差变化的变化率 $\Delta\Delta e$。三维模糊由于其结构相对复杂、计算量较大，时间复杂度较高，因此在没有对动态特性有非常高要求的场合，一般不会应用到三维模糊控制器。其结构如图 5-9(c) 所示。

从理论上来说，单变量模糊控制系统中选用的模糊控制器维数越多，系统的控制精度就越高。但是高维数的模糊控制器会带来更复杂的计算过程和更长的运算时间，在硬件条件不佳的情况下可能在一个控制周期内无法完成所有控制算法的计算，这样可能导致实际系统中的失控现象。所以，一般情况下，我们可折中选择二维模糊控制器，既保证了系统较好的动态性能，又能够确保系统的快速性。为了进一步提高系统的快速性，也可采用分段控制的方法，在受控变量偏差 e 较大时，选择一维模糊控制方法；而偏差较小或者没有很大的时候，选择二维模糊控制方法。

（2）多变量模糊控制器

多变量模糊控制器如图 5-10 所示，它的输入量个数和输出量个数都是大于或者等于 2 的。

要直接实现一个多变量模糊控制器是比较困难的，一般情况下，设计多变量模糊控制器利用控制器本身的解耦特性；通过模糊关系方程的分解，在结构上实现输出变量的解耦，即

图 5-10　多变量模糊控制器

将一个多输入-多输出模糊控制器解耦成若干个（个数与输出变量个数相等）多输入单输出的模糊控制器，再去考虑其实现问题，会带来较大的便捷。

5.3　模糊控制过程

模糊控制器中，模糊控制过程可描述如下。

① 传感器采集非电物理量，将非电的物理量转换成电量；若传感器不是数字传感器，则需要通过模数转换器将模拟量转换成数字量；这个数字量输入到模糊逻辑控制器，经过模糊控制器内部的模糊化接口将这个精确的数字量转换成模糊集合的隶属函数。这个过程称为模糊量化，它是为了将非电的物理量转化为模糊知识库可以识别的变量格式。

② 根据专家知识或者熟练操作者的经验制定出模糊控制规则，对输入量进行模糊逻辑推理，得到模糊输出集——一个新的模糊隶属函数。这个过程称为模糊控制规则的形成和推理，它是模糊控制过程的核心，主要目的是为了将模糊的输入量与模糊控制规则进行适配，并通过加权计算合并所有规则的输出。

③ 根据上一个过程得出的模糊输出集，用不同的方法得出一个精确值作为控制量，对被控对象展开控制。这个过程称为解模糊过程，它是为了将模糊的输出量转换为精确控制量，实现对被控对象的控制功能。

5.3.1　精确量的模糊化

精确量的模糊化过程又称为模糊化运算，它是将传感器得到的观测量映射到输入论域上的模糊集合，就是一个将精确量转换为模糊量的过程。由上述模糊控制过程可知，无论是规则库还是推理机，它们的操作都是基于模糊集进行的，但是模糊控制系统中一开始采集到的数据都是精确值，这无法被模糊控制器识别，需要对其进行模糊化过程。在进行模糊化运算之前，需要对输入量精确值进行尺度伸缩变换，将输入精确量变换到论域的范围。在下面的讨论中，假设所有的输入精确量都是已经完成这个尺度变换过程的。

模糊运算的方法主要有单点模糊集合、三角形模糊集合两个方法，下面分别将对其进行介绍。

（1）单点模糊集合

若输入量 x_0 不存在噪声信号，则可利用单点模糊集合方法对输入量进行模糊化运算。设 A 为模糊集合，则有

$$\mu_A(x) = \begin{cases} 1, x = x_0 \\ 0, x \neq x_0 \end{cases} \tag{5-2}$$

其隶属度函数如图 5-11 所示。

单点模糊集合在形式上将输入的精确量变成了模糊量,但实质上它还是可以还原为精确值的。由于这种方法计算简单且输入量无失真,因此在无噪声系统中得到了广泛应用。

(2)三角形模糊集合

在输入量 x_0 存在噪声信号时,单点模糊集方法将会失效,这时需要用到三角形模糊集合法对输入量进行模糊化。

三角形模糊集合法中,模糊量的隶属度函数如图 5-12 所示,是一个等腰三角形。这个等腰三角形顶点所在的横坐标是加噪声输入量的均值,而等腰三角形的底边长度为 2σ,σ 为加噪声输入量的标准差。这个隶属度函数取为三角形主要是因为形状为三角形的隶属度函数在计算时较为简单。另外,也可选用其他形状的隶属度函数进行模糊化运算,如棱形函数(正态分布函数)。

$$\mu_A(x) = e^{\frac{(x-x_0)^2}{2\sigma^2}} \tag{5-3}$$

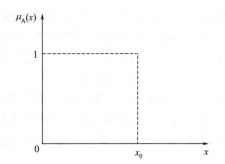

图 5-11　单点模糊集合的隶属度函数

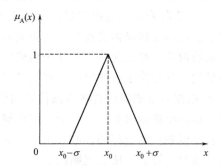

图 5-12　三角形模糊集合的隶属度函数

5.3.2　模糊数据库

模糊数据库中存储了与模糊控制规则及隶属度函数、尺度变换参数、空间的模糊划分等模糊数据处理相关的参数。

(1)输入量变换

5.3.1 节中已说明,在输入量输入到控制器时,需要对输入量进行尺度变换,将输入量变换到控制器的论域范围。这种尺度变换可以是线性变换,也可以是非线性变换。采用线性变换时,若实际的输入量 x_0^* 变化范围在区间 $[x_{min}^*, x_{max}^*]$ 内,而论域的范围为 $[x_{min}, x_{max}]$,可采用下式进行变换

$$x_0 = \frac{x_{min} + x_{max}}{2} + k\left(x_0^* - \frac{x_{min}^* + x_{max}^*}{2}\right) \tag{5-4}$$

$$k = \frac{x_{max} - x_{min}}{x_{max}^* - x_{min}^*} \tag{5-5}$$

论域分为连续型的和离散型的。若系统要求的论域为离散型的,则在完成连续的尺度变换后再进行一些离散量化的过程,这种离散量化可以是均匀的,也可以是非均匀的。表 5-3 和表 5-4 为以输入量尺度变换后变化范围在 $[-6,6]$ 内,进行均匀量化与非均匀量化的结果。

表 5-3　输入量均匀离散量化结果

量化等级	−6	−5	−4	−3	−2	−1	
变化范围	≤−5.5	(−5.5,−4.5]	(−4.5,−3.5]	(−3.5,−2.5]	(−2.5,−1.5]	(−1.5,−0.5]	
量化等级	0	1	2	3	4	5	6
变化范围	(−0.5,0.5]	(0.5,1.5]	(1.5,2.5]	(2.5,3.5]	(3.5,4.5]	(4.5,5.5]	>5.5

表 5-4　输入量非均匀离散量化结果

量化等级	−6	−5	−4	−3	−2	−1	
变化范围	≤−3.2	(−3.2,−1.6]	(−1.6,−0.8]	(−0.8,−0.4]	(−0.4,−0.2]	(−0.2,−0.1]	
量化等级	0	1	2	3	4	5	6
变化范围	(−0.1,0.1]	(0.1,0.2]	(0.2,0.4]	(0.4,0.8]	(0.8,1.6]	(1.6,3.2]	>3.2

（2）空间的模糊划分

模糊控制规则中，输入的语言变量可构成模糊输入空间，而输出结果的语言变量构成模糊输出空间。不同的语言变量构成语言名集合，其中每个语言变量的取值则是一组模糊语言名。一个模糊集合会对应一个模糊语言名称，而模糊语言的个数决定了模糊控制系统控制的精细化程度。不同的语言名在系统中会有不同的含义，如图 5-13 所示的 NB 表示负大、NM 表示负中、NS 表示负小、ZE 表示零、PS 表示正小、PM 表示正中、PB 表示正大。图中，有两个模糊划分［图(a) 和图(b)］，它们的论域均为［−1，1］，且模糊划分是完全对称的。在尺度变换已经完成的情况下，图中展示了输入和输出量的模糊划分的图形。当然，模糊划分根据系统的要求，也可以是非对称的。

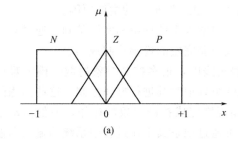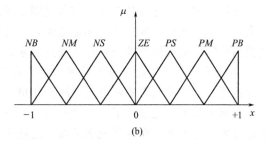

图 5-13　模糊分割的图形表示

对输入和输出量的模糊划分个数，决定了最大可能的模糊规则个数。例如，对于一个单变量的模糊控制系统，其输入量的模糊划分数为 10，则其最大可能的模糊规则个数为 10；而一个两输入单输出模糊系统，输入量模糊划分数分别为 4 和 8，则其最大可能的模糊规则个数为 4×8＝32（个）。可见，模糊划分数越多，控制规则就可能会越多，这将增加控制规则确定的困难度，所以在实际应用中，模糊划分数不宜过多过细。反之，如果模糊划分数太少、太粗略，则难以满足系统的性能指标要求。

（3）模糊数据库的完备性

对于论域内的任何输入，模糊控制器均能给出一个合适的控制输出，模糊数据库的这种性质称之为数据库的完备性。在模糊控制器中，具有完备性的数据库一般是：输入量被转换为论域内数值，无论其如何变化，在数据库内总能找到一个模糊结合，使输入对于找到的这个模糊集合的隶属函数不小于 ε，一般称该模糊控制器满足 ε 完备性。ε 的选择中，一般取 0.5。

5.3.3 模糊控制规则

一系列的"if—then"型的模糊条件语句构成了系统的模糊控制规则。条件语句的前件为系统的输入、状态等，而后件为系统的控制变量。

（1）模糊控制规则前件和后件的选择

模糊控制规则前件和后件的选择相当于模糊控制器的输入语言变量和输出语言变量的选择。其输出量为系统的控制变量，较为容易确定。而输入量则需要根据整个系统的要求来选择，如前述的模糊控制器，其输入量为受控变量的偏差值 e 及其偏差变化 Δe（e 的导数），有时候根据需要还可以加设偏差变化的变化率 $\Delta\Delta e$ 或者偏差的积分 $\int e\mathrm{d}t$ 等。在模糊控制器中，输入、输出语言变量及其隶属函数的选择对性能的影响很大；而在实际应用中，它们的选择一般依靠的是专家知识或者工程实践经验。

（2）模糊控制规则的形成方法

一个性能优良的模糊控制系统必然会有一个好的模糊控制规则，而模糊控制规则的形成方法较多，它们之间并非是非我即你的关系。若能够合理地将两种或两种以上的方法结合起来使用，则能够更好地建立系统的模糊规则。

① 基于专家知识或者工程理论的方法：模糊控制规则中的模糊条件句建立了输入量/状态变量与输出的控制变量之间的联系，生产实践中的过程信息或者决策信息大部分也都是基于语义的，数值方式的信息较少。因此，模糊控制规则是对各类行为和完成决策分析过程的一种直观描述方式。这也是在模糊控制规则中采用"if—then"形式的主要原因。

由于专家对被控系统的认知非常透彻，因此具有非常丰富的理论和实践基础。通过对这些经验的总结，最终用条件语句形式表达出来，形成一套完整的模糊控制规则。

② 基于操作人员实际操作经验的方法：在工程实践中，很多控制对象的数学模型难以准确地描述，但对控制对象熟悉的熟练操作员却能够很好地对其进行操作控制。这些熟练的操作员实际上是无意地使用了一组"if—then"模糊规则完成控制对象的操作，但他们却难以用语言来表达出来。在模糊规则的设计过程中，可通过记录其工作过程中系统的输入和输出数据，从中归纳出模糊规则。具体的模糊规则制定过程如下：a. 根据记录的输入和输出量取值范围划分出模糊量；b. 选择隶属度函数，求出每个数据对应论域的模糊量的隶属度；c. 取出最大隶属度数据及其模糊量；d. 用每个数据的最大隶属度相关的模糊量生成一条模糊规则；e. 选择最为有效的控制规则。

③ 基于过程的模糊模型：用状态方程、传递函数、微分方程等数学方法来描述被控对象动态特性的模型称为清晰化模型或定量模型；语言的方法也可以用来描述被控对象的动态特性，这样得出的模型称为模糊模型或者定性模型。基于这种模糊模型，可建立起相应的模糊控制规律；基于模糊控制规则设计出的系统是一种纯粹的模糊系统，即这种方法建立的模糊系统中控制器和控制对象都是采用模糊的方法来描述，因而其分析和控制过程更适合采用理论的方法完成。

④ 基于机器学习的方法：机器学习的方法是近几年逐渐发展起来的一种基于样本的无模型方法，这种方法利用已知的大量样本信息，对过程进行学习，其具体工作原理的情况下，完成对过程近似模型的建立。自组织学习法和神经网络学习法采用的就是这种基于机器

学习的方法。

（3）模糊控制规则的类型

形式逻辑中条件语句的格式被模糊控制规则借鉴使用，但模糊控制规则中条件语句的前后件与形式逻辑是不同的；在模糊控制规则中条件语句的前后件均为模糊量，称为模糊条件语句。模糊控制中，模糊控制规则的类型主要有：

① 状态评估模糊控制规则，形式如下。

R_1：if x is A_1 and y is B_1 then u is C_1

R_2：if x is A_2 and y is B_2 then u is C_2

…

R_n：if x is A_n and y is B_n then u is C_n

将上述一组式子一般化，模糊控制规则的后件变成一种过程状态变量的函数，即：

R_i：if x is A_i；and y is B_i then $u = f_1$ $(x, \cdots, y)$

② 目标评估模糊控制规则，形式如下。

R_i：if $[u$ is $C_i \rightarrow (x$ is A_i and y is $B_i)]$ then u is C

式中，u 是系统的控制规则输出；x 和 y 分别表示要求的状态、目标或系统性能的评估，所以 x、y 通常用"好""差""一般"等模糊语言表示。对于每个控制命令 u，通过预测相应的输出结果 (x, y) 而完成最适合的控制规则的选取。

5.3.4　模糊控制算法

模糊控制算法即模糊推理，可用查表法、解析式和关系矩阵法来实现。其中，关系矩阵法是一种理论性很强但因其复杂度较高而不实用的方法，下文仅对查表法和解析式法展开介绍。

（1）查表法

查表法是一种快速地实现复杂算法的方法，它克服了算法的繁琐计算过程，而仅仅依赖所建立的控制表即可实现很多复杂算法所要实现的功能。其中控制表是根据控制规则和具体的推理方法建立起来的，利用控制表可快速地查出输入量化值对应的输出量化值。需要指出的是，这些量化值在模糊控制器中都需在论域范围内。查表法的关键在于建立出一个合理的控制表。控制表的建立步骤如下：

① 确定模糊关系 R。

设模糊控制器有控制规则 k 条，即

if A_i and B_j then C_{ij}　　$i=1, 2, \cdots, k$　　$j \leqslant k$

则每条规则的关系 R_i 为

$$R_i = A_i \times B_i \times C_{ij}$$

进而得出控制器的模糊关系 R

$$R = \bigcup_{i=1}^{k} R_i \tag{5-6}$$

② 求不同输入量（量化后）对应的模糊量。

设 A_i $(i=1, 2, \cdots, m)$ 的论域为 $\{-p, -p+1, \cdots, 0, \cdots, p-1, p\}$；

设 B_i $(j=1, 2, \cdots, n)$ 的论域为 $\{-p, -p+1, \cdots, 0, \cdots, p-1, p\}$；

设 C_{ij} 的论域为 $\{-p, -p+1, \cdots, 0, \cdots, p-1, p\}$。

因为对于某输入量 α^*，在经尺度量化后必然地对应论域中的某个元素。所以 α^* 在量化之后，也必然为下列模糊量 A_i（$i=1$，2，$\cdots$，$2p+1$）中的一个。

$$A_1=1/-p+0/(-p+1)+\cdots+0/0+0/(p-1)+0/p$$

$$A_2=0/-p+1/(-p+1)+\cdots+0/0+\cdots+0/(p-1)+0/p$$

$\cdots$

$$A_{2p}=0/-p+0/(-p+1)+\cdots+0/0+\cdots+1/(p-1)+0/p$$

$$A_{2p+1}=0/-p+1/(-p+1)+\cdots+0/0+\cdots+0/(p-1)+1/p$$

③ 求输出的控制精确量并形成控制表。

根据已求出的模糊关系 R，可根据输入的模糊量求出输出模糊量

$$C_{ij}=(A_i\times B_j)R \tag{5-7}$$

利用最大隶属度法解模糊化，可得控制量的精确值

$$u=\{C|_{\max\mu C_{ij}}(C)\} \tag{5-8}$$

近似地将 A_i（$i=1$，2，$\cdots$，$2p+1$）和 B_j（$j=1$，2，$\cdots$，$2p+1$）的所有数据输入并一一地求出输出的精确值，便可得到一组组关系式

$$A_1,B_1,u=\{C|_{\max\mu C_{11}}(C)\}$$

$$A_1,B_1,u=\{C|_{\max\mu C_{12}}(C)\}$$

$\cdots$

$$A_{2p+1},B_{2p+1},u=\{C|_{\max\mu C_{2p+1,2p+1}}(C)\}$$

式中，$\{C|_{\max\mu C_{ij}}(C)\}$ 表示对模糊量 C_{ij} 求隶属度最大的元素。

上述数据合计有 $(2p+1)\times(2p+1)$，得出上述数据后便可开始制表。以偏差 e 论域元素为列元素，而偏差变化率 Δe 的论域元素一般为行元素。表 5-5 是一个典型控制的控制表。

表 5-5　典型控制的控制表

u		Δe								
		−4	−3	−2	−1	0	+1	+2	+3	+4
e	−4	7	6	7	7	7	4	4	2	0
	−3	6	6	6	6	6	3	2	0	−1
	−2	4	5	4	4	4	1	0	0	−1
	−1	4	5	4	4	1	0	0	0	−3
	−0	4	5	1	1	0	−1	−1	−1	4
	−0	4	5	1	1	0	−1	−1	−1	−4
	+1	2	2	0	0	−1	−4	−4	−3	−4
	+2	1	1	0	−3	−4	−4	−4	−3	−4
	+3	0	0	−3	−3	−6	−6	−6	−6	−6
	+4	0	−2	−4	−4	−7	−7	−7	−6	−7

由上可知，查表法仅须输入量的尺度量化和查表两个步骤便可得到精确的控制量，具有方便、快速的优点，但在算法实现前需做好充分的分析工作，同时表格的存储将占用大量的内存空间。

（2）解析式法

上述控制器也可用解析式（线性/非线性）代替，控制时，在完成控制量的尺度量化后，输

入至解析式，最后求解解释式可得控制量。与查表法相比，解析式法能够节省大量内存空间。

例如，表 5-4 所示的控制表可以用下列解析式来代替。

$$u=<\frac{e+\Delta e}{2}> \tag{5-9}$$

式中，符号＜ ＞表示对其中数据按下面规则运算

$$\langle x\rangle=\begin{cases} \text{int}(x)+1 & x \text{ 为大于零的非整数时} \\ x & x \text{ 为整数时} \\ \text{int}(x)-1 & x \text{ 为小于零的非整数时} \end{cases}$$

式中，$\text{int}(x)$ 表示对 x 取整。

利用解析式法实现模糊控制算法摒弃了控制表，在控制器的实现中大大地节省了内存空间。对于不是太复杂的解析式，在进行程序设计时仅需进行一系列的加、移位、判别运算即可实现，极其方便。另外，在一个控制表无法用一个解释式表示时，也可用分段分析的方法，分段地给出响应的解析式。

5.3.5　解模糊判决

一般情况下，经过模糊推理机得出的结果是一组模糊集合或者隶属度函数，但在实际的系统中，被控对象的控制需要有一个确定的控制量来完成。在这些模糊集合中选择一个最具代表性的确定值的过程就称为解模糊化或者反模糊化过程。解模糊化的方法有：重心法、最大隶属度法、系数加权平均法、隶属度限幅（a-cut）元素平均法等，不同的方法得出的结果可能会是不同的。从理论上讲，重心法得出的结果是最为合理的，但其计算过程较为复杂，在实时性要求较高的系统中不宜采用；而最简单的方法为最大隶属度法，该方法未考虑其他隶属度较小值的影响，得出的结果代表性不高，常用于较为简单的系统。下面以运动控制系统"超调量适中"为例，介绍不同方法的计算过程。

这里假设"超调量适中"的隶属度函数为

$\mu_\text{N}(x_i)=\{X:0.0/0.0+0.0/1+0.33/2+0.67/3+1.0/4+1.0/5+0.75/6+0.5/7+0.25/8+0.0/9+0.0/10\}$

（1）重心法

重心法又称为力矩法，对模糊集合所含的所有元素求出其重心元素。该重心元素即可认为是模糊集合解模糊化后得到的精确值。重心法全面地考虑了模糊集合的相关信息，其计算公式如下：

$$u=\frac{\int x\,\mu_\text{N}(x)\text{d}x}{\int \mu_\text{N}(x)\text{d}x}$$

在离散系统中，只需计算出所有离散数据的中心即可，无需进行积分运算，可降低系统的计算复杂度：

$$u=\sum x_i\,\mu_\text{N}(x_i)/\sum\mu_\text{N}(x_i)$$

$$=\frac{\begin{matrix}0\times0.0+1\times0.0+2\times0.33+3\times0.67+4\times1.0+5\times1.0+6\times0.75+\\ 7\times0.5+8\times0.25+9\times0.0+10\times0.0\end{matrix}}{0.0+0.0+0.33+0.67+1.0+1.0+0.75+0.5+0.25+0.0+0.0}$$

$$=4.82$$

利用重心法得出，其输出的代表值是 4.82%。但在模糊输出集合中没有 4.82%，那么可选用最接近的 5% 进行输出。

（2）最大隶属度法

最大隶属度法在处理过程中具有方便、简单、易于实现等优势。模糊集合中，仅需选取隶属度最大的元素作为输出即可，但隶属度函数中具有最大隶属度的元素可能不止一个，此时可取这些元素的平均值作为输出。

例如，对于"超调量适中"，按最大隶属原则，有两个元素 4% 和 5% 具有最大隶属度 1.0，那对最大隶属度的元素 4% 和 5% 求平均值，执行量应取

$$\mu_{max} = (4\% + 5\%)/2 = 4.5\%$$

（3）系数加权平均法

系数加权平均法公式如下：

$$u = \sum k_i x_i / \sum k_i$$

式中，系数 k_i 的选取依实际需求而定，选取的系数不同，系统的响应特性也会不同。当该系数选取的是隶属度函数时，该方法变为重心法。模糊逻辑控制中，可选取不同的系数来调整和改善系统的响应特性，该方法灵活性高。

（4）隶属度限幅元素平均法

选取某一隶属度值对隶属度函数曲线进行切割，再对切割后大于或等于该切割线隶属度值的元素进行平均值计算，得出输出代表量，这种方法称为隶属度限幅（a-cut）元素平均法。

例如，取切割线隶属度值 $a = 1.0$，表示"完全隶属"关系。在"超调量适中"的情况下，4% 和 5% 的隶属度都是 1.0，求其平均值得出输出代表量

$$u = (4\% + 5\%)/2 = 4.5\%$$

如图 5-14 所示，"完全隶属"时，其代表量为 4.5%。

如果当 $a = 0.5$ 时，表示"大概隶属"关系，则切割上述隶属度函数曲线后，超调量 3%～7% 的隶属度值包含其中，求均值所得出的输出代表量

$$u = (3\% + 4\% + 5\% + 6\% + 7\%)/5 = 5\%$$

如图 5-15 所示，当"大概隶属"时，其输出代表量为 5%。

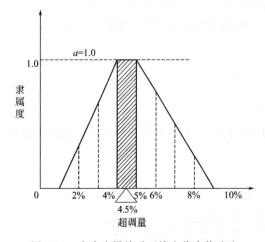 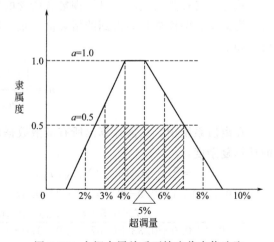

图 5-14　完全隶属关系下输出代表值选取　　图 5-15　大概隶属关系下输出代表值选取

（5）不同解模糊判决方法的比较

表 5-6 为上述几种不同解模糊化方法输出特性的比较。每一种方法都有各自的优缺点，方法的选取需视具体问题完成，而不能仅看某一性能就认为某种方法是最好的。

表 5-6　不同解模糊判决方法的性能比较

解模糊方法	性能	性能系数
重心法 （用单值输出隶属函数）	计算速度	5
	存储器需求	1
	输出特征	一般
重心法 （用非单值输出隶属函数）	计算速度	1
	存储器需求	5
	输出特征	平滑
左取大	计算速度	4
	存储器需求	12
	输出特征	有点优化
右取大	计算速度	4
	存储器需求	12
	输出特征	非常优化
取大平均法	计算速度	3
	存储器需求	4
	输出特征	优化
取大中点法	计算速度	4
	存储器需求	3
	输出特征	平滑
取中点	计算速度	1
	存储器需求	5
	输出特征	平滑

注：表中存储器需求，1 表示低，5 表示高；计算速度，1 表示慢，5 表示快。

5.4　基于模糊控制的运动控制系统举例

由前面几章可知，一种执行机构为交流电动机、具有位置控制功能的运动控制系统结构框图如图 5-16 所示，这种位置随动的运动控制系统又称为伺服系统，执行电动机称为伺服电动机。

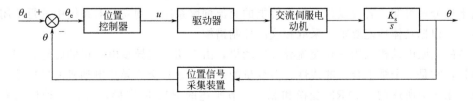

图 5-16　伺服系统结构框图

上述伺服系统的工作过程如下：①输入给定信号 θ_d；②将位置信号采集装置测量到的实际位置信号 θ 与给定信号 θ_d 进行比较；③计算出位置偏差 $\theta_e = \theta_d - \theta$；④由位置控制器给出为消除位置偏差需施加于驱动器输入端的控制量 u；⑤经过信号转换与功率放大进而驱动伺服机构；⑥位置偏差 θ_e 逐渐减少直至消除。

① 位置信号采集装置是伺服系统的重要组成部件，其一般是一个位置传感器，而位置传感器的选择合理性对于整个伺服系统的静、动态特性是否良好，性能指标能否达标起到了重要作用。目前如第 3 章所述，市面上常见的位置传感器有光栅、感应同步器、光电脉冲发生器、磁尺与编码盘等。

② 这里所述的驱动器包含了电流环和速度环的控制，主控制策略采用的是矢量控制策略。驱动器内部的电力电子器件可用大功率门极关断（GTO）晶闸管、大功率晶体管（GTR）和绝缘栅双极型晶体管（IGBT）等。IGBT 具有耐压高、功耗小、工作频率高、成本低、动态性能好、可靠性高、所需控制功率小等特点，越来越得到广泛的应用。

③ 伺服电动机是构成伺服系统的主要部件。系统若要具有高的伺服精度和定位精度，则伺服电动机必须有良好的低速特性，伺服系统的快速性还要求伺服电动机必须具有转子转动惯量小、加速转矩大（即大的过载转矩）、工作稳定性好等性能。目前，被广泛采用的有感应式交流异步电动机、永磁交流伺服电动机等。

④ 位置控制器可能采用可编程控制器（PLC）、数字信号处理器（DSP）或微处理器（μP）作为主控模块构成，也可将位置控制功能下沉至驱动器中实现。

上述交流伺服系统具有位置环、转速环和电流环的三闭环结构，其结构框图如图 5-17 所示。

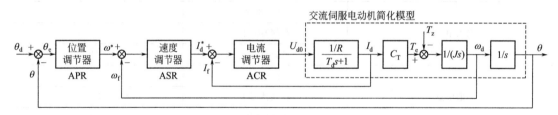

图 5-17　三闭环伺服系统结构框图

其中，根据第 2 章可知，电流环和转速环属于内环。电流环的作用有：

① 抑制电流环内部的干扰（如电网电压干扰等）；

② 限制最大电流；

③ 系统能够以最快速度启动，改善系统启动动态过程快速性。

本系统中，转速环的作用是加大系统抗负载扰动的能力，有效抑制转速波动。位置环的作用主要是保证系统位置控制的静态特性和动态跟踪的性能，直接关系到该交流伺服系统位置跟随过程的稳定与高性能运行。伺服系统中，位置环是主反馈通道。

由上述分析可知，若要设计一个高性能的交流伺服系统，则需要对系统中的每个闭环进行分析，并根据具体性能要求，采取相应的控制措施。

本节的伺服电动机采用三相交流异步电动机，由三相交流异步电动机的磁链方程和转矩方程可知，它是一个强耦合、非线性、多变量的系统。通常交流异步电动机的坐标系经过如第 2 章 2.4.2 节所述的 CLARK 变换和 2.4.3 节所述的 PARK 变换，可将电动机的复杂模型转换到 M-T（Magnetization-Torque）两轴旋转坐标系上，大幅度地简化了其数学模型。

采用矢量控制的驱动器，通过上述坐标变换，三相交流异步电动机简化数学模型如图 5-18 所示。

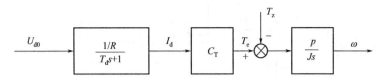

图 5-18　交流异步伺服电动机等效模型

由图 5-18 可得：

$$\begin{cases} I_d = \dfrac{U_{d0}/R}{T_d s + 1} \\ T_e = C_T I_q \\ \omega = \dfrac{n_p}{Js}(T_e - T_L) \end{cases} \tag{5-10}$$

式中，U_{d0}、I_d 分别为电源的理想空载电压和定子电流的直轴分量（励磁轴 M）；T_d 为电磁时间常数，有 $T_d = L/R$，R 和 L 分别为电动机定子绕组的直轴等效电阻和等效电感；T_e 为电磁输出转矩；T_L 为电动机负载转矩；J 为电动机转动惯量；n_p 为电动机极对数；ω 为电动机旋转角速度；C_T 为电动机电磁转矩与定子电流交轴分量（力矩轴 T）I_q 间的比例系数。

系统内环中电流环和转速环的设计已在第 2 章 2.4.4 节详细介绍，在此不做赘述。本节介绍了系统位置环模糊控制器的设计过程。

如果电流环、速度环调节器采用 PI 型调节器，按典型 I 型和 II 型系统设计能满足要求的话，则剩下的就是位置调节器的设计了。伺服系统的位置调节器通常要求具有快速、无超调的响应特性。用常规的 PID 调节器很难满足该要求，特别是位置环存在某些不确定性，如模型参数的时变和对象特性的非线性，以及众多的扰动因素。因此，还要求位置调节器具有强的鲁棒性。基于上述高的性能要求，将它设计成模糊控制器。

（1）位置模糊控制器设计

① 伺服控制系统在进行位置控制时，实际位置信号与给定参考位置偏差较大时，对快速性要求较高；而在其偏差较小时，则要求定位精确，且不能有超调量。在典型的模糊控制器实现起来困难（快速性较好的控制器必然带来较大的超调量）。若采用典型的模糊控制器，则会出现定位时振荡严重或者定位速度较慢的情况，控制效果非常不理想。因为这两种情况发生在不同时间段，且性能要求不相同，所以按照对应的模糊规则设计出模糊控制器，以满足位置偏差大时的快速性和偏差小时精确性要求。利用查表法，可分别设计出粗调表和细调表，对应时间段内运行不同模糊控制器，这两个模糊控制器组成了变结构位置模糊控制器。

变结构位置模糊控制器构成的交流伺服系统如图 5-19 所示。

图中，速度伺服机构就是 2.4 节设计的矢量控制的交流调速系统及其被控电动机，其中矢量控制的交流调速系统包括了电流环调节器和转速环调节器。

选取位置误差 θ_e 及误差变化率 $\Delta\theta_e$ 作为模糊控制器的输入，构成二维模糊控制器；避免了一维控制器的动态性能不佳问题，同时避免了三维模糊控制器结构相对复杂、计算量较大、时间复杂度较高等弊端。

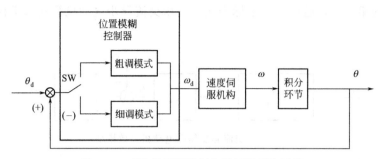

图 5-19 变结构模糊控制交流伺服系统原理

② 定义逆时针转动为正方向，顺时针转动为负方向；每个采样时刻的位置偏差与位置偏差变化率决定了模糊控制器的输出，那么有模糊关系

$$R_i: \text{if } E \text{ is } A_i \text{ and } EC \text{ is } B_i \text{ then } V \text{ is } C_i$$

式中，E 表示代表位置偏差的语言变量；EC 表示代表位置偏差变化率的语言变量；V 为转速控制量（模糊控制器的输出）语言变量。它们的语言变量映射到相应论域中的模糊集合分别为 A_i、B_i 和 C_i，上述规则生成的模糊控制规则表如表 5-7 所示。基于表 5-7 所示的规则，采用 5.3.4 节所述的模糊控制推理原理，生成控制表，存储在模糊数据中，可在控制器运行过程中进行在线查询，进而实现位置环模糊控制。但是，其存在不便于规则修改的缺点。因此，选用下述的具有调整因子的控制表生成方法。

表 5-7 位置伺服系统模糊控制规则表

E \ EC — V	PB	PM	PS	ZO	NS	NM	NB
PB	NB	NB	NB	NM	NM	NM	PM
PM	NB	NB	NM	NS	NM	ZO	PM
PS	NB	NB	NM	NS	ZO	ZO	PM
ZO	NB	NM	NM	ZO	ZO	PM	PB
NS	NM	NM	ZO	ZO	PS	PM	PB
NM	NM	NM	ZO	ZO	PS	PM	PB
NB	NM	NM	ZO	PM	PS	PM	PB

（2）具有调整因子的控制表自生成

若交流伺服系统中位置信号的采集采用的是增量式光电编码器（如第 3 章 3.2.2 节介绍），则在获取位置的同时也可获取到转速信号；设该光电编码器分辨率为每转 2048 个脉冲，利用编码器输出的相位差为 90°的两路脉冲信号构成四倍频及鉴相信号，编码器随电动机转子转动一周可测得的脉冲数为 9192 个。将偏差量为 7500 个脉冲时作为变结构切换的分界点，本系统中，模糊控制的粗调控制表和细调控制表生成步骤如下。

① 粗调控制表生成。当位置偏差大于 7500 脉冲时，偏差 E、偏差变化率 EC 和转速给定参考值 V 量化总等级为 $d = (2m+1)|_{m=5} = 11$。采用调整因子的控制表达式为

$$V = -\langle \alpha E + (1-\alpha)EC \rangle \tag{5-11}$$

位置偏差量比较大，则 α 值相应地取大，表示对误差 E 的加权值大，使系统尽快地消除偏差；而位置偏差比较小时，更主要的控制目的是使系统尽快稳定，准确定位而无超调量（或者超调量小），因此使误差变化率 EC 的加权大些，即 α 取值小些。针对上述分析确定 α 值，则控制规则可确定为：

$$V = \begin{cases} -\langle \alpha_n E + (1-\alpha_{11})EC \rangle & E=0, \pm 1 \text{ 时，取 } \alpha_{11}=0.45 \\ -\langle \alpha_{12} E + (1-\alpha_{12})EC \rangle & E=\pm 2, \pm 3 \text{ 时，取 } \alpha_{12}=0.65 \\ -\langle \alpha_{13} E + (1-\alpha_{13})EC \rangle & E=\pm 4, \pm 5 \text{ 时，取 } \alpha_{13}=0.85 \end{cases} \tag{5-12}$$

上述控制规则生成的模糊控制粗调控制表如表 5-8 所示。

表 5-8　模糊控制粗调控制表

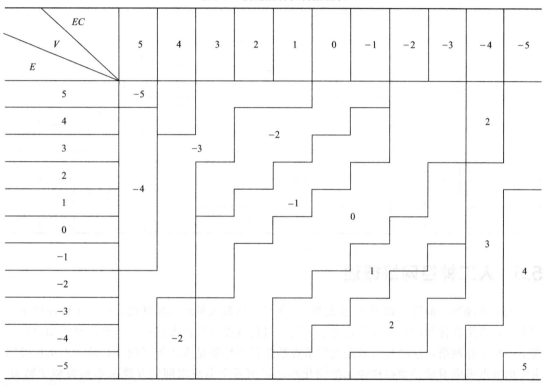

② 细调控制表生成。当位置误差小于 7500 脉冲时（不足一圈），考虑加大系统控制精度，将量化等级进一步细分。为此，将位置偏差 E、位置偏差变化率 EC 和转速给定参考值 V 分为总等级数 $d=(2m+1)|_{m=6}=13$。

细调阶段主要考虑的是控制稳定性和定位精度，细调控制表生成质量对控制品质（如能否准确定位？有否振荡和超调？）起到了决定性作用。为此，可将细调阶段中不同误差域的加权因子进一步细分，如式（5-13）所示。

$$V = \begin{cases} -\langle \alpha_{21} E + (1-\alpha_{21})EC \rangle & E=0 \text{ 时，取 } \alpha_{21}=0.5 \\ -\langle \alpha_{22} E + (1-\alpha_{22})EC \rangle & E=\pm 1, \pm 2 \text{ 时，取 } \alpha_{22}=0.6 \\ -\langle \alpha_{23} E + (1-\alpha_{23})EC \rangle & E=\pm 3, \pm 4 \text{ 时，取 } \alpha_{23}=0.7 \\ -\langle \alpha_{24} E + (1-\alpha_{24})EC \rangle & E=\pm 5, \pm 6 \text{ 时，取 } \alpha_{24}=0.8 \end{cases} \tag{5-13}$$

由此生成的模糊控制细调控制表，见表 5-9。

表 5-9　模糊控制细调控制表

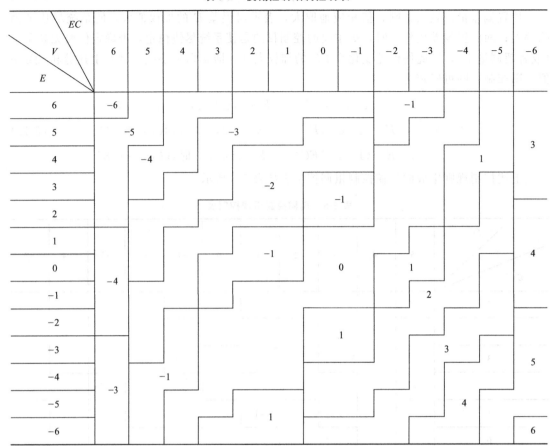

5.5　人工神经网络概述

人工神经网络的研究始于 20 世纪的 50 年代，研究人员从动物神经系统的工作原理中受到启发，采用软件和硬件的方法建立了大量可进行数据处理的节点；这些节点经过加权互连成了一种拓扑网络，这种具有数据处理节点的拓扑网络就是人工神经网络，其中人工神经网络中的节点可以看成是动物神经元的简化形式，而各个节点之间的互连关系则类似于轴突-树突这种神经信息传递路径的简化；人工神经网络可在一定程度上模拟人类思维推理的部分机理来处理问题，它的诞生是人工智能科学的一个巨大成就。

输入量 x_0，x_1，$\cdots$，x_{n-1} 与连接强度（或称权值）w_0，$w_1 \cdots$，w_{n-1} 通过点积形式合成，并送入一个处理节点（即一个神经元）中。在神经元中，一般情况下输入的合成信息首先与根据需求设定的阈值 θ 进行比较，再经一个非线性的作用函数 f 的转换，便得到该神经元的输出 y。人工神经网络中的非线性作用函数 f 一般有三种，如图 5-20 所示。其中，图 5-20(c) 所示的作用函数被称为 Sigmoid 型（S 型）作用函数，是最常用的一种神经网络作用函数。

根据上述分析可知，神经元 j 的输入与输出间的关系如下。

$$y_j = f\left(\sum_{i=0}^{n-1} w_{ij} x_i - \theta\right) \tag{5-14}$$

式中，x_i 为第 i 个输入元素（n 维输入矢量 X 的第 i 个分量）；w_{ij} 为神经网络的第 i 个

输入元素与神经元 j 间的互连强度值（亦称为权值）；θ 为神经元的内部阈值；y 为神经元的输出。

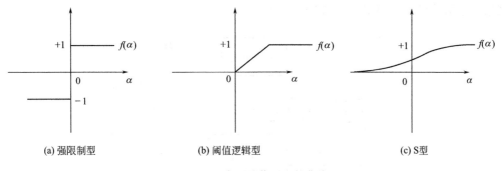

(a) 强限制型　　　　　　　　(b) 阈值逻辑型　　　　　　　　(c) S型

图 5-20　常用的作用函数曲线

上述给出神经网络中一个神经元或节点的工作过程。在实际应用中，由于场景不同、目标不同，人们研究并提出了多种不同的神经网络模型及其动态过程算法，如 Hopfield 算法、径向基（RBF）神经网络算法、反向传播（BP）算法等。由图 5-20 可知，在神经元中，作用函数一般是非线性的。而大量的神经元互相连接起来形成一个神经元网络，这个神经元网络即为一个非线性动力学系统，从单个神经元看，其工作较为简单且系统的组成也只是进行了简单的互连，但其构成的神经网络系统却具有一般非动力学系统的全部特点（不可逆性、不可预测性、多吸引子等），所以就单个神经元而言，其工作过程的描述很难涵盖全部神经网络系统。作为对人脑工作模式的一种模拟，人工神经网络系统具有高维性、冗余性、自组织性、模糊性等特点，它具有良好的自学习能力，与冯·诺依曼体系相比能更好地模拟类人脑的思维推理。但人脑的工作也并非如此简单，人工神经网络是对人脑思维推理模式的一种简化，相关领域学者们依然在努力寻找与人脑思维推理模式更为接近的系统。

基于人工神经网络系统自组织性、冗余性和模糊性等优势及强大的学习能力，它已在传感技术、信号处理、寻优问题处理、数学建模、控制工程等领域得到了广泛的应用。在人工神经网络的应用中，它的一个巨大的优势就是可进行机器学习，对于内部机理复杂难以准确描述、可较为方便地获得输入与输出的问题来说是一种非常合适的解决方案[30]。

5.6　基于神经网络的运动控制系统设计

由本章模糊控制系统的介绍中可知，模糊控制算法在运动控制系统中的应用可以实现高精度控制，但其中获取闭环转速/位置反馈信号是实现转速/位置闭环不可或缺的前提。安装在电动机转子上的速度或位置传感器可完成电动机速度/位置信号的采集，但该传感器价格昂贵，不仅提高了调速系统的成本，而且限制了其在恶劣环境下的应用，因此无速度传感器技术逐渐成为电动机调速领域研究热点。无速度传感器的电动机调速系统中的转速反馈是由驱动器内部根据其反馈的电压和电流信号根据电动机模型计算出来的，这种方法可替代编码器等电动机速度/位置编码器实现转速环和位置环的闭环控制。本节将介绍一种基于人工神经网络完成交流异步电动机转速估计的方法。

5.6.1　神经网络转速估计基本原理

本节采用了 BP 神经网络算法完成异步电动机的转速估计，目的在于实现放弃了传统的转速传感器情况下三相交流异步电动机的精确调速；以第 2 章 2.4.1 节所述的三相交流异步电动机为基础，根据转速与定子绕组两端电压及定子绕组电流之间的非线性关系，建立起神经网络转速估计模型。模型原理如图 5-21 所示[31]。

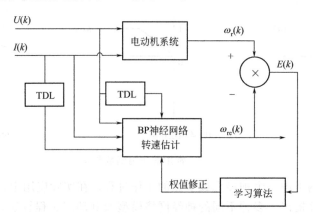

图 5-21　神经网络转速估计原理

图中，被控对象为三相交流异步电动机，TDL 表示单位延迟环节，被控电动机输入输出之间的非线性关系经离散化后可表示为

$$\omega_r(k) = f(u_{sd}, u_{sq}, i_{sd}, i_{sq}) \tag{5-15}$$

神经网络模型就是用于逼近公式(5-15) 中 $f(\ )$ 这个非线性关系的模型。

5.6.2　神经网络在调速系统转速估计中的应用

神经网络在运动控制系统中的应用多用于参数的辨识，如在无位置/无速度传感器运动控制系统中的转子位置和转速辨识、PI 控制器过程中控制参数的调节控制、控制对象未知时的控制对象模型辨识等。下面将以神经网络调速系统中转速估计的应用为例，具体说明人工神经网络模型的建立过程。

在神经网络训练阶段需要大量有代表性的样本，利用样本中的输入和输出值对神经网络进行训练学习，调节其中各种神经元与输入输出的连接强度（权值）。在学习过程中，不断逼近系统的真实数学模型。在通过有效地学习过程后，得出的神经网络模型就很接近一个电动机电压电流-转速模型，将其置于实际系统中可完成对转速信号的估计，并将转速估计值与给定的参考转速进行比较完成调速功能。下面针对 BP 神经网络在运动控制中的转速辨识进行介绍。

5.6.2.1　BP 神经网络转速估计结构设计

利用 BP 神经网络进行转速估计，需经过网络模型的训练这个步骤，将神经网络中的权值确定好以完成整个神经网络模型的确定；再将已确定的网络模型置于调速系统的转速反馈环节，输入定子电流和定子电压得到转速估计值。

神经网络的逼近模型相当于一个非线性函数，在本节设计中将式(5-15) 所示的非线性关系通过人工神经网络映射出来，即可得到转速估计 $\widehat{\omega_r}(k)$。图 5-22 展示了 BP 神经网络的结构图。

本节的转速估计中，神经网络输入设置为 4 个，分别为定子绕组在静止两相坐标系（$\alpha\beta$

坐标系）中的电压和电流分量（$u_{s\alpha}$、$u_{s\beta}$ 及 $i_{s\alpha}$、$i_{s\beta}$）；输出量设置为 1 个，为电动机的转速。为避免大量的运算导致系统快速性能的降低，隐含层数设置为 1 个，隐含层所包含的节点数设置为 9 个。人工神经网络的训练过程和工作过程如图 5-23 所示。

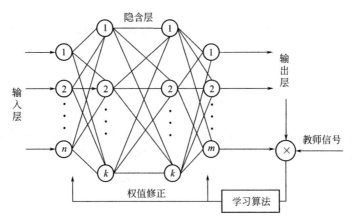

图 5-22 BP 神经网络结构图

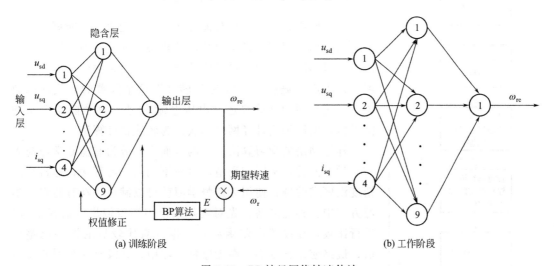

(a) 训练阶段   (b) 工作阶段

图 5-23 BP 神经网络转速估计

由于神经网络良好的非线性逼近效果，因此在对转速估计时，无需关心电动机内部运行机理，仅需收集大量具有代表性的样本数据训练出合适的神经网络估计模型即可，对于解决三相交流异步电动机这种非线性、强耦合、多变量的复杂系统中的一些问题非常地适用。这个训练的过程在 BP 神经网络中称为反向传播阶段，完成网络训练学习过程后，可将网络模型放入系统中进行工作，这时网络模型进入工作阶段；在提供输入数据的情况下，神经网络经过一系列计算得出估计的转速值。基于 BP 人工神经网络转速估计模型的工作过程简述如下。

① 输入层输入归一化后的两相定子绕组电压及电流信号。

② 利用已确定的权值数据（连接强度值）分别与对应的输入层数据相乘，并对应地叠加。

$$\mathrm{In}_j = \sum_{i=0}^{3} x_i w_{ij}^1 \qquad j = 0, 1, 2, \cdots, 8$$

式中，In_j 为第 j 个隐含层的输入；x_i 为第 i 个输入层归一化后的输入；w_{ij}^1 为第 i 个输入层单元与第 j 个隐含层单元间的权值。

③ 隐含层内部非线性函数的运算。

$$\text{Out}_j = f(\text{In}_j - \theta)$$

式中，Out_j 为第 j 个隐含层的输出；θ 为隐含层内部阈值；$f(\ )$ 为隐含层内部的非线性函数。

④ 完成输出。

$$y_k = \sum_{j=0}^{8} \text{Out}_j w_{jk}^2 \qquad k = 0$$

式中，y_k 为第 k 个输出层的输出，该输出为归一化的结果，要转换为转速信号需要进行反归一化操作，且由于本节介绍的人工神经网络转速估计模型仅有一个输出，因此 k 只有一个值；w_{jk}^2 为第 j 个隐含层单元与第 k 个输入层单元间的权值。

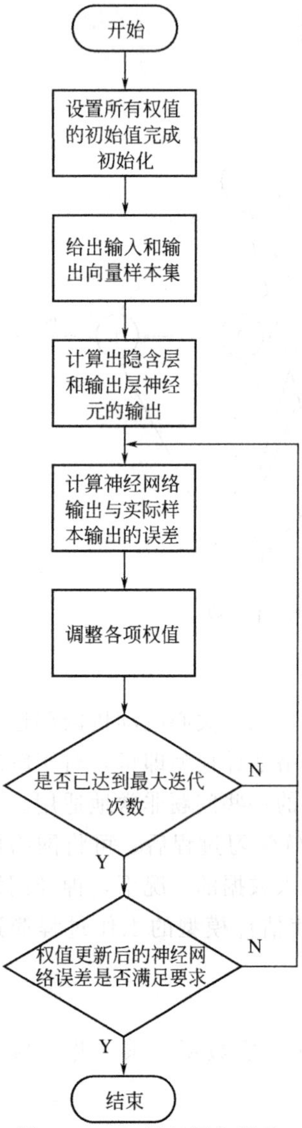

5.6.2.2　BP 神经网络学习步骤

神经网络是一种现代智能算法。学习能力是智能算法的重要标志，而学习算法是学习功能的核心，通过学习算法，神经网络可以实现自学习、自适应功能。通过已采集的样本，在学习过程中逐渐逼近"电压电流-转速"这个隐藏的非线性函数关系；正是因为准确描述"电压电流-转速"这个隐藏关系的困难性，所以采用神经网络算法作为转速估计算法。

神经网络的学习算法从大的方面主要分为有监督学习与无监督学习两种，不同应用情形对应不同的学习算法，通常在对精度没要求的场合使用无监督学习就可以满足。在有监督的学习方式中，神经网络首先对实际输出与期望输出（监督信号）进行比较，在设置误差函数后根据两者比较后的误差调整权值，最终使差异变小。在无监督学习中，并没有这个误差反馈值作为监督信号，神经网络对输入按照预先设定的规则进行权重的自动调整，最终实现模式分类等功能，本书使用有监督学习完成转速估计 BP 神经网络模型设计。BP 神经网络学习步骤流程如图 5-24 所示。

通过如下六步完成 BP 神经网络转速估计算的过程。

① 初始化所有隐含层、输出层权值为随机值，即 $w_{ij(jk)}^{1(2)} = \text{Random}(\cdot)$。

② 输入定子绕组电压和电流的两相静止坐标系分量样本信息（归一化后为 x_i^n，式中，i 为输入网络的输入层单元号，输入层单元数一共 4 个，i 可取 0、1、2、3；n 为该样本所属的样本号），作为神经网络的训练学习输入。

③ 根据当前权值数据，依次计算出隐含层输出 Out_j^n 与输出层输出 y_k^n。

图 5-24　BP 神经网络学习步骤流程图

④ 根据样本中一组定子绕组电压和电流两相静止坐标系分量对应的转速样本信息（归一化后为 y^n，n 为该样本所属的样本号），计算出反向误差

$$E^n = y^n - y_k^n \tag{5-16}$$

⑤ 利用确定好的学习算法及反向误差信息完成各个权值的更新。

⑥ 按照更新后的权值信息，重新计算转速估计值，并计算出估计误差 E，若满足 $E < \varepsilon$ 或到达最大学习次数则停止学习迭代，反之则跳转至第二步继续进行学习迭代。

5.6.2.3　转速估计学习过程

（1）前向传播：计算神经网络的输出

由上述定义，输入层的 4 个节点分别为定子绕组电压和定子电流两相静止坐标系分量——$u_{s\alpha}$、$u_{s\beta}$、$i_{s\alpha}$、$i_{s\beta}$；隐含层中设置 9 个隐含节点，其中第 j 个隐含层节点的输入为归一化后的定子电压电流输入（x_1、x_2、x_3、x_4）的加权之和，系统第 k 次进行前向传播过程如下

$$\text{In}_j(k) = w_{1j}^1(k)x_1(k) + w_{2j}^1(k)x_2(k) + w_{3j}^1(k)x_3(k) + w_{3j}^1(k)x_4(k) \tag{5-17}$$

在隐含层内部，经 Sigmoid 函数激发，隐含层第 j 个神经元输出 Out_j

$$\text{Out}_j(k) = f[\text{In}_j(k)] = \frac{1}{1 + e^{-\text{In}_j(k)}} \tag{5-18}$$

输出层输出估计转速得

$$y(k) = \sum_{j=1}^9 w_{j1}^2(k)\text{Out}_j(k) \tag{5-19}$$

$\omega_r(k)$ 为第 k 组输入值网络的样本中对应的转速值（归一化后），转速误差为

$$e(k) = \omega_r(k) - y(k) \tag{5-20}$$

设置误差准则为

$$E = \frac{1}{2}e(k)^2 = \frac{1}{2}[\omega_r(k) - y(k)]^2 \tag{5-21}$$

（2）反向传播：采用梯度下降法对权值进行修正

BP 神经网络中权值修正分为输入层与隐含层间的权值修正、隐含层与输出层间的权值修正两个部分。

① 权值修正（输出层与隐含层）。

根据梯度下降法，输出层与隐含层之间的权值为

$$\Delta w_{j1}^2 = -\eta \frac{\partial E}{\partial w_{j1}^2} = \eta e(k) \times \frac{\partial y(k)}{\partial w_{j1}^2} = \eta e(k)\text{Out}_j \tag{5-22}$$

式中，学习速率 $\eta \in [0, 1]$。

修正后两层间的权值为

$$w_{j1}^2(k+1) = w_{j1}^2(k) + \Delta w_{j1}^2 \tag{5-23}$$

② 权值修正（隐含层与输入层）。

$$\Delta w_{ij}^1 = -\eta \times \frac{\partial E}{\partial w_{ij}^1} = \eta e(k) \times \frac{\partial y(k)}{\partial w_{ij}^1} \tag{5-24}$$

式中

$$\frac{\partial y(k)}{\partial w_{ij}^1} = \frac{\partial y(k)}{\partial \text{Out}_j} \times \frac{\partial \text{Out}_j}{\partial \text{In}_j} \times \frac{\partial \text{In}_j}{\partial w_{ij}^1} = \omega_{j1}^2 \times \frac{\partial \text{Out}_j}{\partial \text{In}_j} \times x_i = w_{j1}^2\text{Out}_j(1 - \text{Out}_j)x_i \tag{5-25}$$

第 $k+1$ 次迭代时，权值更新为

$$w_{ij}^1(k+1)=w_{ij}^1(k)+\Delta w_{ij}^1 \tag{5-26}$$

上述就是 BP 神经网络转速估计过程中的转速估计工作过程和神经网络训练学习过程，通过给定输入输出，可以进行权值修正的计算完成网络的训练学习，将训练完成的神经网络模型置于运动控制系统中进行转速估计。

5.6.2.4　训练样本获取方法

由上文所述可知，在人工神经网络的训练阶段，需要大量的有效的训练样本对网络进行训练才能训练出与实际模型相接近的人工神经网络。而在实际应用中，样本的获取也是一个需要解决的问题；一般情况下，运动控制系统中训练样本的获取一般采用传感器的采集法，同一采样时刻，利用转速传感器、电流传感器、电压传感器分别采集转子转速、两相定子绕组电流、两相定子绕组电压。其中测得的电流和电压值需经过 3s/2s（CLARK）变换，然后方可称为合格的样本数据。

电动机在低速运转时，电压传感器采集的绕组两端电动势很小，其中大部分是绕组电阻的压降，电阻阻值的测量误差对电压传感器的采集结果影响非常大，所以在电动机低速运转时其电压传感器采集的电压值参考不大。此时，可设置另外一个神经网络用于低速时的转速估计，此时输入层变为两个，分别为两相静止坐标系下电流的两个分量。

 思考题与习题

5-1　简述模糊控制的基本原理。

5-2　模糊控制系统可分为哪几类？试画出它们的系统结构框图。

5-3　详细说明整个模糊控制过程。

5-4　什么是人工神经网络？它的作用是什么？简述神经网络的工作过程。

5-5　人工神经网络如何在调速系统中实现转速估计？

第 **6** 章

运动控制系统中的通信技术

随着运动控制系统在工业自动化领域的不断深入应用与发展，在实际生产应用中运动控制系统技术需求主要体现在以下几个方面。

① 多轴运动控制。生产机械因自动化程度的提高，促使在一个设备中的控制轴数量大大增加。生产实践中，一个设备拥有几十个轴已经是常见的现象了，而控制轴的增多带来的是协调控制需求的增大。

② 小型化。运动控制系统通常安装于生产线、控制机房或者控制机柜/机箱中，在多数应用场合，其安装空间是有限的，这就要求运动控制系统的体积越小越好，对应的走线空间也是越小越好。

③ 精确控制。国际上，微电子芯片的制程已经精确至 7nm，这种芯片制程的精确度已经上升至衡量一个国家软实力的一项重要指标。提高这种精密制造能力的基础，实际上就是对精确控制要求的不断提高。

④ 稳定的运行。所有系统使用者都希望所购置的系统能够具有稳定运行的特性，这不仅可以保证高质量地完成工作任务，而且还可以节省大量的维护成本。

综上，一个满足现代生产工作需求的运动控制系统必须同时具备小型化、多轴协调控制、精确、稳定等特点。这需要有相应的通信技术作支撑，协调各种指令，优化系统运行状态。

6.1 运动控制系统中的现场总线通信

6.1.1 现场总线概述

6.1.1.1 现场总线的产生

运动控制系统中的网络通信技术作为工业控制网络的一个重要分支，同样也经历了最初的集中控制系统、第二代的集散控制系统及现场总线控制系统三大阶段。

（1）集中控制系统

20 世纪 60 年代，计算机技术进入控制领域，产生了集中控制系统。在后续的 20 年内，集中控制系统被人们广泛地应用于模拟、逻辑推理、测量等多个领域。图 6-1 是集中控制系统示意图，它将各类信号采集装置采集到的信号、各种执行装置驱动控制功能全部汇总至中心计算机，并由中心计算机进行统筹的读取、滤波、控制、输出等。

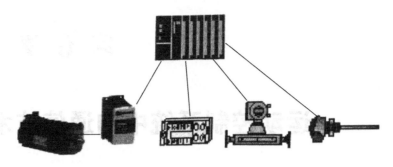

图 6-1　集中控制系统示意图

（2）集散控制系统

运动控制系统中，各部件不一定都会放置在一起，甚至一些部件之间的距离非常远，在这种情况下若采用集中控制系统，不仅会带来布线、维护等成本的提升，而且通信线路中的信号损耗将大大增加，中心计算机接收到信号的可靠性无法得到保证，可能影响系统的安全稳定运行。

为了解决上述问题，20 世纪 80～90 年代，出现了一种集散控制系统（Distributed Control System，DCS)，与集中控制系统相比，它的控制是分散的，但在管理上也是集中的。如图 6-2 所示，集散控制系统在每个相对独立的工作位置（距离上相对集中）采用一个控制器来分散控制，而利用一个性能强大的控制器/上位机进行集中的监控和管理。这种集散控制系统可将风险分散到各个相对独立的控制现场，控制过程中的信号传输距离大大减少，信号的可靠性提高，但与此同时，系统的成本也会增加，且信号共享主要依靠上位机，共享度有所减弱。

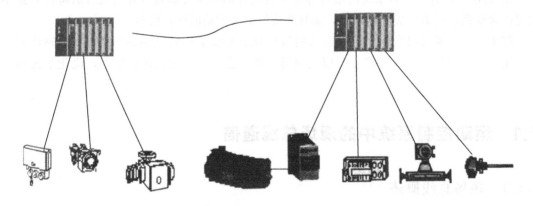

图 6-2　集散控制系统示意图

（3）现场总线控制系统

进入 20 世纪 90 年代，现场总线技术逐渐成为运动控制系统内部主流的通信技术。运动控制系统的现场总线是各控制装置、采集装置、执行装置之间的一种数字的、串行的、可实现多点通信的数据总线。由于现场总线技术的需要，用于信号采集的各测量控制仪表必须具有数字通信和数字计算的功能，对于一些传统的仪表，需另加外部微处理器。现场总线控制系统则是采用一种介质作为数据总线（如光缆、双绞线等），按照某种通信协议，在位于现场的各设备之间及现场设备与远程监控管理计算机之间，实现信号的传输和数据交换来完成特定运动控制功能的自动控制系统，其示意图如图 6-3 所示。

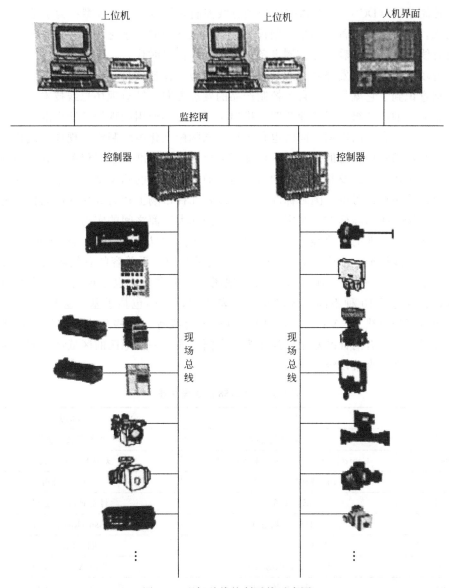

图 6-3 现场总线控制系统示意图

现场总线技术一经问世，便在很短的时间内成为全球自动化技术研究的热点。目前，使用较为广泛的现场总线有：CAN（Controller Area Network）、过程现场总线 PROFIBUS（Process Field Bus）、基金会现场总线 FF（Foundation Field Bus）、局部操作网络 LON（Local Operating Network）。

6.1.1.2 现场总线的发展

现场总线控制系统中，控制器可利用一根通信总线将其与现场设备相连，而设备只要有对应的现场总线接口就可接入现场总线控制系统，所以现场总线控制系统具有结构简单、安装维护方便等特点。同时，控制器与现场设备之间可以进行双向的数据通信，传输的是数字信号，克服了模拟信号精度低、抗干扰能力弱的问题，大大地提升了系统的可靠性。

运动控制系统作为自动控制系统的一个重要分支，其系统体系也正在逐步由模拟或数字式的集散控制系统（DCS）向全数字的现场总线控制系统（FCS）转型；为了适应现场总线技术的需求，所有工控设备、测量控制仪表的结构也逐渐向数字化、统一化方向发展。可以说，现场总线的发展带领着工业控制设备进入了网络信息时代。

由于现场总线技术的发展和它所具备的突出优势，让各大自动化产品及现场设备厂商在第一时间都意识到了它就是未来自动控制产品的发展方向。针对现场总线技术，一些国际上具有一定影响力的厂商组成了企业联盟，推出了联盟内部通用的现场总线标准，在市场上积极地培养客户、扩大业内影响，同时也积极推动国际标准化组织制定出现场总线技术的国际标准。所有企业都希望自己的总线技术标准能够成为国际标准，这不仅关系到产品的销售前景，也关系到企业的信誉及其在业内的影响力。而国际标准的确定则必须考虑标准在市场上使用的广泛性及用户认可度，国际标准以一种或者几种市场上较为成功的产品技术为基础制定。所以，现场总线国际标准的制定也反映了各国际大厂商之间的实力竞争。

现场总线国际标准的讨论经历了十二年，国际电工委员会（IEC）终于在 1999 年底通过了一个现场总线标准——IEC1158，该标准容纳了 8 种互不兼容的总线协议。后又经过几年的讨论，于 2003 年通过了 IEC1158 Ed. 3 现场总线标准，这也是现场总线技术的第一个国际标准，它规定了 10 种不同的现场总线（表 6-1），其中包括了基金会现场总线（FF）、控制器局域网现场总线（CAN 总线）、PROFIBUS 总线等。这些总线标准都有着特定的应用领域和背景，其中有的标准甚至已经成为一个国家或者一个地区的区域性标准，所以这些现场总线国际标准一直难以统一。

表 6-1　IEC1158 的现场总线

类型编号	名称	发起的公司
Type1	TS61158 现场总线	原来的技术报告
Type2	ControlNet 和 Ethernet/IP 现场总线	美国 Rockwell 公司
Type3	PROFIBUS 现场总线	Siemens 公司
Type4	P-NET 现场总线	丹麦 Process 公司
Type5	FF HSE 现场总线	美国 FisherRosemount 公司
Type6	SwiftNet 现场总线	美国波音公司
Type7	World FIP 现场总线	法国 Alstom 公司
Type8	Interbus 现场总线	德国 PhoenixContact 公司
Type9	FF H1 现场总线	现场总线基金会
Type10	Profinet 现场总线	Siemens 公司

（1）基金会现场总线（Foundation Field Bus，FF）

基金会现场总线（FF）是以美国 Fisher Rosemount 公司为首联合 ABB、横河、英维斯、西门子等 80 家公司制定的 ISP 协议和以 Honeywell 公司为首联合欧洲等地 150 余家公司制定的 World FIP 协议于 1994 年合并而成。该协议在过程控制领域应用广泛，目前依然具有较好的前景。

FF 采用了国际标准化组织（ISO）开放式系统互联（Open System Interconnection，OSI）的简化模型，这种简化模型仅有原 OSI 七层模型的 1、2 和 7 层，即物理层、数据链路层和应用层，并增加了用户层。FF 有两种通信速率，即低速 H1（传输速率 31.25kbps）和高速 H2（最大传输速率 2.5Mbps），前者最大传输距离为 1.9km，支持总线供电，适用于本质安全防爆设备（小功率电气设备）；后者中，1Mbps 最大传输距离为 750m，2.5Mbps 为 500m，可支持无线、光缆、双绞线介质传输，其协议符号为 IEC-1158-2，数字编码采用曼彻斯特编码。

（2）控制器局域网（Controller Area Network，CAN）总线

CAN 总线最早由德国的博世公司（BOSCH）提出，在离散控制领域应用广泛，该总线标准得到了 Motorola、NEC、Intel 等多个国际知名互联网公司的支持。CAN 总线协议分为两层，物理层和通信链路层，其主要特点有：采用短帧结构传输，传输时间短，具有自动关闭功能，抗干扰能力强，支持多种工作方式，采用非破坏性总线仲裁技术，具有优先级设置功能用于避免冲突。5kbps 时，最大通信距离为 10km，而其最大通信速率可达 49Mbps，支持的网络节点数可达 110 个。基于 CAN 总线协议的通信/控制芯片已在现代化生产中广泛应用。

（3）Lonworks

Lonworks 由美国 Echelon 公司推出，得到了 Motorola、Toshiba 公司的支持。它采用 ISO/OSI 模型的全部 7 层通信协议，支持面向对象的设计方法，支持 300bps～1.5Mbps 的传输速率，支持的最大传输距离为 2.7km（7.8kbps），传输介质可支持双绞线、同轴电缆、光缆、红外线等，是一种适用性极强的控制网络。Lonworks 在技术上通过将 LonTalk 协议封装入 Neuron（神经元）芯片中实现。该类产品已被广泛地应用于交通运输、楼宇自动化、保安系统、家庭自动化、办公设备、工业过程控制等领域。

（4）DeviceNet

DeviceNet 最重要的特点是它的成本较低，同时这也是其最大的优势。这种低成本的通信连接技术是基于开放式的网络标准的。它可实现设备间的直接互联，为设备提供了设备级的阵地功能。基于 CAN 技术的 DeviceNet 可支持 125～500kbps 的传输速率，每个 DeviceNet 网络中可支持最大 64 个节点，采用的是多信道广播的信息发送方式。在 DeviceNet 网络中，可在不影响其他设备使用的情况下自由地上接和下卸设备。开放式设备网络供应商协会（Open DeviceNet Vendor Association，ODVA）是 DeviceNet 总线的组织结构。

（5）CC Link

1996 年，以日本三菱公司为首的多家公司联合推出了 CC Link 总线协议，一经推出，便得到了巨大反响，迅速占有了亚洲的大量市场份额。CC Link 总线中的"CC"是控制与通信链路系统（Control 与 Communication Link）的英文缩写。基于该协议的系统中，可将控制面（C）和用户面（P）数据以 10Mbps 的高速速率同时传送至现场网络，具有性能卓越、成本低、使用简便等优势。同时，CC Link 总线具有非常好的抗扰性能和广泛的兼容性，现场配线简单易于安装。CC Link 总线是一个以设备层为主的网络，同时也可覆盖较高层次的控制层和较低层次的传感层。2005 年 7 月，CC Link 被中国国家标准委员会批准为中国国家标准指导性技术文件。

（6）PROFIBUS 总线

PROFIBUS 分为 PROFIBUS DP、PROFIBUS FMS 和 PROFIBUS PA 三种。

① PROFIBUS DP（Decentralized Periphery，分布式外围设备）用于外围设备间的数据传输，适用于加工自动化领域，可取代 4～20mA 的模拟信号传输。PROFIBUS DP 用的

是 ISO/OSI 模型的第 1 层（物理层）、第 2 层（数据链路层）和用户层，具有较高的传输速率。PROFIBUS DP 特别适合于 PLC 与现场级分布式 I/O 设备之间的通信。

② PROFIBUS FMS（Fieldbus Message Specification，现场总线报文规范）适用于可编程控制器、楼宇自动化、纺织和低压开关等。除了 OSI 的第 1 层和第 2 层，PROFIBUS FMS 还使用了第 7 层，即应用层，所以该协议向用户提供了功能很强的通信服务，主要用于车间级的不同供应商设备之间传输数据。

③ PROFIBUS PA（Process Automation）是专为过程自动化设计的总线类型，使用的是扩展的 PROFIBUS DP 协议，此外还描述了现场设备行为的 PA 行规。其传输技术使用的是 IEC1158-2，确保了本质安全和系统的稳定性，支持总线供电。PROFIBUSPA 广泛应用于化工和石油生产等领域。

在 3 种 PROFIBUS 协议中，因为 PROFIBUS DP 是用于解决分布式现场设备与控制器之间的通信问题，所以其应用范围是最为广泛的。

最初现场总线仅用于过程控制领域，而随着运动控制系统对网络通信技术需求的不断提高，运动控制系统中也越来越多地使用现场总线技术完成系统内部多个控制器间的信息传递、数据共享和协调控制功能，在上位机的协调下，使得多轴协调控制具有更好的性能。

6.1.2 基于现场总线的运动控制系统架构

一个完整的运动控制系统主要包含了控制器（如含运动控制卡的 PC 机、PLC 等）、驱动器、执行电动机、信号采集装置等。实现这些部件的连接和正常运行，最直接的方法就是采用上述的集中控制系统架构。运动控制卡通过 PCI 或者 ISA 总线与 PC 主机相连，而各驱动器通过物理导线直接与运动控制卡相连，这种架构在复杂的运动控制场合中会带来较大的维护难度，且不适用于长距离传输，所有控制和用户信息均由运动控制卡完成处理，为其提供支持的 CPU 运算负担较重。

一个 PC 机中的中央处理单元处理能力有限，随着运动控制系统的复杂性不断增加，需要控制的点位增多，信号采集点也在增加，一个中央处理器难以很好地完成如此多的运算负担时极可能发生溢出、崩溃等情况。现场总线技术将用户信号和控制信号的处理任务分配至不同控制节点的微处理器完成，而上位机中的中央处理单元仅需完成各控制节点间的现场总线连接和协调即可。其结构如图 6-4 所示。

6.1.2.1 通信网络的选择

要设计一个基于现场总线的运动控制系统，底层通信网络要使用何种传输方式是最先要考虑的问题。运动控制系统中，现场设备的 I/O 口之间最常用的数据传输方式有：RS-232C、RS-485 和工业以太网。

（1）RS-232C 通信

RS-232C 接口标准是由电子工业协会和远程通信业协会制定的，其中"RS"是"推荐标准"一词的英文缩写，232 是标准的标识号，C 则代表了修改的次数。RS-232C 定义了数据通信设备（DCE）与数据终端设备（DTE）接口之间的电气特性。内容上，它规定了通信接口的物理形状及其电气特性。

① RS-232C 接口采用 D 型 9 针或 25 针形式，每个引脚均有具体的功能定义；

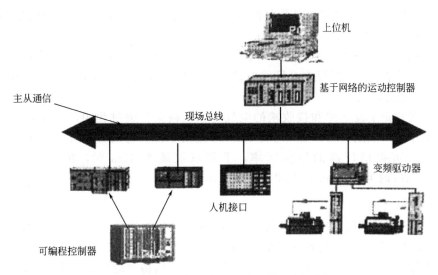

图 6-4 基于现场总线的运动控制系统架构图

② 电气特性上，12V 代表逻辑 "1"；－12V 代表逻辑 "0"；

③ 全双工通信，通信线有 3 条，分别为 TxD（发送）、RxD（接收）和 GND（地线）。

RS-232C 的适用范围：主要用于一对一和短距离通信场合。

主要缺点：

① 接口处电平较高，应用不当易烧毁控制芯片；

② 与 TTL 电平不兼容，应用于控制电路中需转换电路；

③ 传输速率较低；

④ 采用共地传输，可能产生较大的共模干扰，抗扰性能弱；

⑤ 最大传输距离在 15m 左右，传输距离较短。

（2）RS-485 通信

RS-485 又称为 EIA-485，它克服了 RS-232C 的各种缺点，目前已成为工业通信中最常用的通信传输方式，RS-485 采用了两线的、半双工的、多点连接的方式实现两个设备间的通信，同时未对物理接口和形状做出具体规定，使用者可根据需要采用各种不同的接口实现硬件连接。RS-485 仅对接口的电气特性做出了规定，与 RS-232C 不同，RS-485 是利用接线两端的电压差值来表示传递的信号的。当两端最小电压差大于 20mV 时有效，对于 RS-485，任何一个－7～12V 之间的电压差（除－200～200mV 以外）都是有效的，当供电电源为 ＋5V，采用平衡驱动差分电路时（如图 6-5 所示，差分信号为 $V_A - V_B$）：

当差分电压信号为－2500～－200mV 时，为逻辑 "0"；

当差分电压信号为 200～2500mV 时，为逻辑 "1"；

当差分电压信号为－200～200mV 时，为高阻状态。

RS-485 的差分平衡电路如图 6-5 所示。其一根导线上的电压是另一根导线上的电压取反；接收器的输入电压为这两根导线电压的差值 $V_A - V_B$。

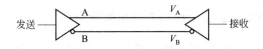

图 6-5 差分平衡电路

差分电路中输入信号为两电压信号的差值，抵消了底线产生的干扰，有效地抑制了共模干扰，也适用于较长距离的数据传输。

需要指出的是，RS-485 标准并未规定连接器、信号功能和引脚分配。应用时，必须保持两根信号线相邻，所以两根差分导线应该在同一根双绞线内；为避免接线错误，引脚 A 和引脚 B 不能随意调换。

RS-485 仅规定了发送端和接收端的电气特性，数据传输过程中的通信协议并没有在 RS-485 标准中加以限制，所以用户可将 RS-485 应用于自搭建议局域网或单机/多机通信系统中。RS-485 可提供较高的通信速率，平衡双绞线为 12m 时，RS-485 的速率可达 10Mbps，1.2km 时为 100kbps，其最大传输距离为 1.2km。

（3）工业以太网

以太网在发展初期仅应用于办公大楼等环境条件良好的场合，但随着通信技术和计算机技术的发展，以太网在环境较差的工业场合的应用逐渐增多，并发展为相对独立的工业以太网。工业以太网中，各电气接口和物理接口及接口间通信协议的性能要求均有统一的规定，可将用户的管理层面、车间层面、现场的控制、执行和测试层面都接到同一个网络中，方便用户的统一管理，使得用户的管理水平和设备的网络化程度都有了质的飞跃。

工业以太网顾名思义就是将以太网技术应用于工业控制领域，它在技术层面与 IEEE802.3 商用以太网相互兼容。在进行工业以太网设计时，必须根据工业控制现场情况，合理地选择材料质量、强度及其适用性，同时还需考虑数据通信的实时性并具有较好的互操作性，可靠性、抗干扰能力和本质安全性也需要满足现场环境的需求，而这些问题是以太网技术在发展初期（基于一般信息网络的以太网技术）并未考虑的。

可以看出，工业以太网的组建需要加大投资，但网络一旦建成后，其良好的整体可靠性和较高的通信速率为运动控制系统优秀的性能表现提供了坚实的基础，同时工业以太网还为系统的扩展和功能升级提供了极大的方便，可在很大程度上降低系统的维护成本。

（4）总线通信协议

上述三种设备间的通信接口传输方式仅仅规定了物理层的信息，对于传输数据格式和传输过程中的时序没有做出具体的规定，所以在确定了通信网络后还需要根据运动控制系统的要求选择合适的总线通信协议。

运动控制系统中，对现场总线协议的性能要求一般有下述三点。

① 通信的可靠性。具有较强的抗干扰能力，提供可靠的通信，适应恶劣的工业现场环境。

② 通信的实时性较高。数据无论是周期性传输还是非周期性传输都必须具有非常高的实时性，整个系统的响应时间要求通常为 1～10ms。

③ 执行与状态反馈的同步性。执行器在接收到执行指令之后的同一时刻开始执行响应的位置控制指令，同时对当前的位置信号进行采样并反馈至控制单元。

目前，在运动控制系统中，应用较为广泛的现场总线协议是 PROFIBUS 总线和 CAN 总线，对于多轴运动控制系统，应用最多的则是 CAN 总线。

6.1.2.2 基于现场总线的运动控制系统架构举例

现场总线技术的应用，运动控制系统中的各个部件可以分散地安装放置，使得运动控制系统（特别是多轴运动控制系统）结构变得更加简单，很大程度上拓展了运动控制系统的应用场合。为此，国内外各大科研机构及运动控制厂家都投入了巨大的财力物力对现场总线技术进行开发、研制和完善。下面，以 PROFIBUS 总线和 CAN 总线为例介绍现场总线技术在运动控制系统中的应用。

（1）基于 PROFIBUS 的交流伺服系统

PROFIBUS 通信协议有三种，在运动控制系统中应用最多的是 PROFIBUS DP。运动控制系统中，PROFIBUS 总线的应用可从现场层面到车间甚至管理层面对离散的数字控制系统进行网络化，系统组成的硬件得以减少；在工程方面，减小了工程设计调试的难度，简化了硬件安装过程，系统的可靠性、灵活性和安全性得到了较大的提升。

某生产线中基于 PROFIBUS 现场总线控制系统的构成如图 6-6 所示。

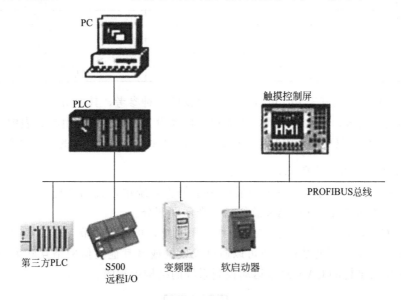

图 6-6　基于 PROFIBUS 的交流伺服系统电气控制示意图

系统中以 ABB 公司 AC500 系列的 PM583-ETH 作为 PROFIBUS 现场总线主站，该主站的 PROFIBUS 总线提供 ABB 系列或者第三方 PLC 控制器、不同厂家变频器、软启动器及 S500 系列的远程 I/O 接口。为了保证成套性原则、提高系统稳定性，可采用 ABB 公司的 ACS800 作为位置控制器。编程方面利用 ABB 公司的 PS501（CoDeSys V2.3）编程软件，在编程时可直接导入 PROFIBUS 总线的库文件（ACS_DRIVES_COM_PB_AC500_Vx.lib），在完成硬件网络组态后为位置控制器分配网络地址。需要注意的是，此时分配的网络地址需与控制器内设定的网络地址参数相同。在硬件组态树状结构图中选择"CM579_Master"→"Assign Station name"，打开从站参数编辑窗口，完成从站参数编辑后发送至从站（位置控制器）。

以 ACS800 作为位置控制器，其需要配置的参数如表 6-2 所示。

表 6-2　ACS800 参数表

参数名	设定值（PROFIBUS 举例）	说明
EXT1 STRT/STP/DIR	COMM. CW	启停与方向控制
REF DIRECTION	REQUEST	由用户设定：正反转使能 REQUEST:通过设定速度负值控制反转

续表

参数名	设定值（PROFIBUS 举例）	说明
EXT1/EXT2 SELECT	COMM. CW	外部控制源选择
EXT REF1 SELECT	COMM. REF	速度设定源
RUN ENABLE	COMM. CW	运行使能
FAULT RESETSEL	COMM. CW	故障复位
COMM. MODULE LINK	FIELDBUS	通信方式
COMM PROFILE	ABBDRIVES	通信配置
IP address 1	192	IP 地址 1
IP address 2	168	IP 地址 2
IP address 3	0	IP 地址 3
IP address 4	3	IP 地址 4
Subnet mask 1	255	子网掩码 1
Subnet mask 2	255	子网掩码 2
Subnet mask 3	254	子网掩码 3
Subnet mask 4	0	子网掩码 4
…	…	…
Protocol	1	通信协议选择：Profinet

表 6-2 中，设定值为基于 PROFIBUS 总线协议的一种参考，其中 IP 地址、子网掩码等可根据现场需求进行修改。参数修改后，均需重新启动设备方可生效。由参数表中可知，PROFIBUS DP 总线通信不仅可以完成过程数据的通信，而且可以传递系统的故障诊断信号。

（2）基于 CAN 总线的交流伺服系统

基于 CAN 总线的运动控制系统一般应用于伺服系统中，其网络化的控制器包含 CAN 控制器节点（一个或多个）和 CAN 总线通信介质两部分。

具有多个 CAN 控制器节点的 CAN 总线伺服系统，可将控制节点通过 CAN 总线通信介质平行地互联为一个单层的结构，也可以通过以太网或者其他通信网络互联为多层的结构。图 6-7 是一个单层结构的 CAN 总线运动控制系统的结构示意图。

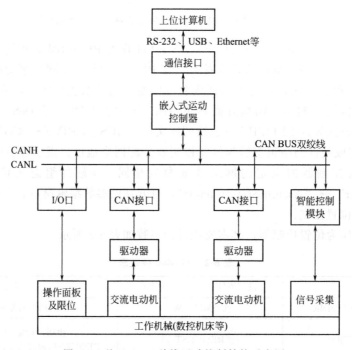

图 6-7　基于 CAN 总线运动控制结构示意图

由图 6-7 所示可知，PC 机（上位机）、嵌入式运动控制器、具有 CAN 总线接口的交流伺服驱动器、伺服电动机、人机操作面板、信号采集装置及其数据接口模块组成了一个基于 CAN 总线的运动控制系统。具有 CAN 总线接口的全数字交流伺服驱动器是系统的核心装置，在上位机中需安装有支持 CAN 总线的通信适配卡负责对整个系统的运行状态进行监控和管理。嵌入式运动控制器可以运行用户所需的各种复杂通信任务，较大程度地减轻了上位机的通信负担。

6.2　ABB AC500 系列控制器通信系统概述

AC500 是 ABB 公司就运动控制领域推出的一款 PLC 控制器，它具有很强的通信功能，可实现控制器与计算机、控制器与控制器、控制器与驱动器、控制器与其他智能控制装置之间的通信。运动控制器与计算机联网，可发挥各自所长，AC500 运动控制器用于现场设备的直接控制，计算机用于对运动控制器的编程、监控与管理；运动控制器与运动控制器联网能够扩大控制地域，提高控制规模，还可实现运动控制器之间的综合协调控制；运动控制器与智能控制装置（如智能仪表、智能传感器）联网，可有效地对智能装置实施管理，充分发挥这些装置的效益。除此之外，联网可极大地节省配线，方便安装，提高可靠性，简化系统维护。

基于其强大的通信功能、齐全的运动控制功能，AC500 系列运动控制器可为用户提供灵活多变的功能组合及安装方式，可适用于不同层次、不同需求的工业自动化网络。AC500 通信网络示意图如图 6-8 所示。

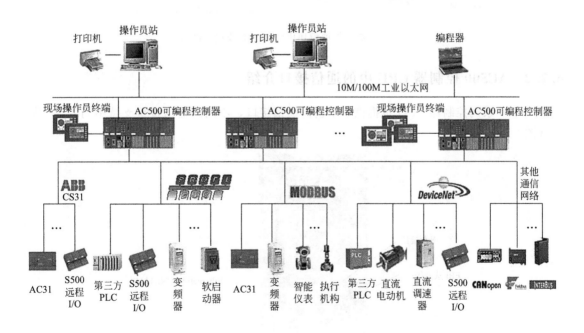

图 6-8　AC500 通信网络示意图

由图 6-8 可知，AC500 系列 PLC 支持 C31、PROFIBUS、MODBUS、DeviceNet、CAN 等多种总线协议。

6.2.1　AC500 中的 I/O 总线

AC500 系列控制器可通过 S500 扩展模块扩展 I/O 数据总线。如图 6-9 所示，通过该总线，I/O 数据（如监测及诊断数据等）可在 AC500CPU 和 I/O 模块之间相互传输。在 AC500 系列控制器中，一个 CPU 底板最多可连接 10 个 I/O 底板（每个 I/O 模块需要一块 I/O 底板）。总线的输入端位于 I/O 底板的左侧，而输出端位于 I/O 底板的右侧，总线的长度会随着所适用的 I/O 模块个数的增加而增长。

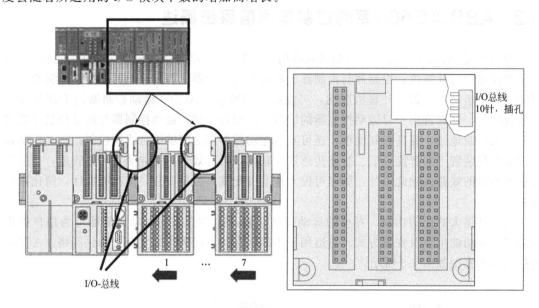

图 6-9　S500 扩展模块中的 I/O 总线接口图示

6.2.2　AC500 控制器 CPU 中的通信接口介绍

AC500 系列控制器 CPU 也提供了丰富的通信接口，不同的通信接口支持不同的通信协议（图 6-10）。

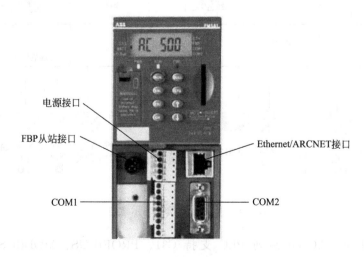

图 6-10　AC500 控制器 CPU 各通信接口位置

下面对各个通信接口功能进行简要介绍。

（1）COM1 串口

如图 6-11 所示，串口 COM1 通过 AC500 控制器中的一个 9 针可拆卸的接线板与控制器相连，通过不同的配置，支持 RS-232 或者 RS-485 方式，一般用于：

1	Term.P	RS-485	终结器 正极
2	RxD/TxD-P	RS-485	接收/发送 正极
3	RxD/TxD-N	RS-485	接收/发送 负极
4	Term.N	RS-485	终结器负极
5	RTS	RS-232	发送请求(输出)
6	TxD	RS-232	发送数据(输出)
7	SGND	信号地	
8	RxD	RS-232	接收数据(输入)
9	CTS	RS-232	清除发送(输入)

接线板(可拆卸)　　COM1 9针的接线端子(插入接线板)

图 6-11　AC500 系列控制器 CPU 中的 COM1 串口

① 在线访问（作为 PC 编程软件的 RS-232 编程接口）；

② ASCⅡ自由协议（通过功能块 COM _ SEND 和 COM _ REC 来实现通信）；

③ Modbus RTU 主站或从站间的通信；

④ 作为 CS31 总线的主站与其他设备间的通信（RS-485 通信）。

（2）COM2 串口

如图 6-12 所示，串口 COM2 通过 AC500 控制器中的一个 9 针的 SUB-D 连接器连接，通过不同的配置，支持 RS-232 或者 RS-485 方式，一般用于：

1	FE	功能接地	
2	TxD	RS-232	发送数据(输出)
3	RxD/TxD-P	RS-485	接收/发送 正极
4	RTS	RS-232	发送请求(输出)
5	SGND	信号地	0V供电输出
6	+5V		5V供电输出
7	RxD	RS-232	接收数据(输入)
8	RxD/TxD-N	RS-485	接收/发送 负极
9	CTS	RS-232	清除发送(输入)

COM2 9针插座

图 6-12　AC500 系列控制器 CPU 中的 COM2 串口

① 在线访问（作为 PC 编程软件的 RS-232 编程接口）；

② ASCⅡ自由协议（通过功能块 COM _ SEND 和 COM _ REC 来实现通信）；

③ Modbus RTU 主站或从站间的通信。

（3）以太网接口

AC500 系列控制器 CPU 中的以太网通信卡接口如图 6-13 所示，它可一般用于：

① PC/编程软件通过 TCP/IP 对 CPU 进行编程及程序的下载；

② 不同 CPU 之间的 UDP 通信（需要通过功能块 ETH _ UDP _ SEND 和 ETH _ UDP _ REC 来实现）；

③ Modbus TCP/IP 主站或从站间的通信。

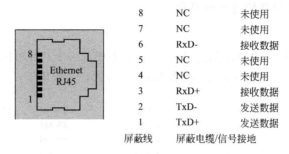

图 6-13　AC500 系列控制器 CPU 中的以太网接口

（4）FBP 接口

AC500 系列控制器 CPU 中的 FBP 接口如图 6-14 所示。通过这个 FBP 及相应的 FBP 总线适配模块，AC500 可作为从站连接到不同的现场总线中，这种现场总线可以是 PROFI-BUSDP、DeviceNet、CAN 等。

（5）ARCNET 接口

AC500 系列控制器 CPU 中的 ARCNET 接口如图 6-15 所示，ARCNET 接口是 AC500 系列控制器 CPUPM5xx-ARCNET 内部的 ARCNET 网络通信卡接口。

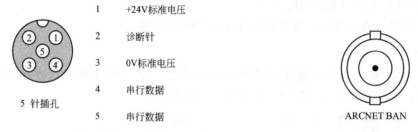

图 6-14　AC500 系列控制器 CPU 中的 FBP 接口　　图 6-15　AC500 系列控制器 CPU 中的 ARCNET 接口

6.2.3　AC500 系列控制器的通信接口连接

6.2.3.1　主从站连接

如图 6-16 所示，AC500 系列既可作为运动控制系统的主站，用于完成各设备间的通信任务；也可作为从站，主要完成位置控制功能及与驱动器之间的协调控制。两个 AC500 系列控制器通过 COM1 或 COM2 相连，可完成主站和从站之间的连接，两个接口可独立运行，均可支持 RS-485 和 RS-232 两种接线方式。其具体的连接见图 6-17。

使用 RS-232 方式时，只能连接单台设备，进行点对点通信。使用 RS-485 方式时，最多可以连接 31 个从站；连接 AC500 eCo 型 CPU，只能使用 RS-485 方式。

使用 COM1 口通信时，需要在总线两端安装 120Ω 终端电阻，在总线上的任意站接入极化电阻（COM1 已内置）；使用 COM2 口通信时，由于终端电阻和极化电阻均为在接口内部集成，因此需要接入终端电阻和极化电阻。

6.2.3.2　与变频器/驱动器的连接

AC500 系列控制器与变频器/驱动器的连接如图 6-18 所示，可根据使用的不同通信网络来选择所使用的通信接口。下面，以 RS-485 通信网络及 ABB 公司的 ACS510 变频器为例介绍 AC500 系列控制器与变频器之间的具体连接。

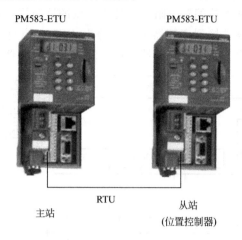

图 6-16　AC500 系列控制器的主从站连接

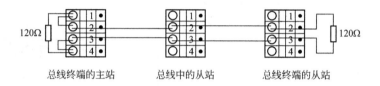

图 6-17　AC500 系列控制器作主从站连接时 COM1 和 COM2 接口的具体连接示意图

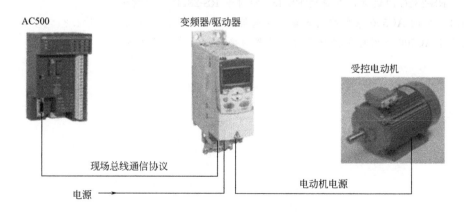

图 6-18　AC500 系列控制器与变频器/驱动器的连接

AC500 系列控制器与 ACS510 变频器的具体连接如图 6-19 所示。其中①处为变频器的开关 J2，在连接时需将开关 J2 拨到 OFF；若拨至 ON 位置将会激活网络，ACS510 变频器的控制板上已内置了上拉和下拉偏置电阻。②处为总线的屏蔽层，在总线中一般将屏蔽层拧在一起，一般不将屏蔽层终端接到变频器上。③处为 AC500 控制器接地端子，将屏蔽层终端接到控制器的"接地"上。④处为控制器的信号地线，与变频器的信号地相连。

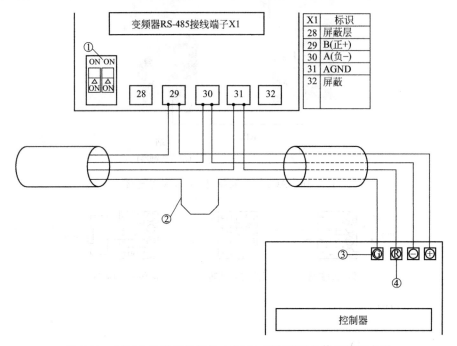

图 6-19　AC500 系列控制器与 ACS510 变频器的具体连接示意图

思考题与习题

6-1　现场总线控制系统相对于集中控制系统和集散控制系统有何优势？

6-2　列举出不少于 8 种的属于国际标准的现场总线通信协议。

6-3　分析 RS-232C 的缺点，并说明 RS-485 相对于 RS-232C 有何改进。

6-4　ABB 公司的 AC500 系列控制器有哪些通信接口，它们的作用分别是什么？

6-5　试画出 AC500 系列控制器与变频驱动器的接线图，并做简要说明。

第 **7** 章

运动控制系统驱动器的设计

7.1 驱动器的总体性能要求和设计任务

在进行驱动器设计时，最基本的性能要求就是具有平滑的速度响应和快速的响应时间，其次是在执行电动机输出转矩允许的情况下尽量高地输出转矩。在目前的驱动器设计中，一般在精度要求较高的场合使用增量式编码器或者高分辨率的绝对式编码器作为位置/转速信号采集装置，而在可靠性要求较高的场合则选择旋转变压器作为转速反馈装置。

驱动器与 PLC 等控制器产品配合使用可实现单轴独立运动控制或紧密同步的多轴运动。从功能任务方面考虑，运动控制系统中的驱动器可实现以下功能：定长切割、高速配准、飞剪、旋转剪切、点对点定位、进给控制、电子齿轮箱、多轴同步运动。它的应用场合包括：机器人/拾取和放置、收卷放卷机、材料处理、贴标机、包装机、印刷机。

7.2 运动控制系统驱动器设计过程

本节以一种永磁同步电动机（PMSM）为控制对象，利用增量式编码器为位置及转速采集装置，功率器件采用智能化较高的智能功率模块（Intelligent Power Module，IPM），微控制器采用 TI 公司的 TMS320F2812 的 DSP 芯片，基于 SVPWM 和直接转矩控制技术详细地介绍一种交流调速系统驱动器的硬件和软件设计过程。

7.2.1 运动控制系统驱动器硬件设计

PMSM 直接转矩控制系统硬件平台主要由驱动电路（包括逆变电路）、信号检测电路、中央处理部分及实验电动机组成。硬件平台总体框图如图 7-1 所示。

三相交流电通过三相整流电路及滤波电路后输入 IPM，IPM 由 4 组隔离的 15V 电源供能（隔离电压达到 1000V），同时 IPM 可产生高温及过压信号，该信号可通过调理电路输入 DSP 的 PDPINT 口以起到保护 IPM 的作用；IPM 由 DSP 输出的 6 通道 PWM 信号控制，产生输送给 PMSM 的三相电（A、B、C），平台可采集 A、B 相电流及母线电压数值输入到 DSP 模/数转换器（ADC）中，形成反馈电路。同时，为了方便与估计转速及位置的比较，平台利用 PMSM 本身自带的增量式编码器对电动机进行实际位置与转速的测量。

7.2.1.1 信号检测电路

在直接转矩控制中，定子电流及端电压是电动机定子磁链估算所必需的量，它的准确性

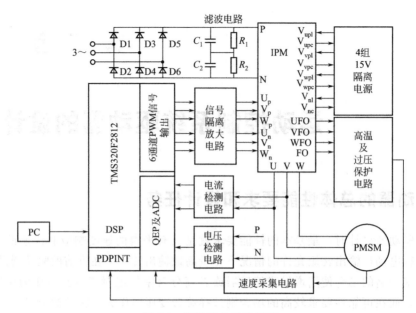

图 7-1　硬件平台总体框图

直接影响到直接转矩控制系统的性能。TMS320F2812 内部集成了一个 12 位分辨率的、具有流水线结构的模/数转换器（ADC），该芯片内部共有 16 个采样通道，分成两组：ADCI-NA0～ADCINA7 与 ADCINB0～ADCINB7。认为电动机三相电流平衡，故需采集两路电流信号及一路电压信号进入 ADC，取 ADCINA0、ADCINA1、ADCINA2 作为三路 AD 通道，分别采集 A 相电流 I_A、B 相电流 I_B 及母线电压 U_{dc}。

同时，利用 TMS320F2812 的 QEP 功能及 CAP3 捕获中断达到准确测量电动机实际转速及位置的功能。

（1）电流检测电路

电流检测电路如图 7-2 所示，采用 LEM 公司的 LA55-P 作为电流传感器对 A 相及 B 相的电流进行实时检测，LA55-P 是一个高精度的电流传感器，它在 ±15V 供电下能够采集的最大电流为 ±50A，采样输出最大电流为 ±50mA，室温下采样误差为 ±0.9%，线性误差小于 0.15%。

设输入电流为 I_i（A），输出电压为 U_0（V）（输入给 DSP 的电压），分析如图 7-2 所示的电路原理图。

当输入电流为 50A 时，LA55-P 的输出电流为 50mA，且 LA55-P 的线性度非常好，故当输入电流是 I_i（−30～30）A 时，LA55-P 输出电流为 I_imA。因控制对象的额定电流为 2.5A，定子电流的绝对值最大不会超过 30A，故将 R_1 定为 100Ω，如图 7-2 的电路原理图所示，运算放大器 LM324 的 3 脚输入电压为 I_i/10V。经过电压跟随器后，1 脚输出电压依然是 I_i/10V，7 脚输出电压为 3.3V，将 LM324 看成理想运算放大器，10 脚与 9 脚虚短，则 10 脚电压 $U_{10}=0$V，分析放大器 U2C，得输出

$$U_8 = \frac{33+I_i}{20}(\text{V}) \tag{7-1}$$

可得如式（7-2）所示的输入输出关系

$$U_0 = U_8 = \frac{33+I_i}{20}(\text{V}) \tag{7-2}$$

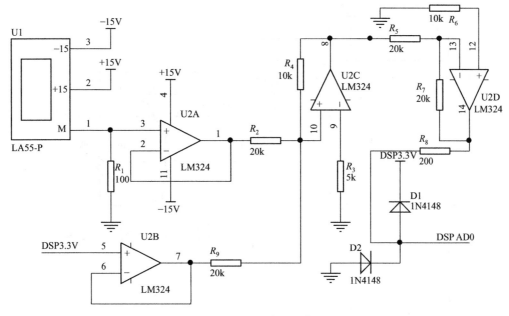

图 7-2　电流检测电路

两个 1N4148 能够保证 U_0 保持在 0～3.3V 之间。所以，此电路可将－30～30A 的输入电流调理成 0～3V 的电压输入到 DSP 的 ADC 中，以保证 DSP 芯片的正常运行。

（2）母线电压检测电路

电动机的端电压是由直流母线电压及 IPM 中 IGBT 的开关状态重构后得到的，所以在 IGBT 开关状态已知的情况下，想要得到电动机端电压只需测量直流母线电压即可。

母线电压的检测采用 LEM 公司的 LV25-P 实现。LV25-P 在 ±15V 供电下能够测量绝对值在 10～500V 范围内的电压，输入电流绝对值最大不能超过 10mA；当输入电流为 10mA 时，LV25-P 输出 25mA 的电流。室温下采样误差为 ±0.8%，线性误差小于 0.2%。电路如图 7-3 所示。

R_1 的选择：LV25-P 是通过测量输入的电流来实现对输入电压测量的，设被控的 PMSM 额定母线电压为 300V，所以可设传感器测量的最大电压为 400V，即当输入 400V 电压时，LV25-P 的输入电流为 10mA。故选用 40kΩ/5W 的电阻，然而 5W 电阻较难获得，可将两个 20kΩ/2.5W 的电阻串联组成 R_1。

由图 7-3 中的电路原理图可知，测量电阻为 120Ω，假设放大器 OP07 为理想运算放大器，此时，若输入 400V 电压，则 LV25-P 输出 25mA 电流，由于理想运放的输入端电流几乎为 0，因此 OP07 的 3 脚输入电压为 3V，即输出电压也为 3V。根据上述分析类推，可知 0～400V 的待测量电压反映到 DSP 的 AD 输入端应为线性对应的 0～3V，不仅保证了电压测量的正确性，而且保证了 DSP 芯片的正常运行。

（3）编码器信号调理电路

为了方便获取实际电动机转速，可利用 PMSM 自带的光电编码器进行转速和转子位置的测量。该增量式光电编码器为 2500 码线/圈的高精度光电编码器。其输出共有 15 根线，分别为：A+、A-、B+、B-、Z+、Z-、U+、U-、V+、V-、W+、W-、+5V、0V 及一个屏蔽线。其中 A 相和 B 相是两路正交的差分脉冲信号，Z 相是一路零位置差分脉

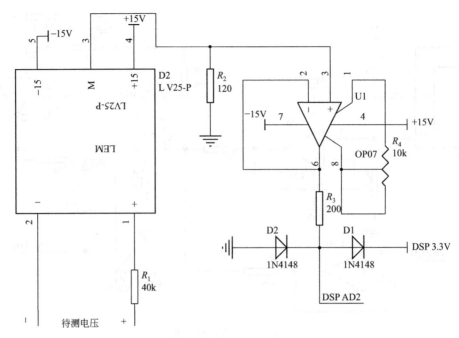

图 7-3　母线电压检测电路

冲信号，U、V、W 分别是三路相位相差 120° 的初始位置差分脉冲信号。

　　由于编码器的电源应为 5V，因此其脉冲输出也是 5V 的；其信号无法直接输入到 DSP 中进行信号处理，需要一个信号调理电路，使得其输出的各路脉冲信号能够输入到 DSP 中并被 DSP 芯片识别。同时，注意到这 6 路信号属性相同，所以它们的调理电路也是相同的，下面以 A 相信号的调理电路为例作一个说明。其信号调理电路原理图如图 7-4 所示。

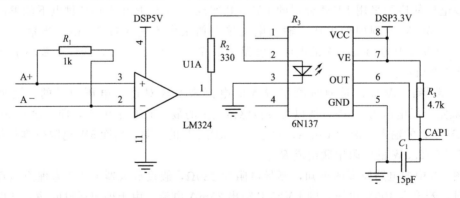

图 7-4　编码器信号调理电路原理图

　　最后，调理出来的信号 A 相输入到 DSP 的 CAP1，B 相输入 CAP2，Z 相输入 CAP3。

7.2.1.2　电动机驱动电路

　　驱动主回电路采用"交-直-交"结构。逆变部分采用集驱动电路、保护电路和功率开关于一体的智能功率模块 IPM。

　　而 IPM 模块选用的是三菱公司的 PM50RLA60，该款 IPM 最高通过电流为 50A，耐压 600V，其各项参数可参考数据手册[32]。PM50RLA60 内部结构如图 7-5 所示。

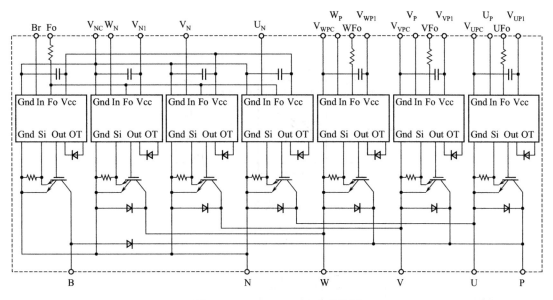

图 7-5　PM50RLA60 内部结构图

上述提及的给 IPM 供电的 4 组隔离电压 1000V 以上的 15V 电源可由 Mitsubishi 的 M57140-01 供电，其输入电压为 20V DC，可输出四组 ±15V 隔离电压在 1000V 以上的电压，符合给 IPM 供电的条件。其电路如图 7-6 所示。

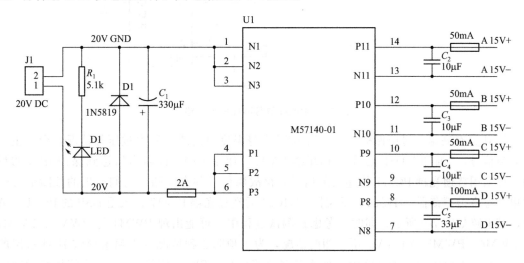

图 7-6　IPM 驱动电源电路

IPM 接收的 PWM 信号一般采用光耦式驱动电路，驱动电路输入级与控制电路通过光耦隔离，且需要一个开关速度理想的光耦器件，避免因此对驱动性能产生的影响。同时，为了保证在经过该光耦驱动电路后给 IPM 供电的 4 组电压之间的隔离度依然保持在 1000V 以上，推荐采用 Agilent 的 HCPL4504，其隔离电压达到 1500V，开关速度小于 $0.5\mu s$；以 PWM1 为例，驱动电路如图 7-7 所示。

如图 7-7 所示，光耦式驱动电路的输入电压为 5V，且需要一定的驱动电流，这是 TMS320F2812 输出的 PWM 信号所无法达到的，故需 6N137 及 74HC245 配合组成的信号隔离放大电路完成信号的隔离和放大作用，驱动 IPM 正常工作。其电路如图 7-8 所示。

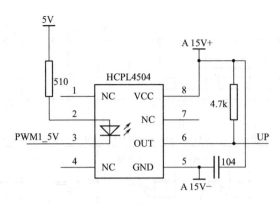

图 7-7　光耦式驱动电路

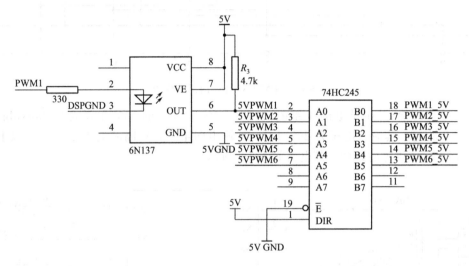

图 7-8　PWM 信号隔离放大电路

IPM 具有高温及过压保护功能，当 IPM 本身温度过高或是发生过压等情况，会产生一个故障信号，"通知" DSP 芯片的 PDPINTA 接口让输出端口高阻态以达到保护 IPM 的目的。可采用普通光耦 PC817 传递故障信号，该故障信号共有 4 路，它们产生的故障信号经过单稳态多谐振荡器 74HC21、反相器 74HC04 后经过光耦 PC817 输入至 DSP 的 PDPINTA口，其电路如图 7-9 所示。同时，考虑在测试过程中，可能出现 PWM1 与 PWM2、PWM3 与 PWM4、PWM5 与 PWM6 不反相的情况，为了预防这种情况过于频繁导致 IPM 过温的情况，驱动电路中的故障电路中再加入三路故障信号（PWM 信号故障），该信号经过施密特触发器 74HC32 后输入至图 7-9 所示的单稳态多谐振荡器 74HC21。只要这 7 路中的任一路产生故障信号，DSP 就启动故障保护措施，保护 IPM。

7.2.2　运动控制系统驱动器软件设计

PMSM 直接转矩控制系统的软件总体构架如图 7-10 所示。

系统的软件部分主要由变量定义、初始化程序、主程序及两个中断程序组成。主程序主要功能是初始化系统参数、初始化 PIE 中断控制器、初始化 PIE 中断向量表、调用其他初始化程序、开相应中断及死循环等待中断；初始化程序主要包括 PWM 初始化、QEP 初始

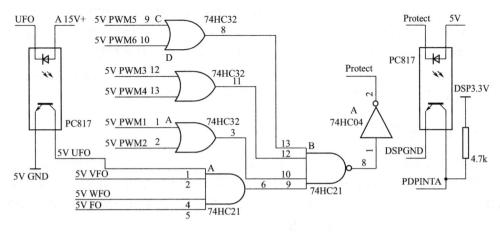

图 7-9　故障信号传递电路

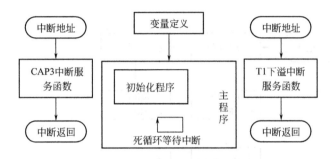

图 7-10　PMSM 直接转矩控制系统的软件总体构架图

化、ADC 初始化，它们主要定义了各个引脚的功能，完成各种中断使能，并按照需要写相应的控制寄存器；两个中断程序包括 T1 下溢中断和捕获 3（CAP3）的捕获中断，分别完成 PMSM 直接转矩控制策略及 SVPWM 控制电压复现的实现和电动机位置校正的功能。其中初始化程序及中断程序两个部分是整个软件系统的核心，下面将对各个部门进行详细介绍。

7.2.2.1　系统初始化程序

初始化程序的定义直接关系到系统能否正常工作，是 PMSM 直接转矩控制系统软件部分一个重要的初始设计。

模数转换器（ADC）初始化：定义 ADCINA0、ADCINA1、ADCINA2 作为三路 AD 采样通道，设置模数转换序列发生器工作方式为级联方式，T1 下溢触发 ADC 采样。

直接转矩控制的主要部分程序由 T1 下溢中断服务程序实现，ADC 同样由 T1 下溢触发，这样直接转矩控制程序可以利用当前的电压和电流值进行一系列计算后产生合适的 IGBT 开关时间与 T1 计数器 T1CNT（可看成 SVPWM 的三角载波）的值比较产生合适的 PWM 波，使得 PMSM 转速能够逼近参考转速。即 T1 的周期寄存器值（T1PR）的 2 倍表征的是整个控制系统的控制周期，也是 ADC 的采样周期，同时是 PWM 周期。可根据需要定义周期寄存器 T1PR 及控制寄存器 T1CON 的值完成 T1 的初始化。

定义死区时间：死区时间的定义需要考虑到 IPM 的开关时间及驱动电路中各种光耦的开关时间，再向死区时间寄存器 DBTCONA 写入相应值（本系统定义死区时间为 $2\mu s$）。同时需要定义 PWM 相关寄存器的值，以完成下列功能的设置：禁止空间矢量模式，T1 计数器下溢时重载，PWM1、PWM3、PWM5 高有效，PWM2、PWM4、PWM6 低有效。

为了配合测量实际转速的正交编码电路，需要有一个正交编码电路/捕获中断初始化（即 QEP 初始化）过程；定义 T2 的时钟源为 QEP 电路，其周期寄存器值定义为编码器一圈码线数的 4 倍，CAP1 和 CAP2 禁止捕获，允许 CAP3 的捕获功能。这样，在实现过程中可通过读取 T2CNT 两个相邻时刻的值计算出 PMSM 当前的实际转速。

7.2.2.2　中断服务程序

系统中断服务程序共有两个：T1 下溢中断服务程序和 CAP3 中断服务程序。其中 CAP3 中断服务程序主要用于电动机位置的校正，当电动机转子转至 0 位置时（编码器 Z 相信号跳变），进入该中断服务程序，将位置变量更新为 0。下面重点介绍用于实现 PMSM 直接转矩控制策略的 T1 下溢中断服务程序。

依据第 4 章所述的基于预期电压的直接转矩控制策略设计 T1 下溢中断服务程序，其流程图如图 7-11 所示。

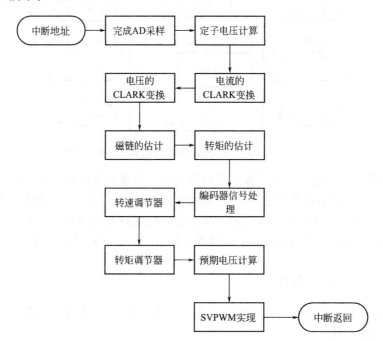

图 7-11　T1 下溢中断服务程序流程图

ADC 模块将 ADCINA0、ADCINA1、ADCINA2 三路 AD 通道的采样结果分别存储在结果寄存器 ADCRESULT0、ADCRESULT1、ADCRESULT2 中，每个结果寄存器都是 16 位的，而 TMS320F2812 的 ADC 是 12 位的，这 12 位是存在结果寄存器的高 12 位，所以在 AD 数据处理程序中首先需要将结果寄存器的数值右移 4 位。下面以 ADCINA0 的数据处理过程为例说明数据的获取过程：①输入电流为 0 的情况下运行 AD 转换程序；②读取此时的 ADCRESULT0 值，设此值为 OFFSET0，即为 A 相电流的偏移量；③按照式（7-3）求解 AD 转换结果。

$$I_A = [I_{Amax}(\text{ADCRESULT0} \gg 4 - \text{OFFSET0} \gg 4)]/4095 \qquad (7\text{-}3)$$

式中，I_{Amax} 为 A 相电流的最大值；I_A 为 A 相电流测量值。

定子电压计算模块、电流和电压的 CLARK 变换分别利用式(2-76)和式(2-50)计算获得，DSP 获得磁链估计值后转矩计算模块利用式（2-73）得到 PMSM 电磁输出转矩的估计值，基于预期电压计算模块上文已有详细介绍，根据所提供的公式可计算得到预期电压矢量。在软件实现过程中，速度调节器和转矩调节器采用 PI 调节器实现。

磁链估计模块可利用式（2-67）及式（2-70）计算获得，但是其中包括了一个积分环节，依据梯形逼近原理，式（2-67）的积分环节可通过式（7-4）实现。

$$\hat{\psi}_\alpha(k) = \hat{\psi}_\alpha(k-1) + \frac{T_s}{2}\left[(u_\alpha - R_s i_\alpha)_k + (u_\alpha - R_s i_\alpha)_{k-1}\right] \tag{7-4}$$

式中，$\hat{\psi}_\alpha(k)$ 为当前控制周期的磁链估计值，而 $\hat{\psi}_\alpha(k-1)$ 为上一控制周期的磁链估计值，下文类推。

下面针对编码器信号处理、PI 调节器及 SVPWM 的软件实现进行详细的讨论。

（1）PI 调节器的软件实现

基于预期电压矢量的直接转矩控制系统中，需要用到 PI 调节器对速度和转矩进行调节；系统使用带有积分校正的 PI 调节器对速度和转矩进行调节，带有积分校正的 PI 调节器能较快地退饱和，其算法框图如图 7-12 所示。

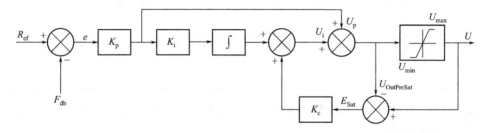

图 7-12　积分改良型 PI 调节器算法框图

具体算法如式（7-5）所示。

$$\begin{cases} U_p(k) = K_p e(k) \\ U_i(k) = U_i(k-1) + K_p K_i e(k) + K_c\left[U(k-1) - U_{\text{OutPreSat}}(k-1)\right] \\ U_{\text{OutPreSat}}(k) = U_p(k) + U_i(k) \end{cases} \tag{7-5}$$

式中，$U_p(k)$ 为比例项的输出值；K_p 为比例系数；$e(k)$ 为当前误差，K_i 为积分系数；K_c 为积分项的校正系数；$U_i(k)$ 为积分项的输出值；$U_{\text{OutPreSat}}$ 为输出限幅前的值；U 为输出值，$U_{\max}$ 和 $U_{\min}$ 为输出限幅的最大值和最小值（如图 7-12 所示，即当 $U_{\text{OutPreSat}} > U_{\max}$ 时，调节器输出为 $U_{\max}$；当 $U_{\text{OutPreSat}} < U_{\min}$ 时，调节器输出为 $U_{\min}$）。

（2）SVPWM 的软件实现

第 4 章中已经对 SVPWM 的原理及其实现进行了详细的介绍，但是如何在 DSP 中实现 SVPWM 算法呢？由 SVPWM 的原理可知，要实现 SVPWM 信号的实时调制，首先要知道预期电压矢量 U_{ref} 的空间相位，然后再利用所在扇区的相邻两个基本电压矢量及适当的零矢量合成该预期电压矢量。

① 预期电压矢量 U_{ref} 所在扇区的判定。

U_{ref} 以 αβ 坐标系的分量形式 u_α 和 u_β 给出，U_{ref} 所在扇区的各个等价条件如表 7-1 所示。由表 7-1 可知，预期电压矢量 U_{ref} 所在的扇区完全由 u_β、$\sqrt{3}u_\alpha - u_\beta$ 及 $-\sqrt{3}u_\alpha - u_\beta$ 决定，由式（7-6）定义三个中间变量 B_0、B_1、B_2。

$$\begin{cases} B_0 = u_\beta \\ B_1 = \dfrac{\sqrt{3}}{2} u_\alpha - \dfrac{1}{2} u_\beta \\ B_2 = -\dfrac{\sqrt{3}}{2} u_\alpha - \dfrac{1}{2} u_\beta \end{cases} \tag{7-6}$$

表 7-1 U_{ref} 所在扇区的等价条件表

U_{ref} 所在扇区	等价条件	U_{ref} 所在扇区	等价条件
I	$u_\alpha > 0, u_\beta > 0,$ 且 $u_\beta / u_\alpha < \sqrt{3}$	IV	$u_\alpha < 0, u_\beta < 0,$ 且 $u_\beta / u_\alpha < \sqrt{3}$
II	$u_\alpha > 0,$ 且 $u_\beta / |u_\alpha| > \sqrt{3}$	V	$u_\beta < 0,$ 且 $-u_\beta / |u_\alpha| > \sqrt{3}$
III	$u_\alpha < 0, u_\beta > 0,$ 且 $-u_\beta / u_\alpha < \sqrt{3}$	VI	$u_\alpha > 0, u_\beta < 0,$ 且 $-u_\beta / u_\alpha < \sqrt{3}$

再定义：若 $B_0 > 0$，则 $P_0 = 1$，否则 $P_0 = 0$；若 $B_1 > 0$，则 $P_1 = 1$，否则 $P_1 = 0$；若 $B_2 > 0$，则 $P_2 = 1$，否则 $P_2 = 0$。不难看出，P_0、P_1、P_2 有 8 种不同的组合，但由于 P_0、P_1、P_2 不同时为 1 或 0，故实际组合数为 6，P_0、P_1、P_2 的取值组合与 U_{ref} 所在的扇区是一一对应的，令 $P = P_0 + 2P_1 + 4P_2$，查表 7-2 可得到 U_{ref} 所在的扇区。

表 7-2 P 值与扇区的对应关系表

P	3	1	5	4	6	2
扇区	I	II	III	IV	V	VI

此方法只需要简单的加减及逻辑运算就可以判定 U_{ref} 所在的扇区，与直接查表 5-1 相比可提高系统的响应速度。

② 基本电压矢量作用时间的计算。

假设 U_{ref} 处于第 I 扇区，根据第 4 章的分析，有

$$\begin{bmatrix} u_\alpha \\ u_\beta \end{bmatrix} T_{pwm} = |\overline{U}_{ref}| \begin{bmatrix} \cos\theta_u \\ \sin\theta_u \end{bmatrix} T_{pwm} = \frac{2}{3} U_{dc} \begin{bmatrix} 1 \\ 0 \end{bmatrix} T_1 + \frac{2}{3} U_{dc} \begin{bmatrix} \cos 60° \\ \sin 60° \end{bmatrix} T_2 \tag{7-7}$$

式中，θ_u 为 U_{ref} 的空间相位；T_1、T_2 为未知数。解该式，得到式(7-8)。

$$\begin{cases} T_1 = \dfrac{\sqrt{3} T_{pwm}}{U_{dc}} \left(\dfrac{\sqrt{3}}{2} u_\alpha - \dfrac{u_\beta}{2} \right) \\ T_2 = \dfrac{\sqrt{3} T_{pwm}}{U_{dc}} u_\beta \\ T_0 = T_7 = \dfrac{T_{pwm} - T_1 - T_2}{2} \end{cases} \tag{7-8}$$

令 $K = \sqrt{3} T_{pwm} / U_{dc}$，$X = u_\beta$，$Y = \sqrt{3} u_\alpha / 2 + u_\beta / 2$，$Z = -\sqrt{3} u_\alpha / 2 + u_\beta / 2$。设基本电压矢量中先发生的作用时间为 T_x，后发生的作用时间为 T_y，与第 I 扇区计算方法同理，得到如表 7-3 所示的基本电压矢量作用时间与 X、Y、Z 之间的关系。

表 7-3 基本电压矢量作用时间与 X、Y、Z 之间的关系

扇区	I	II	III	IV	V	VI
T_x	$-KZ$	KZ	KX	$-KX$	$-KY$	KY
T_y	KX	KY	$-KY$	KZ	$-KZ$	$-KX$

考虑当 $T_x + T_y \geqslant T_{pwm}$ 时，矢量端点超出基本电压矢量组成的正六边形边界，发生过调制现象。若继续采用上述计算的 T_x 和 T_y 值输出的波形会出现严重的失真，采取下列措施：

$$
\begin{cases}
T_x' = T_x T_{pwm}/(T_x + T_y) \\
T_y' = T_y T_{pwm}/(T_x + T_y) \\
T_0 = T_7 = 0
\end{cases}
\tag{7-9}
$$

以式（7-9）计算出的 T_x' 和 T_y' 替代 T_x 和 T_y。

按照上述计算即可获得相应基本电压矢量和零矢量的作用时间。

③ DSP 比较寄存器值的计算。

当预期电压矢量所在的扇区及对应基本电压矢量和零矢量的作用时间确定后，根据 PWM 调制原理，计算出每一相对应的比较寄存器的值。当预期电压矢量位于扇区 I 时，其运算关系如下[33,34]：

$$
\begin{cases}
t_{aon} = (T_{pwm} - T_x - T_y)/4 \\
t_{bon} = t_{aon} + T_x/2 \\
t_{con} = t_{bon} + T_y/2
\end{cases}
\tag{7-10}
$$

式中，t_{aon}、t_{bon}、t_{con} 分别为相应比较寄存器的值。不同扇区对应比较寄存器的值如表 7-4 所示。

表 7-4　比较寄存器值与扇区的对应关系表

扇区	I	II	III	IV	V	VI
T_a	t_{aon}	t_{bon}	t_{con}	t_{con}	t_{bon}	t_{aon}
T_b	t_{bon}	t_{aon}	t_{aon}	t_{bon}	t_{con}	t_{con}
T_c	t_{con}	t_{con}	t_{bon}	t_{aon}	t_{aon}	t_{bon}

T_a、T_b、T_c 为对应三相比较寄存器的值，将 T_a、T_b、T_c 分别写入比较寄存器 CMPR1、CMPR2、CMPR3，即完成 SVPWM 的整个算法。

7.2.3　设计结果验证

将 PWM 波用于驱动电动机之前，必须确定 SVPWM 模块所生成的 PWM 波是否正确。相电压的调制波函数[34]如式（7-11）及式（7-12）所示。

$$
U_a(\theta_u) =
\begin{cases}
\dfrac{\sqrt{3}}{2}|U_{ref}|\cos\left(\theta_u - \dfrac{\pi}{6}\right) & \text{扇区 I、IV} \\[2mm]
\dfrac{\sqrt{3}}{2}|U_{ref}|\cos(\theta_u) & \text{扇区 II、V} \\[2mm]
\dfrac{\sqrt{3}}{2}|U_{ref}|\cos\left(\theta_u + \dfrac{\pi}{6}\right) & \text{扇区 III、VI}
\end{cases}
\tag{7-11}
$$

$$
\begin{cases}
U_b(\theta_u) = U_a\left(\theta_u - \dfrac{2\pi}{3}\right) \\[2mm]
U_c(\theta_u) = U_a\left(\theta_u - \dfrac{4\pi}{3}\right)
\end{cases}
\tag{7-12}
$$

由式（7-11）及式（7-12）推导出线电压的调制波函数[34]，如式（7-13）所示。

$$\begin{cases} U_{ab}(\theta_u) = \sqrt{3}\,|U_{ref}|\sin\left(\theta_u + \dfrac{2\pi}{3}\right) \\[2mm] U_{bc}(\theta_u) = U_{ab}\left(\theta_u - \dfrac{2\pi}{3}\right) \\[2mm] U_{ca}(\theta_u) = U_{ab}\left(\theta_u - \dfrac{4\pi}{3}\right) \end{cases} \tag{7-13}$$

由式(7-11)~式(7-13)可知，相电压调制波函数为马鞍形波，线电压调制波函数为正弦波。在 CCS 中，可观察 T_a 的波形是否为马鞍形，$T_a - T_b$ 的波形是否为正弦波来确定 PWM 波的正确与否。

利用软件方法，产生一个预期电压矢量并让它按照一定角速度旋转。将 CCS 与 2812 开发板连接好，运行程序并绘图，得到 T_a 及 T_a-T_b 波形，如图 7-13 及图 7-14 所示。

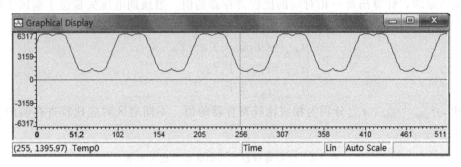

图 7-13　T_a 的波形

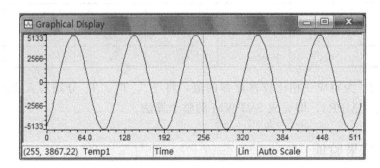

图 7-14　T_a-T_b 的波形

若出现图 7-13 和图 7-14 所示波形图，说明所编写的 SVPWM 程序能够产生正确的 PWM 波，说明该模块编写无误。

7.3　ABB 驱动器——ACS880 简介

除了上述介绍的驱动器核心功能，为了保证驱动器产品的实用性，还需要在产品可靠性、安全性、通用性等方面加以设计。ABB 公司作为运动控制领域的一个领军企业，可提供整套的运动控制系统解决方案，同时为了用户的选择需要还设计了一个用户选型工具——DriveSize，方便用户基于自身的功能/性能需求选择性价比最高的变频驱动器、电动机等装置。下面将以 ABB 公司的 ACS880 系列驱动器介绍下驱动器产品的一些特性。

ACS880 为一种单轴传动驱动器（图 7-15），可满足各个行业的运动控制需求。ACS880

的应用机械包括：起重机、离心机、挤出机、传送带、泵和风机、搅拌机、绞车、压缩机、升降机、测试台、挤压机等。ACS880 具有可靠性高、安全、性能优、灵活性强等特点。

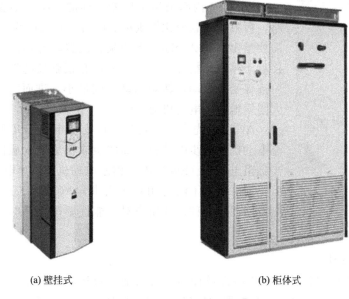

(a) 壁挂式　　　　　　　　　　　　　　(b) 柜体式

图 7-15　ABB ACS880 驱动器

（1）可靠性设计

ACS880 具有良好的抗振和耐腐蚀性，工作最高环境温度可达 55℃，在苛刻的工作环境下可持续运行 9 年。ACS880 在可靠性方面的设计主要包括：具有防护涂层的电路板、内置有滤波器用于降低高频电磁辐射、最小化通过控制板部分的气流、外壳的高防护 IP 等级、具有先进的 IGBT 和接地故障保护功能。此外，每台 ACS880 在出厂前都需经过满载测试，以保证其最大的可靠性，满载测试项目包括了所有性能指标和所有的保护功能。

ACS880 驱动器中设计了可移动存储单元接口，利用存储单元存储软件可以完成驱动器参数设置、被控电动机参数设置等数据的设置和存储，在换场景使用时仅需插入新的存储单元即可，而无需其他任何软件加载、参数设置、系统调整等过程，大大地降低了软件兼容性的风险。

ACS880 内部设置有计时器和计数器，在开始使用前或者使用过程中通过配置这些计时器和计数器，可实现对用户的维护提供功能。驱动器内部的数据记录器存储了故障事件发生前和事件发生过程中的关键的信息，用户可通过报警、限值和故障标识等提示获取故障诊断信息。

（2）安全性设计

ACS880 内置有安全转矩取消（STO）功能。还可通过扩展的安全模块（如图 7-16 所示的 FSO-12 安全模块）选择其他的安全性功能：安全停止（SS1）、安全急停（SSE）、安全抱闸控制（SBC）、安全限速（SLS）、最大安全速度（SMS）、防误启动（POUS）、安全方向（SI）、安全速度监控（SSM）、安全温度监控（SMT）。

在使用时将 STO 端子与紧急停止按钮相连，再与 PLC 控制器（如 AC500 系列）的保护模块连接。FSO-12 安全模块中的安全限速功能已通过 SIL3/PLe 认证，它可在不停机的前提下防止电动机超过额定速度。另外，ACS880 还可在爆炸场景下运行，是一款安全性能

图 7-16　FSO-12 安全模块

极强的运动控制驱动器。

（3）性能保障设计

ACS880 内部采用了性能最佳的直接转矩控制（DTC）策略，可根据负载变化提供可靠的启动和快速的转速和转矩响应，需要指出的是 ACS880 无论是否配置转速传感器，它均可实现接近于零速的精确跟随。在配置有正弦波滤波器的情况下，还可确保受控电动机转矩脉动达到最小，进而减少电能损耗，最大限度地提升电动机运行效率。

ACS880 先进的控制策略可支持市面上几乎所有类型的交流电动机［异步电动机、高转矩或伺服型永磁同步电动机、同步磁阻电动机（SynRM）、潜水电动机和高速电动机等］。

同时，为了满足用户的需求，ACS880 还分为低谐波式和能量回馈式两种；若用户对节能性要求较高时，可选用能量回馈式的 ACS880 驱动器。

（4）灵活性设计

功能齐全的 I/O 口设计和可扩展性设计能够有效地缩短运动控制系统的设计、安装和调试时间，而 ACS880 在除了自身配置的接口（表 7-5）外，还提供了三个扩展槽，主要用于现场总线适配模块、输入/输出扩展模块、反馈模块和安全功能模块的接入。

表 7-5　ACS880 配置的接口

2 路的模拟输入接口	2 路的模拟输出接口	6 路的数字输入接口	数字输入互锁接口	2 路数字输入/输出接口
3 路的继电器输出接口	安全转矩取消接口	Modbus 通信接口	移动存储器读取接口	其他驱动器/控制器接口

（5）其他附加功能

① 辅助控制盘。

为了方便对 ACS880 的调试和操作，ABB 公司还为其驱动器产品提供了辅助控制盘，如图 7-17 所示。该辅助控制盘配置有支持多语言功能的图形化显示屏、蓝牙连接功能、USB 接口等，可让用户在不了解运动控制参数具体原理的情况下快速地完成设备的配置。

图 7-17　ABB 传动产品的辅助控制盘

② 与智能手机的连接。

ABB 公司在传动产品方面推出了 Drivetune 和 Drivebase 两款手机 APP，用户可在手机上面方便地完成以下操作（图 7-18）。

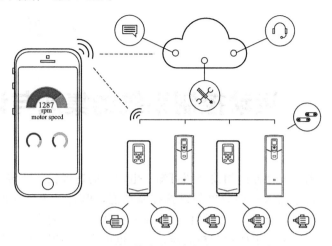

图 7-18 ABB 传动产品与智能手机的连接

随时随地的获取设备的运行状态信息；对设备进行启动、调试操作；查阅设备运行日志；实时地获取系统故障信息及故障排除建议。

思考题与习题

7-1 运动控制系统驱动器的作用是什么？它可实现的功能有哪些？

7-2 运动控制系统驱动器的硬件一般包括哪些？

7-3 试画出运动控制系统驱动器硬件平台框图，并做简要说明。

7-4 详细说明运动控制系统驱动器的硬件实现过程。

7-5 根据 7.2.1 节所述内容，列举出运动控制系统驱动器硬件实现的器件清单。

7-6 画出运动控制系统驱动器软件实现的流程图，并对每个步骤做简要说明。

7-7 完成系统设计后，如何验证生成的控制量满足控制要求？

7-8 结合 ACS880 的设计思路，试说明除了核心功能外，一个合格的运动控制系统驱动器还需要具备哪些功能或特性？

第 8 章

运动控制系统的集成与设计

由前述运动控制系统驱动器的相关介绍可知，电动机的速度控制及转矩控制均可在驱动器中实现，驱动器中还可加入一些简单的位置控制功能，但是由于驱动器主控芯片等的限制，驱动器难以完成更加复杂的数字控制任务，需要借助于运算能力、控制精度更佳的运动控制器完成。对于运算能力较强的运动控制器来说，也可将驱动器中的位置环、速度环等功能移到运动控制器中，而驱动器仅仅用于完成转矩控制功能。就大部分 ABB 运动控制产品而言，其运动控制器的运算周期受通信周期等影响，一般情况下要大于驱动器的运算周期，因此在驱动器中实现速度闭环控制对于提高系统的动态性能具有有利影响。

由于市场上新设备的控制和传统设备在技术上的升级换代，对运动控制器的需求势必会越来越大，因此，运动控制器的研究与开发具有重大的理论意义和实际应用价值，有较好的开发与应用前景。

目前，基于 PC（Personal Computer）总线的、以 DSP（Digital Signal Processing）或专用运动控制 ASIC（Application Specific Integrated Circuit）作为核心的开放式运动控制技术已经成为主流。将 PC 的信息处理能力和开放式的特点与运动控制器的运动轨迹控制能力有机地结合在一起，具有信息处理能力强、开放程度高、运动轨迹控制准确、通用性好等特点。因此，很多制造商开始着力生产各种类型的运动控制卡。

运动控制卡与 PC 构成主从式控制结构。PC 负责人机交互界面的管理和控制系统的实时监控等方面的工作（例如键盘和鼠标的管理、系统状态的显示、运动轨迹规划、控制指令的发送、外部信号的监控等），控制卡完成运动控制的所有细节（包括脉冲和方向信号的输出、自动升降速的处理、原点和限位等信号的检测等）。运动控制卡都配有开放的函数库，供用户在 DOS 或 Windows 系统平台下自行开发、构造所需的控制系统，因而这种结构开放的运动控制卡能够广泛地应用于制造业中设备自动化的各个领域。

还有很多大的厂商针对自己的驱动产品研制出专用的运动控制器，这种专用的运动控制器抛弃了原来传统的基于 PC 总线形式，往往在很多场合更适合工厂作业的需求。根据控制器的物理结构，可以分为基于 PLC 的运动控制器和基于驱动的运动控制器。

运动控制器与驱动器的控制方式有 3 种：数字通信、模拟量、脉冲。

① 数字通信：分辨率高，信号传输快速、可靠，可以实现高性能的灵活性控制，需要通信协议。

② 模拟量：分辨率低，信号可靠性与抗干扰性能差，兼容性好。

③ 脉冲：可靠性高，快速性差，灵活性差。

通过以上 3 种控制方式的比较可以看出，在系统的动态特性上，通信的控制方式要优于其他两种控制方式，因此，运动控制器与驱动器之间的通信也是未来的重点研究课题，此问题已在第 6 章中做了一定的介绍。在运动控制过程中，插补周期与位置环采样周期都取决于通信周期，通常设为通信周期的整数倍。因此可以说，通信方式是制约运动控制发展的一个瓶颈。

运动控制系统结构图如图 8-1 所示。

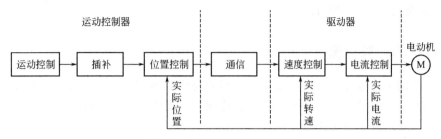

图 8-1　运动控制系统结构图

8.1　PLC 控制系统设计

8.1.1　设计的基本原则

在应用 PLC 组成应用系统时，首先应明确应用系统设计的基本原则与基本内容，以及设计的一般步骤，下面对此分别予以介绍。

任何一种电气控制系统都是为了实现被控对象（生产设备或生产过程）的工艺要求，以提高生产效率和产品质量。因此在设计 PLC 控制系统时，应遵循以下基本原则。

① 最大限度地满足被控对象的控制要求。设计前，应深入现场进行调查研究，收集资料，并与相关部分的设计人员和实际操作人员密切配合，共同拟定控制方案，协同解决设计中出现的各种问题。

② 在保证控制系统安全和可靠的前提下，力求使控制系统简单、经济，使用及维修方便，满足控制要求。

③ 考虑到生产的发展、工艺的改进及系统扩充，在选择可编程控制器的 CPU 模块及 I/O 模块时，应适当留有余量。

8.1.2　设计的基本内容

PLC 控制系统是由 PLC 与用户输入、输出设备连接而成的。因此，PLC 控制系统的设计应包括以下基本内容。

① 确定系统运行方式与控制方式。PLC 可构成各种各样的控制系统，如单机控制系统、集中控制系统等。在进行应用系统设计时，要确定系统的构成形式。

② 选择用户输入设备（按钮、操作开关、行程开关、传感器等）、输出设备（继电器、接触器、信号灯等执行元件）以及由输出设备驱动的控制对象（电动机、电磁阀等）。这些设备属于一般的电气元件，其选择的方法属于其他课程的内容。

③ PLC 的选择。PLC 是控制系统的核心设备，正确选择 PLC 对于保证整个控制系统的技术经济指标起着重要的作用。选择 PLC 应包括机型选择、容量选择、I/O 模块选择、电源模块选择等。

④ 分配 I/O 口，绘制 I/O 连接图，必要时设计控制台（柜）。

⑤ 设计控制程序。控制程序是整个系统工作的软件，是保证系统正常、安全、可靠的关键。因此控制系统的程序应经过反复调试、修改，直到满足要求为止。

⑥ 编制控制系统的技术文件，包括说明书、电气原理图及电气元件明细表、I/O 连接图、I/O 地址分配表、控制软件。

8.1.3　设计的一般步骤

① 按生产的工艺过程分析控制要求，如需要完成的动作（动作顺序、动作条件、必须的保护和连锁等）、操作方式（手动、自动、连续、单周期、单步等）；

② 按控制要求确定系统控制方案；

③ 按系统构成方案和工艺要求确定系统运行方式；

④ 按控制要求确定所需的用户输入、输出设备，据此确定 PLC 的 I/O 点数；

⑤ 选择 PLC，分配 PLC 的 I/O 点，设计 I/O 连接图；

⑥ 进行 PLC 的程序设计，同时可进行控制台（柜）的设计和现场施工；

⑦ 离线仿真，在没有 PLC 硬件的条件下直接进行软件调试，直到软件各种功能调好；

⑧ 联机调试，如不满足要求，再检查接线和软件，直到满足要求为止；

⑨ 编制技术文件，交付使用。

一项 PLC 应用系统设计包括硬件设计和应用控制软件设计两大部分。其中硬件设计主要是选型设计和外围电路的常规设计，应用软件设计则是依据控制要求和 PLC 指令系统进行。

8.1.4　PLC 硬件系统设计

目前用于工业控制的可编程控制器种类较多，在实际工程应用中如何进行系统硬件设计，机型选择时应考虑哪些性能指标和怎样选择各种功能模块，都是比较重要的问题。此外，在完成了系统硬件选型设计之后，还要进行系统供电和接地设计。

8.1.4.1　应用系统总体方案选择

在使用 PLC 构成应用系统时，首先要明确对控制对象的要求，然后根据实际需要确定控制系统类型和系统的运行方式。

（1）PLC 控制系统类型

一般来说，由 PLC 构成的控制系统可分为下列四种类型。

① 由 PLC 构成的单机控制系统。这种系统的被控对象往往是一台机器或一条生产线，其控制是用一台 PLC 实现被控对象的控制的，这种系统对 PLC 的输入输出点数要求较少，对存储器的容量要求较小，控制系统的构成简单明了。此种系统在选择 PLC 时，任何类型的 PLC 都可以用。在具体选用 PLC 时，不宜将功能和 I/O 点数选得过多、存储器容量选得过大，以免造成浪费。虽然这类系统一般不需要与其他控制器或计算机进行通信，但设计者还应考虑将来是否有通信联网的需要，如需要，则应选用具有通信功能的 PLC，以备以后系统功能的增加。

② 由 PLC 构成的集中控制系统。这种系统的被控对象通常是由数台机器或数条生产线构成的，该系统是用一台 PLC 控制多台被控设备，每个被控对象与 PLC 指定的 I/O 相连

接。由于采用一台 PLC 控制，因此各被控对象之间的数据、状态的变换不需要另设专门的通信线路。该控制系统多用于控制对象所处的地理位置比较近，且相互之间的动作有一定联系的场合。如果各控制对象所处的地理位置比较远，而且大多数的输入、输出线都要引入控制器，这时需要的电缆线、施工量和系统成本增加，在这种情况下，建议使用分布式 I/O 控制系统。图 8-2 是 PLC 构成的集中控制系统示意图。

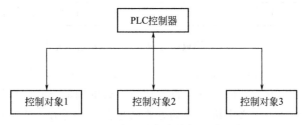

图 8-2　PLC 构成的集中控制系统示意图

③ 由 PLC 构成的分布式控制系统。这类系统控制的对象比较多，它们分布在一个较大的区域内，相互之间的距离较远，而且各被控对象之间要求经常地交换数据和信息。这种系统的控制由若干个相互之间具有通信联网功能的 PLC 构成，系统的上位机可以采用 PLC，也可以采用计算机。分布式控制系统如图 8-3 所示。

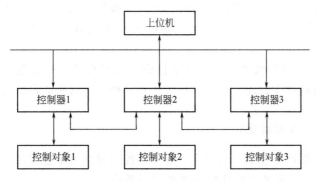

图 8-3　分布式控制系统（PLC 构成）示意图

在分布式控制系统中，每一台 PLC 控制一个被控对象，各控制器之间可以通过信号传递进行内部联锁、响应或发令等，或由上位机通过数据总线进行通信。分布式控制系统多用于多台机械生产线的控制，各生产线间有数据连接。由于各控制对象有自己的 PLC，当一台 PLC 停运时，不需要停运其他的 PLC。当此系统与集中控制系统具有相同的 I/O 点时，虽然多用了一台或几台 PLC，导致系统总构成价格偏高，但从维护、试运转或增设控制对象等方面看，其灵活性要大得多。

④ 用 PLC 构成远程 I/O 控制系统。远程 I/O 控制系统实际上是集中式控制系统的特殊情况。远程 I/O 系统就是 I/O 模块不与 PLC 放在一起，而是远距离地放在被控设备附近。图 8-4 是远程 I/O 控制系统的构成示意图。

远程 I/O 控制系统适用于被控制对象远离集中控制室的场合。一个控制系统需要设置多少个远程 I/O 通道，要视被控对象的分散程度和距离而定，同时应受所选 PLC 能驱动 I/O 通道数的限制。

（2）系统的运行方式

PLC 控制系统有三种运行方式，即手动、半自动和自动。

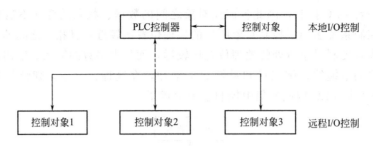

图 8-4 PLC 构成的远程 I/O 控制系统示意图

① 手动运行方式。手动运行方式不是系统的主要运行方式，而是用于设备调试、系统调整和特殊情况下的运行方式，因此它是自动运行方式的辅助方式。所谓特殊情况是指系统在故障情况下运行，从这个意义上讲，手动方式又是自动运行方式或半自动运行方式中的一种补充。

② 半自动运行方式。这种运行方式的特点是，系统在启动和运行过程中的一些步骤需要人工干预才能进行下去。半自动方式多用于检测手段不完善，需要人工判断或一些设备不具备自控条件，需要人工干涉的场合。

③ 自动运行方式。自动运行方式是控制系统的主要运行方式。这种运行方式的主要特点是在系统工作过程中，系统按给定的程序自动完成被控对象的动作，不需要人工干预，系统的启动可由 PLC 本身的启动系统进行，也可由操作人员确认并按下启动响应按钮后，PLC 自动启动系统。

由于 PLC 本身的可靠性很高，如果可靠性设计措施有效，控制系统设计合理，应用控制系统可以设计成自动或半自动运行方式中的任意一种，调试用的程序也可下载到 PLC 中。

8.1.4.2 系统硬件设计根据

系统硬件设计必须根据控制对象而定，应包括控制对象的工艺要求、设备状况、控制功能、I/O 点数和种类，并据此构成比较先进的控制系统。

（1）工艺要求

工艺要求是系统设计的主要依据，也是控制系统所要实现的最终目的，所以在进行系统设计之前，必须了解清楚控制对象的工艺要求。不同的控制对象，其工艺要求也不相同。如果要实现的是单体设备控制，其工艺要求就相对简单；如果实现的是整个车间或全厂的控制，其工艺要求就会比较复杂。

（2）设备状况

了解了工艺要求后还要掌握控制对象的设备状况，设备状况应满足整个工艺要求。对控制系统设计来说，设备又是具体的控制对象，只有掌握了设备状况，对控制系统的设计才有了基本的依据。在实际应用中，既有新产品或新的生产流水线控制系统的设计，又有老系统的改造设计。

（3）控制功能

根据工艺要求和设备状况就可提出控制系统应实现的控制功能。控制功能也是控制系统设计的重要依据。只有掌握了要实现的控制功能，才能据此设计系统的类型、规模、机型、模块、软件等内容。

（4）I/O 点数和种类

根据工艺要求和控制功能，可以对系统硬件设计形成一个初步的方案。但要进行详细设计，则要对系统的 I/O 点数和种类有一个精确的统计，以便确定系统的规模、机型、和配置。在统计系统 I/O 点数时，要分清输入和输出、数字量和模拟量、各种电压电流等级、通信模块要求。实际 I/O 点数要比计算总点数增加 20％～30％。

8.1.4.3　可编程控制器的机型选择

前面较详细地讨论了系统硬件设计的根据，现在将讨论构成一个系统后，根据哪些性能指标来选择可编程控制器的机型，以实现所构成的控制系统。

（1）CPU

CPU 的功能：CPU 的功能是可编程控制器最重要的性能指标，也是机型选择时首要考虑的问题。实际上，CPU 存储器的性能、中间标志、定时器和计数器的能力，响应速度和软件功能都属于 CPU 的功能。

CPU 存储器的性能：存储器是存放程序和数据的地方，从使用角度考虑存储器的性能主要是可供用户使用的存储器的能力，它应包括存储器的最大容量、可扩展性、存储器的种类（RAM、EPROM、EEPROM）。存储器的最大容量将限制用户程序的多少，一般来讲，应根据内存容量估计并留有一定余量来选择存储器的容量。存储器扩展性和种类的多少，则体现了系统构成的方便性和灵活性。

中间标志、计时器和计数器的能力：这些性能实际上也体现了软件的功能，内部继电器的数量和种类与系统的使用性能有一定的关系。如果构成的系统庞大，控制功能复杂，就需要较多的内部继电器。对于定时器和计数器，不但要知道它们的多少，还要知道它们的定时和计数范围。

其他的性能参数：包括电流的消耗和工作环境要求、寿命时间。

（2）I/O 点数

I/O 点数是可编程控制器的一个简单明了的性能参数，也是应用设计的最直接的参数，在机型选择时必须注意以下问题。

① 产品手册上给出的最大 I/O 点数的确切含义：由于各公司的习惯不同，因此所给出的最大 I/O 点数含义并不完全一样。有的给出的是 I/O 总点数，也就是手册上给出的点数是输入点数和输出点数之和，有的则分别给出最大输入点数和最大输出点数。要分清模拟量 I/O 点数和数字量 I/O 点数的关系。有的产品模拟量 I/O 点数要占数字量 I/O 点数，有的产品则分别独立给出且互相并无影响。

② 远程 I/O 的考虑：对于较大的控制系统，控制对象较为分散，一般都要采用远程 I/O。在选择机型时，要注意可编程控制器是否具有远程 I/O 能力和能驱动远程 I/O 点数。

③ 响应速度：对于以数字量控制为主的工程应用项目，可编程控制器的响应速度都能满足实际需要，不必给予特殊的考虑；对于模拟量控制的系统，特别是具有较多闭环控制的系统，则必须考虑可编程控制器的响应速度。不同的控制对象对响应速度有不同的要求，要根据实际需要来选择可编程控制器。控制对象信号变化速度快，则要求响应速度快。

④ 指令系统：由于可编程控制器应用的广泛性，因此各种机型所具备的指令系统也不完全相同。从工程应用角度看，有些场合仅需要逻辑运算，有些场合需要复杂的算术运算，而有一些特殊场合还需要专用指令功能。从可编程控制器本身差异来看，各个厂家的指令差

别较大。但从整体上来说，指令系统都是面向工程技术人员的语言，其差异主要表现在指令的表达方式和指令的完整性上，大多数厂商在逻辑指令方面都开发得较细。在选择机型时，要注意指令系统的种类及总语句数、指令系统的表达方式以及应用软件的程序结构等。

⑤ 机型选择的其他考虑：在考虑上述性能后，还要根据工程应用实际考虑其他一些因素。

a. 技术支持。选择机型时还要考虑有可靠的技术支持。这些支持包括必要的技术培训、设计指导、系统维修等内容。

b. 性能价格比。毫无疑问，高性能的机型必然需要较高的价格。在考虑满足需要的性能后，还要根据工程的投资状况来确定选型。

c. 备品备件。无论什么样的设备，投入生产后都要具有一定数量的备品备件。在系统硬件设计时，对于一个工厂来说应尽量与原有的设备统一机型，这样一来就可以减少备品备件的种类和资金积压。同时还要考虑备品备件的来源，所选机型要有可靠的订货来源。

8.1.4.4 输入/输出模块的选择

可编程控制器与工业生产过程的联系是通过各种 I/O 模块实现的。通过 I/O 接口模块，可编程控制器检测到所需的过程信息，并将处理结果传送给外部过程，驱动各种执行机构，实现工业生产过程的控制。在可编程控制器构成的控制系统中，需要最多的就是各种 I/O 模块。为了适应各种各样的过程信号，相应地有许多种 I/O 模块。它们包括数字量输入/输出模块、模拟量输入/输出模块、各种通信模块。本节将从应用角度出发，讨论各种 I/O 模块的选择原则及注意事项。

① 数字量输入/输出模块的选择。数字量输入模块将外部过程的数字量信号转换成可编程控制器 CPU 模块所需的信号电平，并传送到系统总线上。其模块种类按电压分主要有 DC 24V 和 AC 220V 两种；按点数分有 12 点、16 点、24 点和 32 点四种；按输出方式分有晶体管和继电器。实际应用中，不管选用什么模块，都要注意电压等级、输出方式和输出功率等。

② 模拟量输入/输出模块的选择。模拟量输入/输出模块的选择根据模拟量输入/输出的点数、范围、数字表示方法、类型和外部连接方式等。

③ 通信模块的选择。通信模块的选择是根据 PLC 与其他 PLC 及现场仪表通信的种类来确定的。

8.1.4.5 系统硬件设计文件

根据前面介绍的内容，便可完成系统硬件的粗略设计，此时可提出系统硬件设计文件，完成系统硬件设计。一般系统的设计文件应包括系统硬件配置图、模块统计表、PLC I/O 硬件接口图和 I/O 地址表。

① 系统硬件配置图。系统硬件配置图应完整地给出整个系统的硬件组成，它应包括系统构成级别（设备控制级和过程控制级）、系统联网情况、网上可编程控制器的站数、每个可编程控制器站上中心单元和扩展单元构成情况、每个可编程控制器中的各种模块构成情况。

② 模块统计表。从系统硬件配置图便可得知系统所需各种模块数量。为了便于了解整个系统硬件设备状况和硬件设备投资计算，应做出模块统计表。模块统计表应包括模块名

称、模块类型、模块订货号、所需模块个数等内容。

③ I/O硬件接口图。I/O硬件接口图是系统设计的一部分,它反映的是可编程控制器输入输出模块与现场设备的连接。在系统设计中还要把输入输出列成表,给出相应的名称,以备软件编程和系统调试时使用。

8.1.4.6 供电系统设计

可编程控制器组成的控制系统的完整供电设计包括系统上电启动、联锁保护和紧急停车处理等问题。一个完整的供电系统,其总电源来自三相电网,经过系统供电总开关送入系统。可编程控制器组成的控制系统都是以交流220V为基本工作电源的,电源开关一般采用三相刀开关或空气开关。然后通过隔离变压器和交流稳压器或UPS电源。通过交流稳压器输出的电源分成两路:一路为CPU供电,另一路为I/O模块供电。

① 隔离变压器的供电系统。隔离变压器的一次和二次之间采用隔离屏蔽层,用漆包线或铜等非导磁材料绕成,但电气设备上不能短路,而后引出一个接地电线。一、二次间的静电屏蔽层与一、二次间的零电位线相接,再用电容耦合接地。采用了隔离变压器后,可隔离掉供电电源中的各种干扰信号,从而提高系统的抗干扰性能。控制器和I/O系统分别由各自的隔离变压器供电,并与主回路电源分开,如图8-5所示。

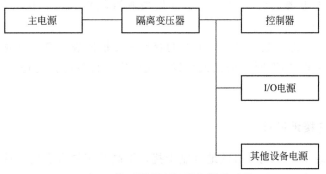

图 8-5 使用隔离变压器的供电系统

② UPS的供电系统。在一些实时控制中,系统的突然断电会造成较严重的后果,此时就要在供电系统中加入UPS电源供电,可编程控制器的应用软件可进行一定的断电处理。当突然断电后,可自动切换到UPS电源供电,使生产设备处于安全状态。在选择UPS电源时,也要注意所需的功率容量。根据UPS的容量,在交流电失电后可继续向控制器供电10~30min。因此对非长时间停电的系统,其效果是显著的。图8-6是使用UPS的供电系统示意图。

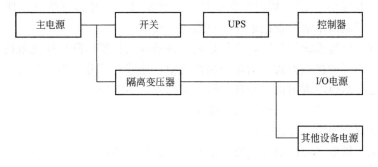

图 8-6 使用 UPS 的供电系统

③ 双路供电系统。为了提高供电系统的可靠性，交流供电最好采用双路电源，且该电源必须有不同的来源。当一路供电出现故障时，双路供电系统的另一路电源开始供电。而在 CPU 端，为简化其供电线路，双路供电系统必须在它前端已做好并联，只需将交流稳压器输出端接到可编程控制器 CPU 模块的相应端即可。为保证系统的安全性和可靠性，要做好这两种电路电源的联锁保护。可编程控制器电源模块根据型号不同可输入不同的电压，一般情况下直流采用 24V 供电，而交流采用 220V 供电。在设计电源模块时，必须有：开关电源的额定输出功率必须大于 CPU 模块、所有 I/O 模板、各种智能模板等模块的额定功率之和，建议保留 30％ 左右的功率冗余。完成外接电源模块的选型后，必须将电源与各接线端子以正确的连接方式相连。

④ 系统供电电源设计。除了接线端子的正确连接，在工程实际中，供电系统设计还需注意以下几点。

a. 接地连接。CPU 地线用不低于 $0.75mm^2$ 的铜导体，并以尽可能短的距离与其他装置的接地点（地排）相连。

b. 进行交流稳压器、UPS 不间断电源选型时，其容量必须满足所承载系统的所有模块的容量之和，并预留一定冗余。

⑤ I/O 模块供电。I/O 模块供电电源设计是指系统中传感器、执行机构、各种负载与 I/O 模块之间的供电电源设计，以保证 I/O 模块和现场传感器、执行机构及负载的可靠运行。

I/O 模块一般采用稳压电源供电，电源的容量主要根据输入模块与输出模块有效工作时（输入/输出信号为逻辑"1"时）的最大负载电流确定，计算时注意电源容量必须有一定的冗余。

8.1.4.7 系统接地设计

在实际控制系统中，接地可有效地抑制干扰，提高系统的可靠性。具体来讲，系统接地设计的目标有两个：①消除系统内各电流流经公共地线所产生的噪声电压；②消除干扰磁场的影响，避免干扰磁场在系统中形成回路。所以，若接地方式不佳，系统将会受到多种噪声干扰影响，性能可能劣化。

接地系统设计是一项重要而又复杂的问题，其目标是让系统的所有接地点与大地之间的阻抗达到尽量小。在实际的接地系统中，连接阻抗和分散电容是难以避免的，所以如果地线连接不佳，或接地方式不当，都会影响接地质量。为保证接地质量，在一般接地过程中要对接地电阻进行及时测量，保证接地电阻在要求的范围内。对于可编程控制器组成的控制系统，接地电阻一般应小于 4Ω。同时要保证足够的机械强度，并具有耐腐蚀性处理。在整个工厂中，可编程控制器组成的控制系统要单独设计接地。

另外，在进行接地系统设计时，应尽量减少接地导线长度以降低接地阻抗。针对不同性质的地，还要有不同的接地方式。运动控制系统中，地线一般分为以下几类。

数字地：这种地也叫逻辑地，是各种数字量信号的零电位。

模拟地：这种地是各种模拟信号的零电位。

信号地：这种地通常是传感器的地。

交流地：交流供电电源的地线。交流地的噪声信号最多，需特别注意。

直流地：直流供电电源的地。

屏蔽地：为防止静电感应而设的。

一般情况下，高频电路应就近多点接地，低频电路应单点接地。根据这一原则，可编程控制器组成的控制系统一般都采用一点接地。交流地与信号地不能共用，必须加以隔离。

8.1.4.8　电缆设计和敷设

运动控制系统的应用场合一般都不会具有太好的环境。如电焊机、火焰切割机等产生高频火花干扰；各动力线产生的电磁耦合干扰；高频电子开关的通断产生的高次谐波（高频干扰）；大功率机械设备的启停、负载的变化引起的电网波动（低频干扰）。若相关的电缆线不进行合理的设计和敷设，上述的这些干扰将会大量地进入控制器内部，严重影响系统的安全性和可靠性。

（1）电缆的选择

运动控制系统中，既包括供电系统的动力线，又包括各种数字量信号线、模拟量信号线、高速脉冲信号线和通信线路等。针对不同用途的信号线和动力线，需选择不同的电缆。数字量信号线可选用一般电缆；当信号的传输距离较远时，可选用屏蔽电缆；高速脉冲信号应选用屏蔽电缆；模拟量信号应选用双层屏蔽电缆；电源供电系统则不作特殊要求，与其他供电系统的电缆类似。若系统中存在一些具有特殊要求的设备，则其电缆可由厂家提供，确保系统能够安全可靠地运行。

（2）电缆的敷设

线缆之间的相互干扰是数字系统的一项难题。这种干扰主要是电感引起的电磁耦合和传输导线间分布电容。在电缆敷设过程中，信号线远离动力线或电网是避免线缆间相互干扰最为有效的方法。电缆的敷设包括两个部分，一部分是控制柜内的电缆接线；另一部分是控制柜与现场设备之间的电缆连接。在控制柜内的接线应注意以下几点[35]：

① 模拟信号线与数字量信号线最好在不同的线槽内走线，模拟信号线采用屏蔽线。

② 直流信号线、模拟信号线不能与交流电压信号线在同一线槽内走线。

③ 系统供电电源线不能与信号线在同一线槽内走线。

④ 控制柜内引入或引出的屏蔽电缆必须接地。

⑤ 控制柜内端子应按数字量信号线、模拟量信号线、通信线和电源线分开设计。

8.1.4.9　程序设计与调试

程序设计中，程序结构设计与数据结构设计是两项重要内容，一个应用程序质量的好坏主要由程序结构是否合理、系统内存资源分配是否合理决定。所以，在编写程序时，最好遵从软件设计流程，在依次做好需求分析、概要设计、详细设计的前提下再去进行程序的编写工作。

8.1.5　提高控制系统可靠性的措施

（1）保持良好的工作环境

① 工作环境温度。

不同厂商不同产品对系统的工作环境温度的要求各不相同，通常系统允许的工作环境温度在 0～50℃ 之间。

为了保证系统能够在合理的环境温度下运行，在系统设计时应该注意以下几点。

a. 安装位置不应有阳光直射，与暖气管道特别是出风口保持一定距离。

b. 控制柜内要保证良好的通风，并预留充足的空间以便通风，CPU 单元与扩展单元之间需保持不小于 30mm 的距离。若控制柜内温度较高，还应加装其他冷却设施（风冷、水冷）。

c. 控制柜与大型变压器、加热器、大功率电源等发热装置保持一定距离，以保证足够的散热空间。

② 工作环境湿度。

一般情况下，系统正常工作的空气相对湿度在 10％～90％范围内。若工作环境中空气的湿度过高，将会对模拟量的输入和输出信号产生较大影响。系统不宜安装在温度变化剧烈、易产生凝结水的位置。

③ 远离环境污染源。

控制柜不宜安装在有大量污染物（灰尘，铁粉等）及有害气体，尤其是有腐蚀性气体的位置，这些污染物质可能造成系统内元器件及印制电路板的腐蚀，损坏整个系统。

④ 远离振动和冲击源。

控制柜的安装位置应尽量避免强烈的振动和冲击，特别是连续、频繁的振动和冲击。若必须在振动源安装时，必须采取一定的减振措施，以免造成接线或插头的松动。

⑤ 远离强电磁场和强放射源。

控制柜禁止安装在距离强电磁场、强放射源较近的位置和易产生强静电的位置。

⑥ 远离强干扰源。

控制柜应尽量远离高频装置、大功率电力电子装置、大型动力设备等强干扰源。

（2）正确的安装和配线

① 远离高压电器和高压电源线。

PLC 控制器不能安装在高压电器和高压电源线附近，更不能与高压电器安装在同一个电器柜中。PLC 与高压电器和高压电源线之间应保持不小于 200mm 的隔离距离。

② 避免电源干扰。

电源是 PLC 的最主要干扰源，外接电源应经隔离变压器后接入 PLC，在要求较高的场合应另加滤波器以滤除高频干扰。

③ 正确敷线。

线缆敷设的注意事项已在上文描述，此处不再赘述。

8.2　ABBAC500 系列 PLC 运动控制器

ABB 公司的 AC500 系列 PLC 运动控制器是一个操作简单、功能配置灵活的可编程控制器，其模块化的结构设计如图 8-7 所示。它具有处理能力强大的 CPU、友好的人机界面、灵活简单的总线系统，能够高效地完成各种运动控制任务，具有性能高、集成度高、通信方式多样、扩展方便、维护简单等特点。

（1）CPU 模块

AC500 系列 PLC 的 CPU 有 PM571、PM581、PM582、PM590 和 PM591 五个不同的等级。这五种不同等级的 CPU 可使用同一个编程软件（PS501）进行编程，PS501 支持

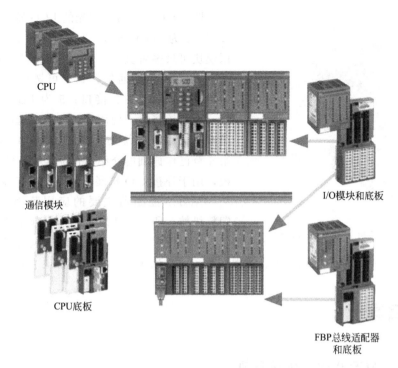

CPU

通信模块

CPU底板

I/O模块和底板

FBP总线适配器
和底板

图 8-7　AC500 模块化的结构设计

6 种不同编程语言进行程序编写。这六种编程语言分别是：功能块（FBD）、语句表（IL）、梯形图（LD）、结构文本（ST）、顺序功能图（SFC）、连续功能图（CFC）。

　　无论何种 CPU，均有 LCD 的显示、一组操作按键、一个 SD 卡的扩展口和两个集成的串行通信接口。AC500 设计了一个模块化的 CPU 底板用于安装控制器 CPU，CPU 则可以方便地安装于 CPU 底板上，这个 CPU 底板有工业以太网、ARCNET、C31 三种接口，用户可根据需求利用这些接口完成高效的数据交换和通信功能[36]。需要指出的是，在 CPU 底板上保留 C31 接口是为了向下兼容早期的 AC31 系列产品。

　　（2）灵活、简单的总线系统

　　第 6 章已经对 AC500 系列控制器的通信系统及其接口做了较为详细的介绍，这边需要强调的是 AC500 支持包含 Modbus、PROFIBUS、DeviceNet、CAN、工业以太网在内的多种主流现场总线协议，使用者可根据需求并行地使用一种或者多种不同类型的总线系统。

　　在 AC500 中配备有 FBP 总线适配模块，使用者通过在软件和 FBP 总线适配模块中作一些简单操作，便可在不改变通信接口硬件连接的情况下任意地选择不同的通信总线协议。

　　（3）更新升级策略

　　评价一个控制器的优劣，除了性能、操作性、维护性、灵活性以外，还有一项重要的因素——软硬件更新升级策略。AC500 系列控制器其模块化的结构设计能够让使用者轻松地实现模块的置换、升级、增加新模块/新功能，使用者还可以通过产品自带的软件来对 CPU 进行升级以优化 CPU 性能，实现数据的实时采集、高效的运算处理和通信传输等功能[36]。在升级前后，原有的部件还可以继续使用，而无需将整套控制器更换，有效地降低使用者的投资成本。

　　AC500 系列控制器的产品总体结构如图 8-8 所示。

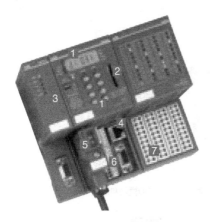

图 8-8　AC500 系列控制器结构

图 8-8 中，1 为带背光的 LCD 显示屏及其操作按键；2 为 SD 卡插槽；3 为插入式扩展通信模块，该模块可最多可支持 4 个通信处理器的接入；4 为 CPU 底板集成的通信接口，可选择为工业以太网接口或者 ARCNET 接口；5 为 FBP 总线适配模块，通过该接口，使用者可方便地选择不同的现场总线协议用于系统的集成；6 为串口 1 和串口 2，第 6 章已作详细的介绍；7 为本地 I/O 扩展模块底板，用于外接 I/O 扩展模块（最多扩展 10 个）。

AC500 控制器主要的应用范围：包装机械、塑料机械、印染、印刷、印压、起重机械、能源优化、智能楼宇、船用设备控制、风力发电系统、市政泵站、空调制冷系统、市政工程、环保工程、钢铁冶金、石油化工、电力自动化等。

8.3　项目案例

8.3.1　基于 AC500 的液压送料机

如图 8-9 所示，当按下开关电动机启动后，液压泵开始旋转，溢流阀的压力设置为 80bar（1bar＝10^5Pa）；当电磁铁 1Y1 带电后，两位四通换向阀 1.1 换向，油进入液压缸 A 的无杆腔，活塞向右移动，到达限位 a 处使其动作，使电磁阀 2Y1 带电，两位四通换向阀 2.1 换向，液压油进入液压缸 B 的无杆缸，活塞向右移动，到达限位 b 处使其动作；电磁铁 1Y1 断电后，两位四通换向阀 1.1 复位，油进入液压缸 A 的有杆腔，活塞向左移动，到达限位 a 处使其动作，电磁铁 2Y2 带电，两位四通换向阀 2.1 复位，液压油进入液压缸 B 的有杆腔，活塞向左移动，到达限位 b 处完成一个循环。启动停止开关后，两个液压缸停在初始位置，泵停。

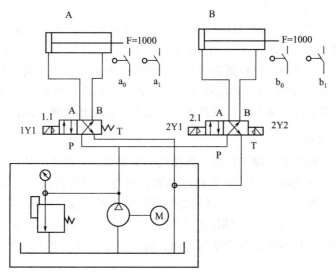

图 8-9　送料机液压系统回路图

送料机在 AC500 中的 I/O 口分配如表 8-1 所示。

表 8-1 送料机 I/O 口分配

地址	电器符号	状态	功能说明
IX0.0	SB0	NC	停止开关
IX0.1	SB1	NO	启动开关
IX0.2	a_0	NO	A 液压缸后终端的行程开关
IX0.3	a_1	NO	A 液压缸前终端的行程开关
IX0.4	b_0	NO	B 液压缸后终端的行程开关
IX0.5	b_1	NO	B 液压缸前终端的行程开关
IX0.6			电动机热保护器
QX0.0	KM1	NO	控制电动机启动的接触器
QX0.1	1Y1	＊＊	控制液压缸 A 伸出
QX0.2	2Y1	＊＊	控制液压缸 B 伸出
QX0.3	2Y2	＊＊	控制液压缸 B 返回

PLC 接线图如图 8-10 所示。

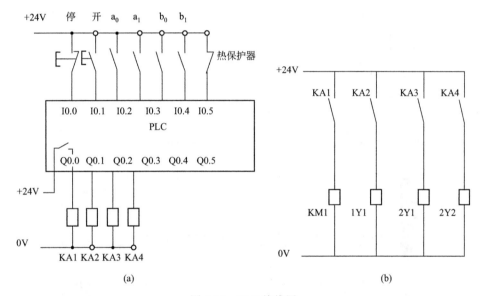

图 8-10 PLC 接线图

送料机工艺流程如图 8-11 所示。

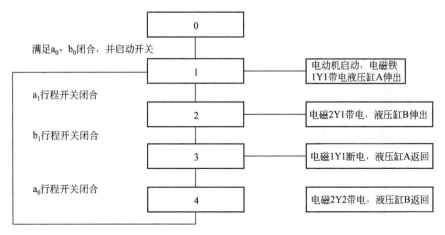

图 8-11 送料机工艺流程图

控制程序如图 8-12 所示。

Comment1:MX0.0.0为保证系统做连续循环运动，按动启动开关后循环开始。

```
        %IX0.1                                                    %MX0.0.0
     ———| |———                                                    ——(S)——
```

0002

Comment2:按动停止开关或热护保器断开后，循环终止。

```
        %IX0.0                                                    %MX0.0.0
     ———|/|———                                                    ——(R)——
        %IX0.6
     ———|/|———
```

0003

Comment3:MX0.1.0为保证只有在5个中间寄存器状态均为0的条件下，系统才能开始循环动作。

```
      %MX0.0.1   %MX0.0.2   %MX0.0.3   %MX0.0.4   %MX0.0.5        %MX0.1.0
     ———|/|————————|/|————————|/|————————|/|————————|/|———        ——(S)——
```

0004

```
      %MX0.0.1                                                    %MX0.1.0
     ———| |———                                                    ——(R)——
      %MX0.0.2
     ———| |———
      %MX0.0.3
     ———| |———
      %MX0.0.4
     ———| |———
      %MX0.0.5
     ———| |———
```

(a)

0005

Comment5:在满足液压缸A、B均在后终端初始位置，热保护器正常，启动连续循环的开关等条件下，才能启动MX0.0.1中间寄存器，为电动机旋转做准备。

```
      %MX0.0.0    %IX0.2     %IX0.4    %MX0.1.0                   %MX0.0.1
     ———| |————————| |————————| |————————| |———                  ——(S)——
```

0006

```
      %MX0.0.2                                                    %MX0.0.1
     ———| |———                                                    ——(R)——
        %IX0.6
     ———|/|———
        %IX0.0
     ———|/|———
```

0007

Comment7:满足置位端S的条件，才能启动MX0.0.2中间寄存器，为液压缸A伸出做准备。

```
      %MX0.0.1    %IX0.2     %IX0.4                               %MX0.0.2
     ———| |————————| |————————| |———                             ——(S)——
```

0008

Comment8:启动停止开关或下一个中间寄存器状态为1，可将MX0.0.2状态复位为0。

```
      %MX0.0.3                                                    %MX0.0.2
     ———| |———                                                    ——(R)——
        %IX0.0
     ———|/|———
```

0009

Comment9:满足置位端S的条件，才能启动MX0.0.3中间寄存器，为液压缸B伸出做准备。

```
      %MX0.0.2    %IX0.3                                          %MX0.0.3
     ———| |————————| |———                                        ——(S)——
```

(b)

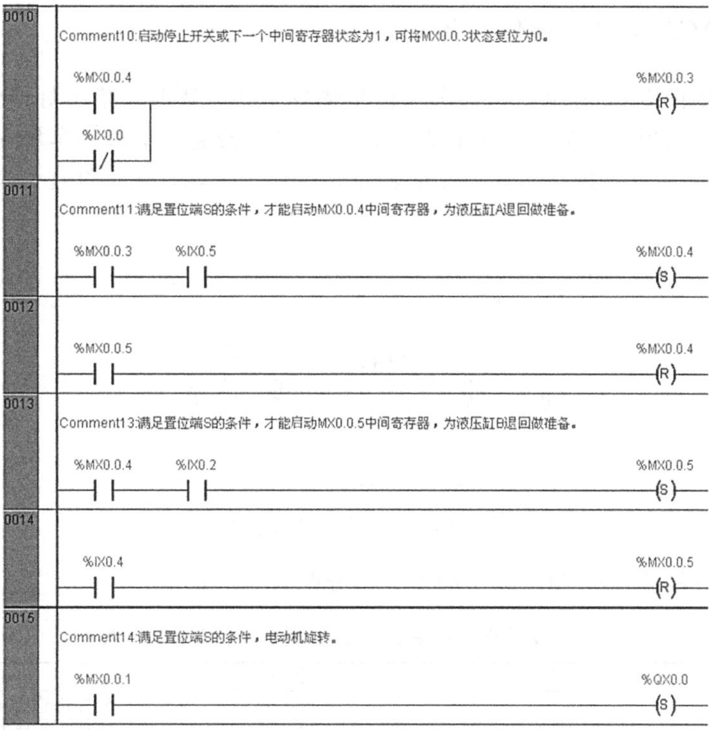

0010

Comment10:启动停止开关或下一个中间寄存器状态为1,可将MX0.0.3状态复位为0。

```
%MX0.0.4                                                    %MX0.0.3
──┤ ├──┬──────────────────────────────────────────────────（R）──
        │
%IX0.0  │
──┤/├──┘
```

0011

Comment11:满足置位端S的条件,才能启动MX0.0.4中间寄存器,为液压缸A退回做准备。

```
%MX0.0.3    %IX0.5                                          %MX0.0.4
──┤ ├────────┤ ├───────────────────────────────────────────（S）──
```

0012

```
%MX0.0.5                                                    %MX0.0.4
──┤ ├──────────────────────────────────────────────────────（R）──
```

0013

Comment13:满足置位端S的条件,才能启动MX0.0.5中间寄存器,为液压缸B退回做准备。

```
%MX0.0.4    %IX0.2                                          %MX0.0.5
──┤ ├────────┤ ├───────────────────────────────────────────（S）──
```

0014

```
%IX0.4                                                      %MX0.0.5
──┤ ├──────────────────────────────────────────────────────（R）──
```

0015

Comment14:满足置位端S的条件,电动机旋转。

```
%MX0.0.1                                                    %QX0.0
──┤ ├──────────────────────────────────────────────────────（S）──
```

(c)

0016

Comment15:满足复位端R的条件,电动机停止旋转。

```
%IX0.6                                                      %QX0.0
──┤/├──┬───────────────────────────────────────────────────（R）──
        │
%IX0.0  │
──┤/├──┘
```

0017

Comment16:满足置位端S的输入条件,控制液压缸A伸出。

```
%MX0.0.2                                                    %QX0.1
──┤ ├──────────────────────────────────────────────────────（S）──
```

0018

Comment17:满足复位端R的条件,控制液压缸A退回。

```
%MX0.0.4                                         ┌──────┐  %QX0.1
──┤ ├──┬─────────────────────────────────────────└──────┘──（R）──
        │
%IX0.0  │
──┤/├──┘
```

0019

Comment19:MX0.0.3控制液压缸B伸出。

```
%MX0.0.3                                                    %QX0.2
──┤ ├──────────────────────────────────────────────────────（ ）──
```

0020

Comment20:MX0.0.3或停止开关,控制液压缸B退回。

```
%MX0.0.5                                                    %QX0.3
──┤ ├──┬───────────────────────────────────────────────────（ ）──
        │
%IX0.0  │
──┤/├──┘
```

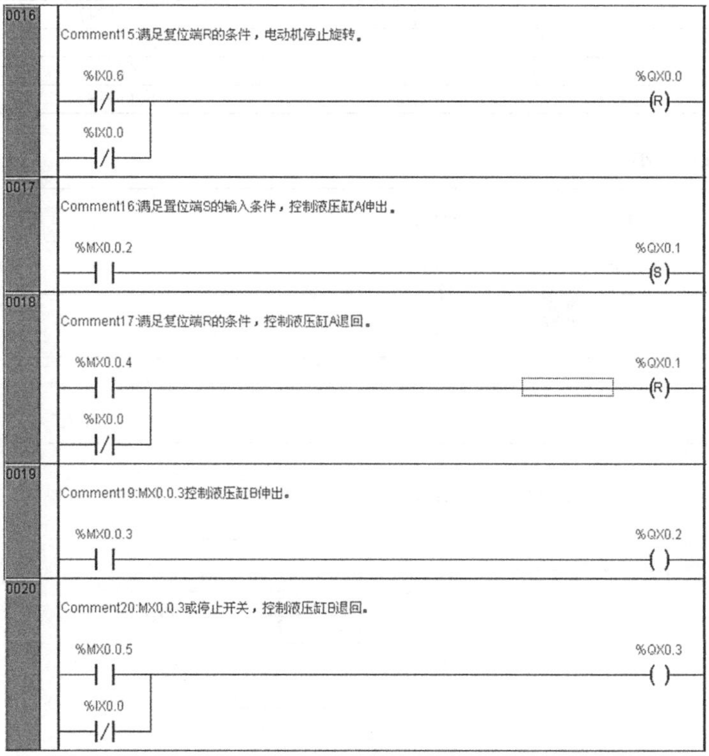

(d)

注：图片中的"Comment"为注释。

图 8-12　送料机控制程序

8.3.2 基于 AC500 的自动停车场

自动停车场如图 8-13 所示，当停车场内车辆少于 100 辆时，指示灯绿灯亮；如有车，左栏杆抬起，车进入停车场后，左栏杆落下；右侧栏杆抬起，车从停车场右侧出，出车后 50s，右栏杆落下；停车场内最多能停 100 辆车，达到 100 辆，指示灯红灯亮，左侧栏杆不会抬起。

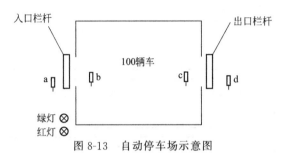

图 8-13　自动停车场示意图

自动停车场控制装置在 AC500 中的 I/O 口分配表 8-2 所示。

表 8-2　自动停车场控制装置在 AC500 中的 I/O 口分配表

地址	电器符号	状态	功能说明
IX0.0	B	NO	入口栏外传感器 a
IX0.1	B	NO	入口栏外传感器 b
IX0.3	B	NO	出口栏外传感器 c
QX0.0		＊＊	入口栏杆
QX0.1	H	＊＊	绿灯
QX0.2	H	＊＊	红灯
QX0.3		＊＊	出口栏杆

程序如图 8-14 所示。

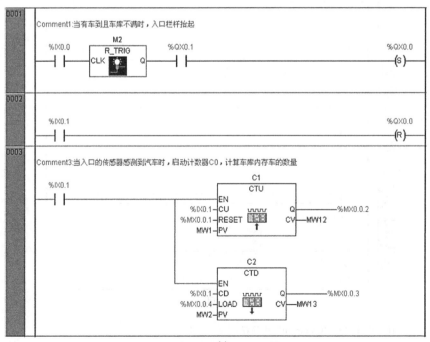

(a)

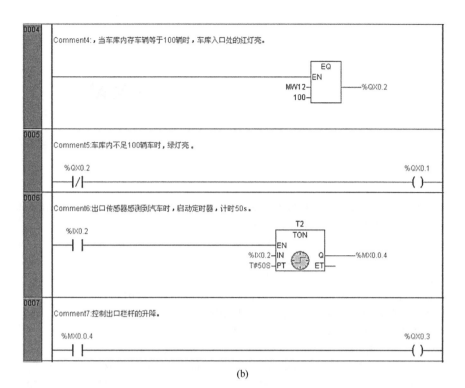

(b)

图 8-14　自动停车场控制程序

思考题与习题

8-1　试简述基于 PLC 的运动控制系统的设计原则。

8-2　列举出 PLC 运动控制系统的几种类型，并对每个类型进行简要说明。

8-3　系统硬件的设计文件包括哪些？

8-4　为了提高系统可靠性，需要在工程设计阶段注意哪些问题？

8-5　一个系统选用的 PLC 有 CPU 模块、两个 DC 24 V 数字量输入模块、一个 DC 24 V 模拟量输入模块和一个 DC 24 V 模拟量输出模块，试进行系统的供电设计，并说明注意事项。

8-6　简述 AC500 系列可编程控制器的主要优点。

参考文献

[1] SCHWARZ K K. Design of Industrial Electric Machine Drives [M]. Butterworth-Heinemann Ltd, Oxford, U K, 1991, Chapters 1 and 2.

[2] BAE B, et al, Implementation of sensorless vector control for super-high-speed PMSM turbo-compressor [J]. IEEE Trans Ind Appl, 2003, 39（5）：811-818.

[3] 汤蕴璆. 交流电机动态分析 [M]. 北京: 机械工业出版社, 2015.

[4] 刘锦波, 张承慧. 电机与拖动 [M]. 2版. 北京: 清华大学出版社, 2015.

[5] 汤蕴璆. 电机学 [M]. 北京: 机械工业出版社, 2014.

[6] 彭鸿才, 史乃. 电机原理及拖动 [M]. 北京: 机械工业出版社, 1996.

[7] 顾绳谷. 电机与拖动基础 [M]. 3版. 北京: 机械工业出版社, 2007.

[8] 陈伯时. 电力拖动自动控制系统 [M]. 2版. 北京: 机械工业出版社, 1992.

[9] 丁辉, 胡协和. 交流异步电动机调速系统控制策略综述 [J]. 浙江大学学报（工学版）, 2011（1）.

[10] 熊田忠. 运动控制技术与应用 [M]. 北京: 中国轻工业出版社, 2016.

[11] 王秀和. 电机学 [M]. 2版. 北京: 机械工业出版社, 2013.

[12] 阮毅, 杨影, 陈伯时. 电力拖动自动控制系统——运动控制系统 [M]. 5版. 北京: 机械工业出版社, 2016.

[13] Seung-Ki Sul. Control of Electric Machine Drive Systems [M]. IEEE Press Series On Power Engineering, 2011.

[14] 王成元, 夏加宽, 孙宜标, 等. 现代电机控制技术 [M]. 北京: 机械工业出版社, 2009.

[15] 徐振刚. 基于 DSP 的永磁同步电机直接转矩控制系统的研究 [D]. 哈尔滨: 哈尔滨工业大学, 2007.

[16] 胡向东. 传感器与检测技术 [M]. 3版. 北京: 机械工业出版社, 2018.

[17] Graham C Goodwi, Stefan F Graebe, Mario E Salgado. Control System Design [M]. Caslla: Valpara'iso, 2000.

[18] SHANNON C E. Communication in the Presence of Noise [J]. Proceedings of the IRE, 1949, 37（1）：10-21.

[19] 陈坚, 康勇. 电力电子学——电力电子变换和控制技术 [M]. 3版. 北京: 高等教育出版社, 2011.

[20] 林忠岳. 现代电力电子应用技术 [M]. 北京: 科学出版社, 2007.

[21] 王兆安, 刘进军. 电力电子技术 [M]. 5版. 北京: 机械工业出版社, 2009.

[22] 陈伯时, 陈敏逊. 交流调速系统 [M]. 3版. 北京: 机械工业出版社, 2013.

[23] 官二勇, 宋平岗, 叶满园. 基于三次谐波注入法的三相四桥臂逆变电源 [J]. 电工技术学报, 2005, 20(12): 43-46, 52.

[24] 邓翔, 韦徽, 李臣松, 等. 一种航空三相中频 PWM 整流器 SAPWM 实现方法 [M]. 电力电子技术, 2012, 46(9): 27-29.

[25] 刘和平, 等. TMS320LF240x DSP 结构、原理及应用 [M]. 北京: 北京航空航天大学出版社, 2002.

[26] L Liu, W Zhou, X Rong. Research on Direct Torque Control of Permanent Magnet Synchronous Motor Based on Optimized State Selector [J]. IEEE International Symposium on Industrial Electronics, 2006, 3(2): 2105-2109.

［27］ 陈振，刘向东，戴亚平，等.采用预期电压矢量调制的 PMSM 直接转矩控制［J］.电机与控制学报，2009，13（1）：40-46.

［28］ 林钢.模糊控制及其在家用电器中的应用［M］.北京：机械工业出版社，2006.

［29］ 诸静.模糊控制理论与系统原理［M］.北京：机械工业出版社，2005.

［30］ 金聪.人工智能教程［M］.北京：清华大学出版社，2007.

［31］ 陈晓青.高性能交流伺服系统的研究与开发［D］.杭州：浙江大学，1996.

［32］ Data Sheet of PM50RLA60［R］.Mitsubishi Electric，2003.

［33］ 陈国呈.PWM 变频调速及软开关电力变换技术［M］.北京：机械工业出版社，2001.

［34］ 吴守箴，臧英杰.电气传动的脉宽调制控制技术［M］.北京：机械工业出版社，1995.

［35］ ABB 公司.ABB 可编程控制器培训教材［R］.北京 ABB 电气传动有限公司，2008.

［36］ ABB 公司.AC500 用户手册［R］.北京 ABB 电气传动有限公司，2008.